纺织印染工业排污许可管理：

申请·核发·执行·监管

沈忱思　郭森　李方　等编著

化学工业出版社

·北京·

内容简介

　　本书针对现阶段纺织印染企业及环境管理部门在排污许可证申请与核发过程中遇到的困难以及发证后的监督管理问题，在梳理纺织印染工业产排污特点及环境管理要求的基础上，从《排污许可证申请与核发技术规范　纺织印染工业》主要内容解读、纺织印染行业排污许可证申报及核发要点总结、排污许可制度证后监督管理体系及相应的整改措施等方面展开介绍，着眼于排污许可证申请、核发、执行与监管的全过程，补充了排污许可制度证后监督管理体系及相应的整改措施，通过典型案例对排污许可证申请、核发、执行及监督过程中常见问题进行归纳与分析。

　　本书具有较强的针对性和参考价值，可供从事纺织印染等行业污染治理、管控等的工程技术人员、科研人员和管理人员参考，也可供高等学校环境科学与工程、轻化工程、生态工程及相关专业师生参阅。

图书在版编目（CIP）数据

纺织印染工业排污许可管理：申请·核发·执行·监管/沈忧思等编著. —北京：化学工业出版社，2023.4
　ISBN 978-7-122-42661-1

　Ⅰ．①纺…　Ⅱ．①沈…　Ⅲ．①纺织工业-排污许可证-研究-中国②染整工业-排污许可证-研究-中国　Ⅳ．①X791

中国版本图书馆 CIP 数据核字（2022）第 245208 号

责任编辑：卢萌萌　刘兴春
文字编辑：王丽娜
责任校对：边　涛
装帧设计：王晓宇

出版发行：化学工业出版社
　　　　　（北京市东城区青年湖南街 13 号　邮政编码 100011）
印　　装：北京科印技术咨询服务有限公司数码印刷分部
787mm×1092mm　1/16　印张 18½　字数 412 千字
2024 年 8 月北京第 1 版第 1 次印刷

购书咨询：010-64518888
售后服务：010-64518899
网　　址：http://www.cip.com.cn
凡购买本书，如有缺损质量问题，本社销售中心负责调换。

定　　价：138.00 元　　　　　　　　　　　　　版权所有　违者必究

前　言

2020年末全面建成小康社会之际，我国纺织工业绝大部分指标已达到甚至领先于世界先进水平，建立起全世界最为完备的现代纺织制造产业体系，生产制造能力与国际贸易规模长期居于世界首位，成为我国制造业进入强国阵列的第一梯队。但是，纺织行业也是污染物排放量较大的工业行业之一。2020年6月，生态环境部、国家统计局、农业农村部联合发布的《第二次全国污染源普查公报》指出，2017年纺织业化学需氧量、氨氮、总氮的排放量分别为10.98万吨、0.34万吨和1.84万吨，均位居全国各工业部门第三位。在全球环境问题严峻的当下绿色发展是纺织强国的应有之责。

排污许可制作为固定污染源环境管理核心制度，是坚持和完善生态文明制度体系的重要内容之一。2016年国务院办公厅发布《控制污染物排放许可制实施方案》，排污许可制度开始实施。此后，《关于做好环境影响评价制度与排污许可制衔接相关工作的通知》《排污许可管理办法（试行）》及75个行业技术规范等文件陆续发布，指导排污许可证申请、审核、发放、管理等流程，全国各地排污许可证核发和排污登记工作有序推进。为指导和规范纺织印染工业排污单位排污许可证申请与核发工作，保障纺织印染工业排污许可制度顺利实施，在环境保护部（现生态环境部）组织下，东华大学、环境保护部环境工程评估中心（现生态环境部环境工程评估中心）、浙江省环境保护科学设计研究院（现浙江省生态环境科学设计研究院）、北京市环境保护科学研究院（现北京市生态环境保护科学研究院）、环境保护部华南环境科学研究所（现生态环境部华南环境科学研究所）共同编制了《排污许可证申请与核发技术规范　纺织印染工业》（HJ 861—2017）。本书编写组成员有幸全程参与了标准的编制工作，对管理部门的纺织印染工业排污许可证核发工作开展了系统性的梳理，与企业人员在排污许可证申请与执行方面进行了全面交流，与环境管理人员在许可证的核发和执行方面进行了深入探讨，现将这些工作过程中积累的经验与心得汇编成册，期望对纺织印染工业排污许可证管理相关的工作人员有所帮助。

本书分为7章。第1章介绍了纺织印染工业的生产概况，包括纺织行业发展现状、主要工艺及产排污特点及相关环境管理要求。第2章介绍了环境管理制度，包括国外的排污许可制度、环境技术管理体系以及纺织印染行业相关排放标准，分析了我国的排污许可制度实施概况。第3章介绍了纺织印染工业排污许可证申请与核发技术规范的主要内容，包括排污许可证申请与核发的流程、技术规范的总体框架、适用范围以及具体内容的填报要求、许可排放限值确定方法、排污许可环境管理要求、实际排放量核算方法、合规判定方法等。第4～6章结合全国排污许可证管理信息平台，分别详细介绍了纺织印染工业排污许可证申请、核发、执行与监管的要点与典型案例。第7章介绍了纺织印染工业污染防治的可行技术。

本书具有较强的针对性和参考价值，可为环境管理部门和纺织印染工业企业的技术人员提供参考，也可作为高等学校、科研院所在环境管理学习方面的参考书目，以便于纺织印染工业排污单位管理人员和技术人员更好地理解排污许可改革精神、掌握纺织印染工业排污许可证申请与核发的技术要求，同时也便于排污单位以及地方生态环境主管部门开展依证排污、依证监管和现场检查等工作。

本书由沈忱思、郭森、李方、王凯军等编著，具体编著分工如下：第1章由沈忱思编著；第2章由李方编著；第3章由李方、郭森编著；第4章～第6章由沈忱思、章耀鹏、程谦勋、郭森、杜缪佳编著；第7章由李方、王凯军编著。全书最后由郭森、李方和马春燕校核，沈忱思统稿并定稿。

限于编著者水平及编著时间，同时纺织产品门类多样、生产工艺千差万别，本书未覆盖的行业生产情景还需具体问题具体分析，不足之处请读者见谅。

编著者

目　录

第4章
纺织印染工业排污许可证申请要点与典型案例分析　　063

第 7 章
纺织印染工业污染防治可行技术　　199

附录　　214

第1章
概论

1.1 纺织行业发展现状

2021 年 6 月《纺织行业"十四五"发展纲要》正式发布，在新的起点明确了纺织行业在整个国民经济中的新定位，即国民经济与社会发展的支柱产业、解决民生与美化生活的基础产业、国际合作与融合发展的优势产业。2020 年末全面建成小康社会之际，我国纺织工业绝大部分指标已达到甚至领先于世界先进水平，建立起全世界最为完备的现代纺织制造产业体系，生产制造能力与国际贸易规模长期居于世界首位，成为我国制造业进入强国阵列的第一梯队。

2020 年，全国纺织行业规模以上企业实现营业收入 4.52 万亿元，占全国工业 4.3%，利润总额 2065 亿元，占全国工业 3.2%；纺织品、服装出口额达 2990 亿美元，占世界出口总额的比重超过 1/3，稳居世界第一位；纺织纤维加工总量达 5800 万吨，占世界纤维加工总量的比重保持在 50% 以上。2020 年我国纺织行业主要大类产品产量情况见表 1-1，全行业规模以上企业累计生产纱 2654.44 万吨、布（包括色织布、棉布、棉混纺布、化学纤维布）371.22 亿米、印染布 525.03 亿米、非织造布 579.08 万吨，以及服装 223.73 亿件。

表 1-1　2020 年纺织行业主要大类产品产量情况

产品名称	单位	产量	产品名称	单位	产量
纱	万吨	2654.44	化学纤维布	亿米	106.50
其中：棉纱	万吨	1602.59	印染布	亿米	525.03
棉混纺纱	万吨	437.67	绒线（毛线）	万吨	18.48
化学纤维纱	万吨	61.48	毛机织物（呢绒）	亿米	3.40
布	亿米	471.22	苎麻布[2]	亿米	0.90
其中：色织布[1]	亿米	14.62	亚麻布[2]	亿米	3.55
棉布	亿米	186.97	蚕丝	万吨	5.34
棉混纺布	亿米	77.85	其中：绢纺丝	万吨	0.31

续表

产品名称	单位	产量	产品名称	单位	产量
蚕丝及交织物[③]	亿米	3.84	非织造布	万吨	579.08
蚕丝被	万条	924.00	服装	亿件	223.73

① 色织布包括牛仔布。

② 苎麻布含苎麻≥55%，亚麻布含亚麻≥55%。

③ 蚕丝及交织物含蚕丝≥50%。

注：数据来源于《中国纺织工业发展报告2020—2021》，产品产量为规模以上全行业数据。

　　根据国家统计局数据，2020年年底我国纺织行业规模以上企业共34196家，行业分布情况如图1-1、图1-2所示。其中，纺织业规模以上企业18344家，以棉纺织及印染精加工企业为主，共8288家，占比45.2%，其余数量占比较高的有产业用纺织制成品制造企业、针织或钩针编织物及其制品制造企业、化纤织造及印染精加工企业，分别占比13.1%、11.5%、10.7%；纺织服装、服饰业规模以上企业13300家，服饰制造企业、针织或钩针编织服装制造企业、机织服装制造企业分别占比56.7%、28.3%、14.9%。

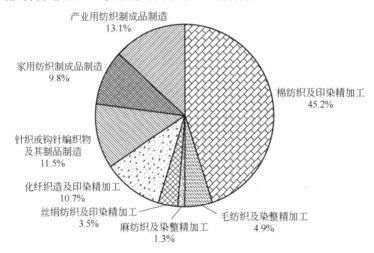

图 1-1　纺织业行业分布情况

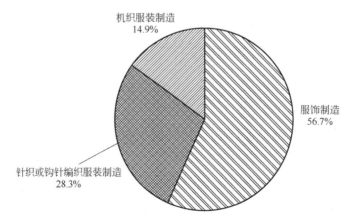

图 1-2　纺织服装、服饰业行业分布情况

从空间分布格局来看，我国纺织企业主要分布在浙江、江苏、山东、广东、福建东部沿海五个省份，企业集中度较高。长期以来，这些地区充分运用市场化机制，凭借地域优势、专业化市场以及完备配套设施等有利条件，形成了从原料到最终产品的完整产业链模式。表 1-2 反映了 2019 年和 2020 年我国纺织工业主要产品产量全国的区域分布情况。印染行业量大面广，我国规模以上印染企业每年印染布产量达 500 多亿米，产量约占全球 60%。其中，浙江省产量最大，2020 年占全国产量的 57.8%，江苏省、福建省、广东省和山东省占全国产量比重分别为 13.5%、11.3%、6.3% 和 6.2%，其他省市印染布产量仅占全国的 5.0%（图 1-3）。我国纱产量每年 2600 万吨以上，福建省、江苏省、山东省产量位居前三；服装产量每年 220 亿件以上，福建省、广东省、浙江省位居前三。我国纺织产业地区，如珠江三角洲、长江三角洲和环渤海产区的形成主要是由于具有面向国际市场的地缘优势，加之在改革开放初期相对于内地的优惠政策优势。这两大优势促进了沿海地区大量纺织企业的诞生和成长，并成为国际纺织产业转移的承接地。

表 1-2　2019 年和 2020 年全国纺织工业主要产品产量全国区域分布

地区	纱/吨		印染布/万米		服装/万件	
	2019	2020	2019	2020	2019	2020
全国	28920720	26544423	5376265	5250277	2447162	2237251
北京	—	—	—	—	6421	4919
天津	12945	8881	822	892	2433	1834
河北	838069	607469	43706	51584	17473	13768
山西	24891	22040	11136	12245	1628	1479
内蒙古	2509	2250	—	—	743	527
辽宁	42164	25738	10066	8749	20305	20337
吉林	22814	15283	—	—	5009	5992
黑龙江	18424	9713	—	—	77	260
上海	16247	10197	4805	3504	37147	30471
江苏	3607043	3042089	814119	706868	289861	230801
浙江	1490937	1369835	3053646	3033829	316807	293485
安徽	901813	786974	23528	29305	100740	80794
福建	5809122	5484681	561902	591712	530003	551100
江西	1606849	1434731	12405	13412	122492	90380
山东	3534257	3398628	343225	326095	180236	185705
河南	3228865	2975369	14731	23680	110804	72046
湖北	3221198	2698423	39250	18640	121035	98031
湖南	1149228	1289738	15771	11911	98718	133317
广东	280187	253600	341790	328356	429777	372936
广西	68540	53332	791	3836	9206	4765
海南	—	—	—	—	—	—
重庆	52812	30177	16883	12354	7345	6443
四川	672656	608011	60171	62655	19982	19298

续表

地区	纱/吨		印染布/万米		服装/万件	
	2019	2020	2019	2020	2019	2020
贵州	5749	15049	44	45	5933	5938
云南	16728	12350	—	—	1305	1266
西藏	—	—	—	—	29	—
陕西	318540	351705	4479	6447	5906	5243
甘肃	15905	5024	—	—	1231	1592
青海	—	—	—	—	171	87
宁夏	146028	113436	—	—	295	173
新疆	1816200	1919700	2995	4158	4050	4264

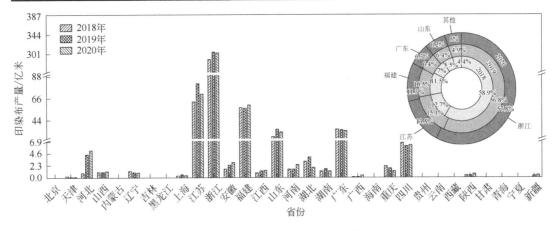

图 1-3　2018～2020 年印染布产量全国分布

从产业发展层面看，纺织工业与信息技术、互联网深度融合，对传统生产经营方式提出挑战的同时，也为产业的创新发展提供了广阔空间。"中国制造 2025""互联网+"推动信息技术在纺织行业设计、生产、营销、物流等环节的深入应用，将促进生产模式向柔性化、智能化、精细化转变，由传统生产制造向服务型制造转变。大数据、云平台、云制造、电子商务和跨境电商发展将催生纺织行业的新业态与新模式。

同时，"一带一路"倡议、"京津冀协同发展"及"长江经济带"战略的实施为促进纺织工业区域协调发展提供了新机遇。建设新疆丝绸之路经济带核心区，以及支持新疆发展纺织服装产业促进就业一系列政策的实施，也将推动新疆纺织工业发展迈上新台阶。此外，推进新型城镇化建设，特别是引导 1 亿人在中西部就近城镇化，将增强中西部纺织工业发展的内生动力。全球纺织分工体系调整和贸易体系变革加快，将促进企业更有效地利用"两个市场""两种资源"，更积极主动地"走出去"，提升纺织工业国际化水平，开创纺织工业开放发展新局面。

在疫情引发国际市场下滑、国际供应链受阻的情况下，我国疫情防控率先取得积极成效，为纺织行业发挥完整产业体系和优质供给能力优势提供了坚实基础，纺织品、服装出口稳步回升，防疫物资也对出口增长发挥了重要拉动作用。根据中国海关统计数据，2020 年我国纺织品、服装出口总额为 2912.2 亿美元，占全国比重 13.1%，增速较 2019

年回升 11.5 个百分点，达到 2015 年以来的历史较高水平。2019 年全球主要的纺织品、成衣进出口国/地区见表 1-3、表 1-4。

表 1-3　2019 年全球主要纺织品进出口国/地区

出口			进口		
国家/地区	金额/亿美元	全球占比/%	国家/地区	金额/亿美元	全球占比/%
全球	3053.9	100.0	全球	3352.8	100.0
中国	1195.8	39.2	欧盟（28 国）	673.1	20.1
欧盟（28 国）	662.7	21.7	美国	314.0	9.4
印度	171.9	5.6	越南[①]	172.8	5.2
德国	137.3	4.5	中国	157.1	4.7
美国	133.6	4.4	德国	128.1	3.8
土耳其	117.8	3.9	孟加拉国[①]	106.6	3.2
意大利	116.8	3.8	日本	88.3	2.6
韩国	91.4	3.0	意大利	78.7	2.3
越南[①]	90.7	3.0	法国	71.6	2.1

① 统计当年的预计数。

表 1-4　2019 年全球主要成衣进出口国/地区

出口			进口		
国家/地区	金额/亿美元	全球占比/%	国家/地区	金额/亿美元	全球占比/%
全球	4933.9	100	全球	5363.9	100
中国（不含港澳台）	1515.4	30.7	欧盟（28 国）	1802.4	33.6
欧盟（28 国）	1365.5	27.7	美国	954.9	17.8
孟加拉国	330.7	6.7	德国	392	7.3
越南	308.9	6.3	日本	297.5	5.5
意大利	261.8	5.3	英国	263.7	4.9
德国	244.3	5.0	法国	257.5	4.8
印度	171.6	3.5	西班牙	203.8	3.8
土耳其	163.8	3.3	荷兰	188.4	3.5
西班牙	151.6	3.1	意大利	176.4	3.3
荷兰	138.8	2.8	中国香港	112.2	2.1

1.2　纺织行业主要工艺及产排污特点

纺织工业主要任务是以纺织纤维为原料，经过加工制成各类纺织最终产品，包括纤维加工、织造和印染三个重要的工艺加工环节。各加工环节均有污染物产生，其中毛、麻、丝、化学纤维的加工、织造及印染环节所产生的污染物为行业废水污染的主要来源，印染环节中的定形、涂层等工序以及污水处理环节会产生颗粒物、挥发性有机化合物（VOCs）以及恶臭等废气污染物（图 1-4）。

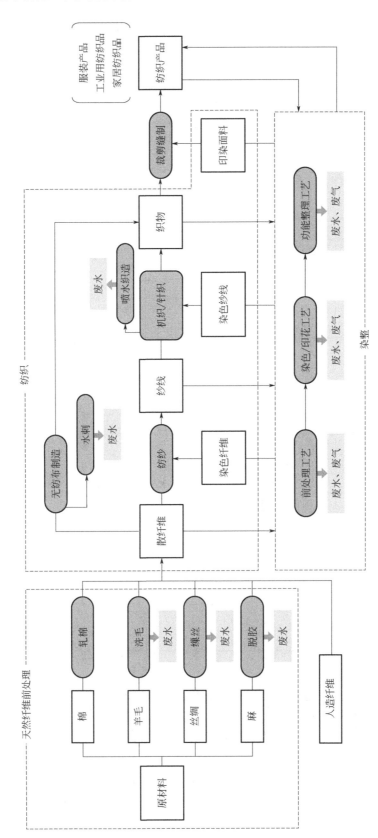

图 1-4 纺织行业主要工艺及产排污环节

纺织行业的高污染特性素来备受环保方面的关注，纺织业是我国发展最早且具有国际竞争力的传统优势产业之一，但也是典型的高能耗、高水耗行业。根据《第二次全国污染源普查公报》，纺织业在调查统计的 41 个工业行业中，化学需氧量、氨氮及总氮的排放量均位于工业行业排放量第三。2017 年化学需氧量排放量 10.98 万吨，占工业源化学需氧量排放量的 12.1%；氨氮排放量 0.34 万吨，占工业源氨氮排放量的 7.6%；总氮排放量 1.84 万吨，占工业源总氮排放量的 11.8%。废气污染物排放量相对较小，根据已有报道，定形机颗粒物排放浓度为 150～250mg/m³，VOCs 排放浓度为 325～650mg/m³，我国印染工业每年排放的 VOCs 总量为 9.45 万～18.9 万吨。以下从纺织及染整两大重要环节，对纺织行业的主要工艺及产排污特点进行介绍。

1.2.1 纺织生产过程主要工艺及产排污特点

（1）毛纺织

毛纺织是以羊毛、山羊绒纤维及其他动物绒毛纤维为主要原料，进行洗毛、制条、纺纱、织造的生产过程。毛纺织原料一般采用羊毛或其他动物毛，通过原毛初级加工、纺纱、织造等生产过程加工成纺织品。原毛初级加工指利用机械、水洗和化学等方法去除原毛上的油脂和附着砂土、干草等杂质以获得洗净毛的生产加工过程，产污环节包括洗毛、炭化和丝光防缩等工序。洗毛是生产洗净毛、洗净绒、炭化毛等产品的生产过程，利用含表面活性剂的水或溶剂清洗原毛以脱除原毛上的油脂和杂质；炭化是利用化学手段在梳毛工序前去除植物性杂质的过程；丝光防缩工艺是采用氯作为化学助剂来去除羊毛表层鳞片并施加柔软剂的过程。典型洗毛工艺流程及主要产污环节见图 1-5。

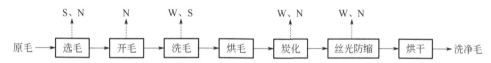

图 1-5　典型洗毛工艺流程及主要产污环节

W—废水；S—固体废物；N—噪声

洗毛废水含有油脂、植物性草杂质、泥土和动物粪便等污染物，一般 COD$_{Cr}$ 浓度为 9000～40000mg/L，总氮（TN）浓度为 150～400mg/L，总磷（TP）浓度为 2.0～6.0mg/L，动植物油浓度为 5000～15000mg/L，废水产生量为 15～20m³/t 产品。炭化废水含有无机酸、植物性杂质等污染物，一般 COD$_{Cr}$ 浓度为 200～400mg/L，pH 值为 2～3，废水产生量为 8～10m³/t 产品。丝光防缩废水包括活性氯、AOX 和动物性蛋白质等污染物，一般 COD$_{Cr}$ 浓度为 400～600mg/L，AOX 浓度为 30～40mg/L，废水产生量为 12～18m³/t 产品。大气污染物主要包括选毛、开毛和梳毛工序产生的粉尘和纤维尘，选毛工序产生的无组织排放臭气。固体废物主要包括泥砂、废油脂、废散纤维、废旧包装以及废水处理过程产生的污泥等。噪声由选毛机、开毛机、炭化设施、丝光设施、废水处理的机械设备产生，源强一般为 55～75dB（A）。

（2）麻纺织

麻纺织是以苎麻、亚麻、黄麻、剑麻、大麻（汉麻）和罗布麻等纤维为主要原料进行脱胶和纺织加工的生产过程。麻纺织原料一般采用苎麻、亚麻、黄麻、大麻（汉麻）等韧皮纤维，通过麻脱胶、纺纱、织造等生产过程加工成纺织品。麻脱胶是麻类纤维纺前将韧皮纤维胶质去除的加工过程，生产工艺包括生物法脱胶、化学法脱胶和联合脱胶法。生物法脱胶是利用微生物代谢或酶除去胶质；化学法脱胶是利用碱、无机酸和氧化剂去除胶质；联合脱胶法是两者联合使用。亚麻、黄麻、大麻（汉麻）一般采用生物法脱胶，苎麻常用联合脱胶法，典型苎麻脱胶工艺流程及主要产污环节见图1-6。

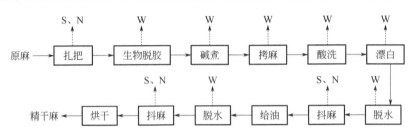

图1-6　典型苎麻脱胶工艺流程及主要产污环节

W—废水；S—固体废物；N—噪声

在生物法脱胶中，原麻经微生物或酶脱胶处理产生的脱胶废水含有果胶、脂蜡质、木质素、纤维素等污染物，一般 COD_{Cr} 浓度为3000～7000mg/L，BOD_5/COD_{Cr} 值为0.2～0.4，废水产生量为80～200m³/t 产品。在化学法脱胶中，原麻经化学法脱胶处理产生的脱胶废水含有果胶、表面活性剂、脂蜡质、木质素、纤维素、酸、碱、无机盐等污染物，一般 COD_{Cr} 浓度为2000～4000mg/L，BOD_5/COD_{Cr} 值为0.15～0.3，pH 值为9～10。如采用氯漂工艺进行漂白，废水中还含有可吸附有机卤素（AOX）。化学法脱胶废水产生量为200～450m³/t 产品。联合脱胶法由生物法和化学法两部分组成，一般 COD_{Cr} 浓度为1000～3000mg/L，BOD_5/COD_{Cr} 值为0.2～0.3，废水产生量为100～400m³/t 产品。大气污染物主要包括拣麻、剥麻和梳麻工序产生的粉尘，纺纱和织造过程中产生的纤维尘，生物法脱胶、碱煮、酸洗以及废水处理过程产生的无组织排放臭气。固体废物主要包括废茎秆、废散纤维、废旧包装以及废水处理过程产生的污泥等。噪声由打麻、剥麻、脱胶、纺织等设备以及废水处理的机械设备产生，源强一般为55～75dB（A）。

（3）丝绢纺织

丝绢纺织是蚕茧经过加工缫制成丝，及以丝为主要原料进行的丝织物织造加工的生产过程。丝绢纺织中将原料加工缫制的过程包括制丝和绢纺。制丝是将蚕茧加工成生丝的过程，包括选剥、剥茧、混茧、选茧、煮茧、缫丝、复摇、整理等工序；绢纺是以疵茧、废丝和汰头等为原料加工成绢丝的过程，包括精练、制绵等工序。典型丝绢纺工艺流程及主要产污环节见图1-7。

制丝废水主要在煮茧和缫丝工序中产生，水污染物包括丝胶、丝素和蚕蛹蛋白等，

一般 COD_{Cr} 浓度为 80～400mg/L，总氮浓度为 40～60mg/L，废水产生量为 400～700m³/t 产品。绢纺废水主要在精练过程中产生，精练包括蒸煮、除油、水洗等工序，水污染物包括丝胶、油脂和蚕蛹蛋白等。汰头除油废水 COD_{Cr} 浓度为 12000～20000mg/L，一般混合废水 COD_{Cr} 浓度为 800～4000mg/L，总氮浓度为 100～500mg/L，废水产生量为 500～1000m³/t 产品。废气主要包括煮茧、精练、制绵和废水处理过程产生的无组织排放臭气。固体废物主要包括废丝、蚕蛹、废旧包装以及废水处理过程产生的污泥等。噪声主要由烘茧机、缫丝机、复摇机、制绵机、废水处理的机械设备产生，源强一般为 55～75dB（A）。

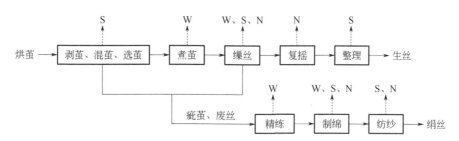

图 1-7　典型丝绢纺工艺流程及主要产污环节

W—废水；S—固体废物；N—噪声

（4）化纤织造

化纤织造是以化纤长丝为主要原料织造成机织物的生产过程。其中的喷水织机工艺是以水为引纬介质的机械织造工艺，生产过程会产生废水。除喷水织机工艺外的其他纺织织造工艺产生少量设备、场地清洗废水。

喷水织机废水含有化纤长丝脱落的油剂、浆料和纤维等污染物，一般 COD_{Cr} 浓度为 200～600mg/L，悬浮物（SS）浓度大于 100mg/L，废水产生量为 50～100m³/t 产品。固体废物主要包括废纤维、废旧包装、纤维粉尘以及废水处理过程产生的污泥等。噪声由织机等机械设备和废水处理的机械设备产生，源强一般为 75～95dB（A）。

1.2.2　染整生产过程主要工艺及产排污特点

染整指对纺织材料（纤维、纱、线及织物）进行以化学处理为主的工艺过程，不同原材料纺织品的生产工序及产排污环节有所不同，但均可概括为前处理、染色、印花、整理四个工段。前处理是去除纤维表面浆料、油剂或天然杂质的加工过程；染色是将纤维材料染上颜色的加工过程；印花即局部着色，是使纺织品获得各色花纹图案的加工过程；整理是通过化学或物理手段改善纺织品的服用性能或赋予纺织品某些特殊功能的加工过程。

1.2.2.1　水污染物

（1）棉、麻及混纺机织物染整

棉、麻及混纺机织物的染整工艺流程及主要产污环节见图 1-8，废水产生量为 90～

150m³/t 产品。退浆是采用碱、酸、酶或氧化剂退去纤维上的浆料的加工过程，废水含有浆料、助剂、油剂等污染物，一般 COD_{Cr} 浓度为 10000～30000mg/L，pH 值大于 12。煮练是采用热碱液和表面活性剂进一步去除纤维的油脂、蜡质、果胶等杂质的加工过程，废水含有纤维、果胶、蛋白质、蜡质、木质素、碱和表面活性剂等污染物，一般 COD_{Cr} 浓度为 1000～2000mg/L，pH 值大于 12。漂白是采用化学方法对织物进行漂白处理的加工过程，废水含有助剂和纤维屑等污染物。棉织物漂白处理的氧化剂一般选用双氧水。麻织物如采用亚漂和氯漂工艺的漂白处理，废水则含有二氧化氯和 AOX 等污染物。一般 COD_{Cr} 浓度为 200～400mg/L。丝光是采用浓碱对织物进行处理以增加表面光泽的加工过程，废水含有烧碱和纤维屑等污染物，一般 COD_{Cr} 浓度为 500～2000mg/L，pH 值大于 12。染色废水含有染料、助剂等污染物，残余染料在废水处理过程中会产生苯胺类化合物和硫化物等污染物，一般 COD_{Cr} 浓度为 500～2500mg/L，色度为 300～500 倍，pH 值为 8～10。印花废水含有染料、糊料和助剂等污染物，一般 COD_{Cr} 浓度为 1200～2000mg/L，总氮浓度 50～300mg/L。整理废水包括废整理液和设备清洗废水，含有化学整理剂等污染物，一般 COD_{Cr} 浓度为 2000～10000mg/L。

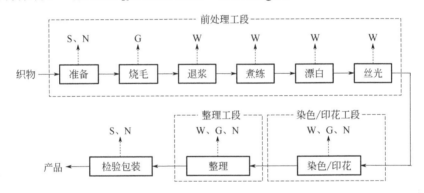

图 1-8　棉、麻及混纺机织物典型染整工艺流程及主要产污环节
W—废水；G—废气；S—固体废物；N—噪声

（2）毛纺机织物染整

毛纺机织物染整主要分为匹染和毛条染，工艺流程及主要产污环节见图 1-9 和图 1-10。毛纺机织物染整废水产生量为 100～150m³/t 产品。

染色废水含有染料、助剂等污染物，一般 COD_{Cr} 浓度为 800～2000mg/L，色度为 300～500 倍，pH 值为 3～6。如染色工序中使用含铬的媒介染料或助剂，废水中含有六价铬污染物。整理废水包括洗呢、煮呢、蒸呢等废水，含有纤维、表面活性剂等污染物，一般 COD_{Cr} 浓度为 300～1000mg/L，pH 值为 7～10。

（3）丝机织物染整

丝机织物染整工艺流程及主要产污环节见图 1-11，废水产生量为 180～280m³/t 产品。前处理废水包括精练和漂白等废水，含有丝胶、油蜡和助剂等污染物，一般 COD_{Cr} 浓度为 1500～2500mg/L，总氮浓度为 50～120mg/L，pH 值为 5～8。染色废水含有染料、助剂等污染物，一般 COD_{Cr} 浓度为 500～1500mg/L，色度为 300～500 倍，pH 值为 8～10。印花废水含有染料、糊料和助剂等污染物，一般 COD_{Cr} 浓度为 1200～2000mg/L，总氮浓度为 50～300mg/L，色度为 300～500 倍，pH 值为 8～10。

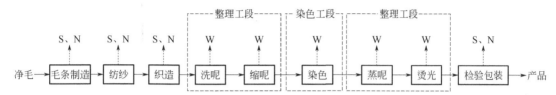

图 1-9　毛纺机织物典型匹染工艺流程及主要产污环节
W—废水；S—固体废物；N—噪声

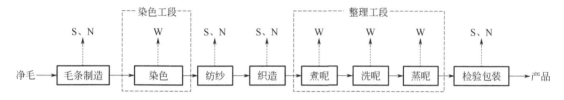

图 1-10　毛纺机织物典型毛条染工艺流程及主要产污环节
W—废水；S—固体废物；N—噪声

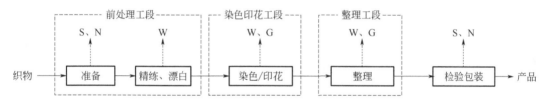

图 1-11　丝机织物典型染整工艺流程及主要产污环节
W—废水；G—废气；S—固体废物；N—噪声

（4）化纤机织物染整

化纤机织物染整的工艺流程及主要产污环节见图 1-12，废水产生量一般为 60～120m³/t 产品。如涤纶化纤原料在生产过程中添加含锑催化剂，涤纶化纤中的总锑会在染整过程析出。精练废水含浆料、油剂和碱等污染物，一般 COD_{Cr} 浓度为 8000～10000mg/L，pH 值大于 11。涤纶织物碱减量废水含聚酯低聚物、乙二醇、总锑、碱等污染物，一般

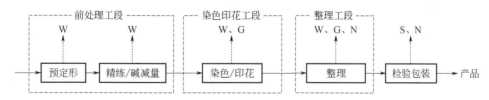

图 1-12　化纤机织物典型染整工艺流程及主要产污环节
W—废水；G—废气；S—固体废物；N—噪声

COD$_{Cr}$浓度为 10000～30000mg/L，pH 值大于 12。染色废水含染料、助剂、总锑等污染物，一般 COD$_{Cr}$浓度为 500～800mg/L，色度为 100～400 倍，pH 值为 5～10。印花废水含染料、助剂、糊料等污染物，一般 COD$_{Cr}$浓度为 1000～2000mg/L，色度为 200～800倍，pH 值为 8～10。整理废水含整理剂等污染物，一般 COD$_{Cr}$浓度为 2000～5000mg/L。

（5）针织物染整

针织物染整工艺流程及主要产污环节见图 1-13，废水产生量为 40～80m³/t 产品。针织物前处理工段一般不包括退浆、碱减量工序，其余各工序产生的废水水质与机织物废水相似。混合废水含油剂、天然杂质、染料和助剂等污染物，一般 COD$_{Cr}$浓度为 500～800mg/L，色度为 100～500 倍，pH 值为 8～10。

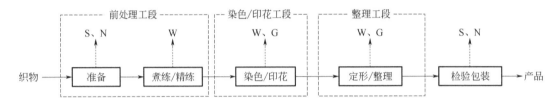

图 1-13　针织物典型染整工艺流程及主要产污环节

W—废水；G—废气；S—固体废物；N—噪声

（6）散纤维、纱线类染整

散纤维、纱线类的染整生产工艺包括精练、漂白、染色、漂洗和烘干等工序，废水产生量为 60～90m³/t 产品。混合废水含油剂、天然杂质、染料和助剂等污染物，一般 COD$_{Cr}$浓度为 1000～2000mg/L，色度为 200～500 倍，pH 值为 8～10。

1.2.2.2　大气污染物

前处理工段产生的废气为烧毛废气，污染物主要为颗粒物。染色工段中如使用有机溶剂会产生无组织的挥发性有机物（VOCs）。印花工艺在蒸化、焙烘工序中产生含 VOCs废气，涂料印花工艺和转移印花工艺在转移、烘干工序产生含 VOCs 废气。静电植绒工艺在植绒、烘干、刷毛等工序产生颗粒物和 VOCs 废气。整理工段产生的大气污染物主要包括：磨毛、拉毛等工序产生的颗粒物；热定形工序产生的颗粒物和染整油烟，一般颗粒物浓度为 50～500mg/m³，染整油烟浓度为 100～1000mg/m³。

此外，从整理的广义范畴分析，整理工段还包括涂层、层压、复合等工艺。涂层、复合加工产生的废气污染物主要是有机溶剂、黏合剂挥发和高分子材料高温裂解产生的VOCs。涂层整理过程中会使用大量有机溶剂，特别是溶剂型涂层工艺污染较为严重。常用的涂层工艺及其工艺流程见表 1-5。

表 1-5　常用涂层工艺及其工艺流程

涂层方式及定义	工艺流程
直接涂层：将涂层剂通过物理和机械方法直接均匀地涂布于织物表面而后使其成膜的工艺，分干法和湿法涂层	干法：基布→浸轧防水剂→烘干→轧光→涂层→烘干→焙烘→成品

续表

涂层方式及定义	工艺流程
直接涂层：将涂层剂通过物理和机械方法直接均匀地涂布于织物表面而后使其成膜的工艺，分干法和湿法涂层	湿法：基布预处理→涂布溶剂型聚氨酯浆→水浴凝固（20～30℃）→水洗→轧光→成品
热熔涂层：将热塑性树脂加热熔融后涂布于基布，经冷却而黏着于基布表面的涂层工艺	基布→涂布→熔融树脂→冷却→轧光→成品
黏合涂层：将树脂薄膜与涂有黏合剂的基布叠合，经压轧而使其黏合成一体，或将树脂薄膜与高温熔融辊接触，使树脂薄膜表面熔融而后与基布叠合，再通过压轧而黏合成一体的工艺，形成的涂层薄膜较厚	基布→涂布黏合剂→烘干→薄膜黏合→焙烘→轧光→成品
转移涂层：先将涂层浆涂布于经有机硅处理过的转移纸上，而后与基布叠合，在低张力下经烘干、轧平和冷却，然后使转移纸和涂层织物分离的工艺	转移纸→涂布涂层浆→基布黏合→烘干→轧光→冷却→织物与转移纸分离→成品

织物典型涂层整理工艺流程及主要产污环节如图 1-14 所示。

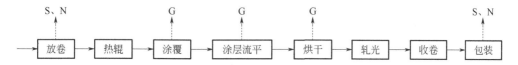

图 1-14　织物典型涂层整理工艺流程及主要产污环节

G—废气；S—固体废物；N—噪声

织物层压加工方法主要包括黏合剂层压法、焰熔层压法、热熔层压法 3 种。

① 黏合剂层压属于湿法加工，黏合剂要制成液体，利用涂敷、印刷、喷涂等方法实现织物与织物或织物与其他材料之间的层压。

② 焰熔层压是利用火焰加热把薄层聚氨酯泡沫塑料的表面熔化，生成黏性粒状含有异氰酸酯基团的物质。

③ 热熔层压通过加热加压把织物和织物或其他材料黏合在一起。

综上所述，主要可分为两种不同形式：第一种使用黏合剂；第二种通过加热使基材黏合在一起。具体采用哪种方式取决于黏合剂的形式，包括薄膜、网、粉末或液体。目前，焰熔层压法由于聚氨酯燃烧产生具有潜在毒性的烟雾，在环保方面受到的压力越来越大。热熔层压法相对而言更清洁、消耗的能量更少，引发健康和安全问题更少，应用越来越为广泛。

浙江省生态环境科学设计研究院在编制地方纺织工业废气排放标准过程中，列举了纺织染整过程中可能涉及的大气污染物质，主要包括甲醇、甲醛、乙酸乙烯酯、乙二醇醚、1,4-二氧杂环乙烷、乙二醇、1,2,4-三氯苯、甲苯、联苯、氨、苯乙烯、丙烯腈、丙烯酸乙酯、乙烯乙二醇、四氯乙烯、三乙胺、二甲苯、甲乙酮、二氯甲烷、甲基异丁基酮、氯乙烯、乙二醇乙醚、苯酚、乙酸乙酯、丙烯酸丁酯、丁二烯、丙酮、N,N-二甲基甲酰胺（DMF）、丁酮、苯胺以及其他的醇、酯、脂肪烃，其理化性质具体见表 1-6。

表 1-6　纺织工业涉及的废气污染物的理化性质

编号	名称	CAS 号	沸点/℃	室温蒸气压/mm Hg	IARC	LD50[①]/（mg/kg）	毒性级别
1	甲醛	50-00-0	97.0	52（37℃）	1	800	高毒

续表

编号	名称	CAS 号	沸点/℃	室温蒸气压/mm Hg	IARC	LD50[①]/（mg/kg）	毒性级别
2	氯乙烯	75-01-4	-13.9	346.53（25℃）	1	500	中毒
3	1,3-丁二烯	106-99-0	-4.5	1863（21℃）	1	5480	中毒
4	苯	71-43-2	80.1	166（37.7℃）	1	3306	中毒
5	四氯乙烯	127-18-4	121	13（20℃）	2A	3005	中毒
6	乙酸乙烯酯	108-05-4	72～73	88（20℃）	2B	2900	低毒
7	1,4-二氧杂环乙烷	123-91-1	101.3	27（20℃）	2B	7120	微毒
8	苯乙烯	100-42-5	145～146	12.4（37.7℃）	2B	5000	中毒
9	丙烯腈	107-13-1	77.3	86（20℃）	2B	78	高毒
10	丙烯酸乙酯	140-88-5	99.8	31（20℃）	2B	800	中毒
11	二氯甲烷	75-09-2	39.8～40	24.45 psi（55℃）	2B	1600～2000	中毒
12	甲基异丁基酮	108-10-1	117～118	15（20℃）	2B	2080	中毒
13	甲苯	108-88-3	111	22（20℃）	3	5500	中毒
14	二甲苯	1330-20-7	137～140	18（37.7℃）	3	4300	中毒
15	苯酚	108-95-2	182	0.09 psi（55℃）	3	317	高毒
16	丙烯酸丁酯	141-32-2	61～63	3.3（20℃）	3	900	中毒
17	N,N-二甲基甲酰胺	68-12-2	153	2.7（20℃）	3	4000	中毒
18	苯胺	62-53-3	184	0.7（25℃）	3	442	高毒
19	氯化氢	7647-01-0	57	613 psi（21.1℃）	3	—	中毒
20	乙烯	74-85-1	-104	35.04 atm（20℃）	3	—	低毒
21	甲醇	67-56-1	65.4	410（50℃）		5628	低毒
22	乙二醇	107-21-1	196～198	0.08（20℃）		4700	中毒

① 指大鼠经口 LC50 值（mg/kg）。

注：1mmHg=133.3Pa；1psi=6894.76Pa。

1.2.2.3　固体废物

染整过程产生的一般工业固体废物主要包括废次品织物、边角料、废包装材料和废水处理产生的污泥等。根据《国家危险废物名录（2021 年版）》，染整过程产生的危险废物主要包括废染料、废涂料、废润滑油、废矿物油和沾染矿物油的废弃包装物、废酸、废碱、废弃的有机溶剂等，以及烟气、VOCs 治理过程产生的废活性炭等。

1.2.2.4　噪声

染整过程产生的噪声主要来源于退浆机、印花机、定形机、脱水机等设备和废气处理设备等，源强一般为 65～90dB（A）。

1.2.3　成衣水洗

纺织品经过纺纱、印染、制衣多道工序的加工处理后一般都要经过洗水处理，以达到去污、防缩、加柔、去毛或某些特殊的视觉效果，使成衣的综合性能更接近于常态，颜色更为自然。我国目前的成衣洗水行业，根据洗水的目的大致可以分为普洗、石磨洗、漂洗、酵素洗。

（1）普洗

普洗是一种简单的洗涤方法，即水温保持在 60～70℃ 之间，加入一定的洗涤剂，洗涤 15min 后过清水加入柔软剂即可。普洗后的衣服在视觉上自然、干净，感觉上柔软舒适。通常根据洗涤时间的长短和化学药品的用量多少，普洗又可以分为轻普洗、普洗、重普洗。通常轻普洗为 5min 左右，普洗为 15min 左右，重普洗为 30min 左右，这三种洗法没有明显的界线。

（2）石磨洗

石磨洗根据用户的要求，采用黄石、白石、人造石等多种石头进行洗涤，使衣服达到虽新如旧、干净如新的特殊效果。尤其是牛仔服装出现以来，石洗占有重要的位置。近年来由于生物酶技术的发展，石洗逐渐被酶洗所代替。

（3）漂洗

漂洗指一般在普洗过清水后，加温到 60℃，根据所需要的颜色深浅，加入相应的漂白剂进行洗涤。衣物对板后，以大苏打或小苏打对水中的漂水进行中和，使漂白停止。根据使用的漂白剂，漂洗可分为氧漂和氯漂。漂白后的衣服有洁白、鲜艳的外观和柔软的手感。

（4）酵素洗

酵素洗又称酶洗，是一种先进的、环保的洗水方法。酵素洗后的衣服柔软、舒服、手感好。根据使用的酵素种类和衣服的类型，酵素洗可分为去毛洗（多用于斜纹布）和类石磨效果洗（多用于牛仔布）。根据酵素的分量、洗涤时间和风格，酵素洗又可以分为重酵素洗或轻酵素洗。

此外，还有辅助加工工序如手擦、打砂与喷砂、喷马骝、猫须、磨损等。

成衣水洗废水主要来自退浆、漂洗和脱水等工序，成衣水洗流程及产污环节如图 1-15 所示。废水中主要污染物为浮石渣、短纤维，以及从服饰上洗下的染料、辅料和助剂等。与印染厂的废水相比，水洗废水中含有大量的悬浮物（SS），有机污染物浓度和色度相对较低，废水中的水质和水量变化大，可生化性较好。

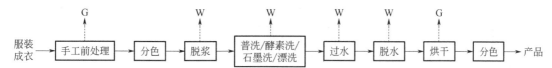

图 1-15 典型的成衣水洗流程及产污环节

G—废气；W—废水

牛仔布的浆料主要有淀粉浆、聚乙烯醇（PVA）或羧甲基纤维素（CMC），而牛仔布的染色过程中广泛使用的染料是靛蓝染料、硫化染料。在牛仔布水洗工艺排放的废水中，含有少量的硫化染料、靛蓝染料，COD 浓度为 300～500mg/L。水洗废水的特点与具体水洗工艺有关，某些水洗厂还设置一些浆染工序，会排出高浓度的浆染废水，浆染废水 COD 往往可达 1000mg/L。

废气主要有手工前处理工序产生的布屑粉尘、喷马骝过程产生的喷雾。在洗水前，部分产品需要进行前期的手工前处理，包括手擦、磨边、磨烂等处理方式，使牛仔服装产生泛白、褶皱、怀旧等效果。手工前处理过程会产生少量的布屑粉尘，由于布屑粉尘粒径较大，大部分沉降在附近地面，少量布屑粉尘在车间内排放，再通过车间通排风系统以无组织的形式排放到厂界外。喷马骝过程会产生少量的喷雾，除含有少量高锰酸钾外无其他污染物，以无组织的形式排放。

1.2.4 其他行业

纺织工业中其他行业（如各类原料的纺纱及织造加工、家用纺织制成品制造、产业用纺织制成品制造）在生产过程中也会产生少量污染物。纺织企业的部分设备及场地清洗会产生少量废水和冷却水，棉纺的纺纱、织造工序会产生纤维尘，企业的通用及专业机械设备、公用设施的运转会产生工业噪声，生产过程中会产生纺织品边角料、废包装材料、废机油等工业固体废物。

1.2.5 原辅材料识别

纺织染整所用的原辅料主要包括纺织纤维、染料、印染助剂及有机硅油四类。其中，纺织纤维直接影响印染过程中所使用的染料和印染助剂，也间接影响了后整理过程中废气的成分和含量。另外，有机硅油也是后整理废气中重要的污染物来源。

（1）纺织纤维

根据纤维的来源和生产工艺，可将纤维分为天然纤维和化学纤维。其中天然纤维是自然界原有的或从人工培植的植物、人工饲养的动物上直接取得的纺织纤维，一般包括植物纤维、动物纤维和矿物纤维。化学纤维则是用天然或人工合成的高分子化合物为原料，经过制备纺丝原液、纺丝和后处理等工序制得的具有纺织性能的纤维，可分为人造纤维（再生纤维）、合成纤维、无机纤维。具体的纺织纤维分类见表 1-7。

表 1-7 纺织纤维分类与举例

分类			举例
天然纤维	植物纤维（纤维素）	种子纤维	棉、木棉等
		叶纤维	剑麻、蕉麻等
		茎纤维	苎麻、亚麻、大麻、黄麻等
	动物纤维（蛋白质）	毛发类	绵羊毛、山羊毛、骆驼毛、兔毛、牦牛毛等
		腺分泌物	桑蚕丝、柞蚕丝等

分类			举例
天然 纤维	矿物纤维 （无机物）		无机金属硅酸盐类，如石棉纤维等
化学 纤维	人造纤维	再生纤维素纤维	黏胶纤维、醋酸纤维等
		再生蛋白质纤维	大豆纤维、花生纤维等
	合成纤维	普通合成纤维	涤纶、锦纶、腈纶、丙纶、维纶、氯纶等
		特种合成纤维	芳纶、氨纶、碳纤维等
	无机纤维		玻璃纤维、金属纤维等

（2）染料

按照染料性质和应用方法，可将染料分为直接染料、酸性染料、分散染料、活性染料（反应染料）、还原染料、阳离子染料、不溶性偶氮染料（冰染染料）、硫化染料、媒染染料等十余种。表 1-8 汇总了主要种类的染料性能及应用类别。

表 1-8　染料主要性能及应用类别

染料类别	主要性能	适用对象
直接染料	能直接溶于水，使用方便，色泽浓暗，色谱齐全，价格便宜，色牢度较差	棉、麻、丝、毛、锦纶
活性染料	能直接溶于水，使用方便，色泽鲜艳，色谱齐全，价格适中，湿处理色牢度优良	棉、麻、丝、毛、锦纶
不溶性偶氮染料	不能直接溶于水，使用起来较繁复，色泽浓艳，色谱不全（缺绿），价格低廉，色牢度良好	棉、麻
还原染料	不能直接溶于水，使用起来繁复，色泽鲜艳，色谱不全，价格昂贵，色牢度优秀	棉、麻、涤纶
可溶性还原染料	能直接溶于水，使用方便，色泽淡艳，色谱不全，价格昂贵，色牢度优秀	棉、麻
硫化染料	不能直接溶于水，使用起来较繁复，色谱不全，色泽浓暗，色谱齐全，价格低廉，色牢度良好	棉、麻
酸性染料	能直接溶于水，使用方便，色泽较艳，色谱齐全，价格适中，色牢度良好	丝、毛、涤纶
酸性媒染料及酸性含媒染料	能直接溶于水，使用较方便，色泽较暗，色谱不全，价格适中，色牢度优良	丝、毛、涤纶
分散染料	微溶于水，染色困难，色泽较艳，色谱齐全，价格较高，色牢度优良	锦纶、涤纶
阳离子染料	能直接溶于水，使用方便，色泽浓艳，色谱齐全，价格适中，色牢度优良	腈纶

（3）印染助剂

印染助剂是在纤维纺织加工过程中，纺织品前处理、染色、印花、后整理及染料后处理过程中使用的除染料和通用化学品（如无机或有机的酸、碱和盐）以外物质的总称。主要可划分为前处理助剂、染色助剂、印花助剂和后整理助剂。表 1-9、表 1-10 列举了不同工艺阶段所需的各类助剂及常见助剂的化学物质。

表 1-9　印染过程中所使用的各类助剂

工段	助剂名称
前处理	净洗剂（洗涤剂）、助洗剂、干洗剂、抗再沉积剂、湿润剂、再湿润剂、渗透剂、退浆剂、精练剂、精练助剂、脱胶剂、脱脂剂、漂白剂、漂白助剂、漂白稳定剂、漂白催化剂、上蓝剂、丝光剂、丝光助剂、螯合（分散）剂、酶制剂、脱氯剂、双氧水去除剂、碱减量促进剂
染色	乳化剂、消泡剂、发泡剂、泡沫增效剂、泡沫稳定剂、稳定剂、均染剂、促染剂、缓染剂、防泳移剂、膨化剂、媒染剂、氧化剂、防氧化剂、还原剂、防还原剂、固色剂、剥色剂、增效剂、增艳剂、增深剂、缚酸剂、稀酸剂、缚碱剂、胶溶剂
印花	黏合剂、增稠剂、交联剂、黏度改进剂、黏度稳定剂、乳化稀释剂、拔染剂、防染剂（防印剂）、保护性氧化剂、皂洗剂、稀释剂、辅助剂
后整理	柔软（整理）剂、涂层整理剂、树脂整理剂、防缩整理剂、防皱（整理）剂、免烫整理剂、耐久压烫整理剂、硬挺剂、吸湿排汗整理剂、亲水整理剂、抗静电整理剂、阻燃剂、防水剂、拒水剂、拒油剂、易去污整理剂、抗菌防臭整理剂、防腐剂、防霉整理剂、防螨整理剂、防蛀剂、防虫剂、防紫外线整理剂、防滑移整理剂、防烟熏褪色整理剂、防起毛整理剂、防起球整理剂、抗起毛起球剂、防毡缩整理剂、缩绒剂、丝鸣增效剂、增亮剂、消光剂、遮光剂、增重剂、增溶剂

表 1-10　常见助剂的化学物质

助剂名称	化学物质
渗透剂	蓖麻油酸丁硫酸酯、丁基萘磺酸钠盐、琥珀酸二辛酯磺酸钠、脂肪醇聚氧乙烯醚、烷基酚聚氧乙烯醚、辛醇硫酸酯等
乳化剂	非离子表面活性剂
还原剂	保险粉（连二亚硫酸钠）、吊白块（甲醛次硫酸氢钠）、二氧化硫脲等
氧化剂	间硝基苯磺酸钠等
固色剂	铵盐和高分子季铵盐等
分散剂	磺化油（太古油、土耳其油）、烷基或长链酰胺基苯磺酸钠、烷基聚氧乙烯醚、木质素磺酸钠、萘磺酸甲醛缩合物、油酰基聚氨基羧酸盐等
均染剂	聚氧乙烯醚类表面活性剂
增稠剂	高分子聚乙二醇双醚或双酯或由丙烯酸酯共聚的聚丙烯酸酯
黏合剂	合成胶乳如丁二烯、苯乙烯、丙烯腈、醋酸乙烯酯、氯乙烯及丙烯酸酯等的共聚物；自交联基团的聚丙烯酸酯共聚物以及聚氨酯类
树脂整理剂	脲醛树脂、三聚氰胺甲醛树脂、二羟甲基乙烯脲树脂、二羟甲基二羟基乙烯脲树脂及双羟乙基砜
抗静电剂	聚丙烯酸、聚乙二醇酯及高分子两性化合物
防霉蛀剂	各种铜盐，以及有机酚的衍生物，如五氯酚铜、环烷酸铜、8-羟基喹啉铜以及 2,2′-二羟基-5,5′-二氯二苯基甲烷、水杨酰苯胺等
消泡剂	磷酸三丁酯、辛醇、有机硅的复配物等

其中，备受关注的高危害物质如甲醛、苯和甲苯等挥发性有机物都是来源于分散剂、

固色剂、交联剂、印花浆、黏合剂等助剂在印染过程中的热分解。

（4）有机硅油

有机硅油是指在室温下保持液体状态的线型聚硅氧烷产品，一般为无色（或淡黄色）、无味、无毒、不易挥发的液体，常温下为流动态，常作为辅助材料使用。按其加工状况可分为一次产品和二次产品。一次硅油产品是指加工前的硅油产品，包括羟基硅油、硅官能硅油、碳官能硅油和非活性改性硅油 4 大类；二次硅油产品是指以硅油为原料，配入增稠剂、表面活性剂、溶剂及添加剂等，并经特定工艺加工成的脂膏状物质、乳液及溶液等产品（如硅脂和硅膏），在纺织染整过程中可作织物的柔软剂、润滑剂、防水剂、整理剂等。另外，为获得不同功效的纺织品，也会添加其他功能性的添加剂。

1.3　纺织行业相关环境管理要求

印染行业作为国家环境保护工作的重点行业，对实现国家环境保护目标具有重要的作用。表 1-11 为纺织印染行业相关环境管理标准。

表 1-11　纺织印染行业环境管理标准

标准类型	标准名称
排放标准	《纺织染整工业水污染物排放标准》（GB 4287—2012）及其修改单、公告
	《毛纺工业水污染物排放标准》（GB 28937—2012）
	《麻纺工业水污染物排放标准》（GB 28938—2012）
	《缫丝工业水污染物排放标准》（GB 28936—2012）
技术规范	《排污许可证申请与核发技术规范　纺织印染工业》（HJ 861—2017）
	《纺织染整工业废水治理工程技术规范》（HJ 471—2020）
	《纺织工业环境保护设施设计标准》（GB 50425—2019）
	《污染源源强核算技术指南　纺织印染工业》（HJ 990—2018）
	《建设项目竣工环境保护验收技术规范　纺织染整》（HJ 709—2014）
技术指南	《排污单位自行监测技术指南　纺织印染工业》（HJ 879—2017）
	《纺织工业污染防治可行技术指南》（HJ 1177—2021）
清洁生产标准	《清洁生产标准　纺织业（棉印染）》（HJ/T 185—2006）
环境标志产品技术要求	《环境标志产品技术要求　纺织产品》（HJ 2546—2016）
技术政策	《印染行业绿色发展技术指南（2019 版）》（工信部消费〔2019〕229 号）
	《印染行业废水污染防治技术政策》（环发〔2001〕118 号）
	《印染行业规范条件（2017 版）》（工信部消费〔2017〕31 号）

印染工业水污染物排放标准首次发布于 1992 年，2005 年开始第一次修订，修订稿于 2012 年底发布，以 GB 4287—2012 代替 GB 4287—92。《纺织染整工业水污染物排放

标准》（GB 4287—92）于 1992 年 5 月 18 日发布，1992 年 7 月 1 日起实施，标准根据印染企业的废水排放去向，分年限规定了印染工业水污染物最高允许排放浓度及排水量。《纺织染整工业水污染物排放标准》（GB 4287—92）的实施，对控制印染工业水污染物的排放、保护环境和推动印染工业的技术进步发挥了重要作用。在 GB 4287—92 颁布实施之后，国家制定出台了一系列的法律法规、规划、技术政策，对"十一五"期间的环境保护工作提出了更高的要求，在此期间，我国印染工业污染防治技术也有了实质性的进展。2005 年 4 月 6 日，国家环境保护总局发布了《关于下达 2005 年第二批国家环境标准制（修）订任务的通知》（环办〔2005〕203 号），开展《纺织染整工业水污染物排放标准》修订工作。

《纺织染整工业水污染物排放标准》（GB 4287—2012）于 2012 年 10 月 19 日发布，2013 年 1 月 1 日起实施。毛纺、麻纺、缫丝行业的水污染物排放标准有《毛纺工业水污染物排放标准》（GB 28937—2012）、《麻纺工业水污染物排放标准》（GB 28938—2012）、《缫丝工业水污染物排放标准》（GB 28936—2012），它们同时颁布实施。此次修订根据落实国家环境保护规划、环境保护管理和执法工作的需要，调整了控制排放的污染物项目，提高了污染物排放控制要求，为促进地区经济与环境协调发展，推动经济结构的调整和经济增长方式的转变，引导印染生产工艺和污染治理技术的发展方向，该标准还规定了水污染物特别排放限值。2015 年 3 月 27 日环境保护部《关于发布国家污染物排放标准〈纺织染整工业水污染物排放标准〉（GB 4287—2012）修改单的公告》（公告 2015 年 第 19 号）对 COD_{Cr}、BOD_5 的间接排放标准进行了修订。《2018 年度国家环境保护标准计划项目指南》中立项开展《纺织工业水污染物排放标准（修订合并 GB 4287—2012、GB 28936—2012、GB 28937—2012、GB 28938—2012）》修订工作。

为落实《国务院办公厅关于印发控制污染物排放许可制实施方案的通知》（国办发〔2016〕81 号），加快建立和完善覆盖所有固定污染源的企事业单位控制污染物排放许可制，《排污许可证申请与核发技术规范 纺织印染工业》（HJ 861—2017）于 2017 年 10 月正式实施，从国家层面统一印染行业排污许可管理的相关规定，主要用于指导当前各地印染企业排污许可证申请与核发等工作，是实现排污许可证覆盖印染行业固定污染源的重要支撑。

企业自行监测是污染源监测工作的一个重要组成部分，是掌握企业排污状况和排污趋势的手段，其监测结果和资料是开展企业环境信息公开工作的重要依据。2017 年 12 月颁布了《排污单位自行监测技术指南 纺织印染工业》（HJ 879—2017）。标准在自行监测的一般要求、监测方案的制定、信息记录和报告等方面做出了详细的规定，指导纺织染整企业在生产运行阶段对其排放的水污染物、大气污染物、噪声及对周边环境质量的影响开展自行监测，不仅为评价排污单位治污效果、排污状况提供重要依据，也可为污染源达标状况判定、排放量核算等提供有力支撑。

《污染源源强核算技术指南 纺织印染工业》（HJ 990—2018）规定了染整行业污水、废气、噪声、固体废物污染源强核算的基本原则、内容、核算方法及要求。对于新建（改、扩建）企业，一些环评文件中源强参数取值随意性较大，估算的排放量往往与实际排放量偏差较大，该标准可以提供合理可行的核算方法，避免不合理的数据给后续环境管理带来诸多麻烦乃至带来严重的环境污染问题。

《印染行业废水污染防治技术政策》（环发〔2001〕118 号）于 2001 年 8 月 8 日实施，政策从清洁生产工艺、废水治理及污染防治、鼓励的生产工艺和技术等方面提出技术方向，引导和规范印染企业的水污染防治工作。目前生态环境部已立项对《印染行业废水污染防治技术政策》（环发〔2001〕118 号）进行修订。

《纺织染整工业废水治理工程技术规范》（HJ 471—2009）于 2009 年 6 月 24 日发布，2009 年 9 月 1 日起实施，对印染工业废水治理工程设计、施工、验收和运行管理提出了技术要求，规范了工程设施建设和运行。随着 GB 4287—2012 的颁布，HJ 471—2009 无法满足排污要求，于 2020 年颁布修订版技术规范《纺织染整工业废水治理工程技术规范》（HJ 471—2020）。

此外，部分省市根据自身实际制定了地方标准和相应政策。江苏省成立了太湖水污染防治办公室，人大立法通过了《江苏省太湖水污染防治条例》，其要求和标准远严于国家要求，其他，如广东和浙江太湖地区、辽宁海河地区都相应地制定了地方标准。江苏省于 2004 年 6 月 1 日发布《纺织染整工业水污染物排放标准》（DB32/ 670—2004），适用于印染工业企业及接纳印染工业企业废水的集中式工业污水处理厂。2018 年，江苏省制定发布《太湖地区城镇污水处理厂及重点工业行业主要水污染物排放限值》（DB32/ 1072—2018），该标准规定了太湖地区城镇污水处理厂、印染工业、化学工业、造纸工业、钢铁工业、电镀工业、味精工业及啤酒工业的化学需氧量、氨氮、总氮和总磷 4 种水污染物最高排放浓度限值及最高允许排水量限值。浙江省于 2015 年发布《纺织染整工业大气污染物排放标准》（DB33/ 962—2015），规定了印染企业（含纺织品涂层企业）或生产设施的大气污染物排放控制要求以及标准实施与监督等相关规定。

第2章
国内外排污许可相关政策和技术方法

2.1 国外排污许可制度

环境治理涉及立法主体、行政主体、司法主体、企业、环保团体等主体，各主体在环境治理中有着各自的责、权、利。在国外，排污许可证在环境管理中被广泛采用，是污染控制的核心手段，排污许可证包含了原料、生产、治理、排放各控制环节，是对污染物产生到排放的全过程控制的综合性管理制度，水污染物排放、气体污染物排放、能源消耗、噪声、废物产生与利用、交通运输、化学品使用、污染场地管理、自我监测等环节的环境影响都在许可证当中有所体现。企业严格依照排污许可证的要求管理生产过程中的污染控制问题，政府也依据排污许可证对企业进行审查和管理。

排污许可制度是国际通行的环境治理制度，也是目前许多发达国家非常倚重的一项环境管理制度。排污许可制度的核心理念就是主要针对固定源采用综合性、一证式管理，并以完善的立法、监测、监督体系给予支撑，对固定源实施更科学化、精细化环境管理。从发达国家的经验来看，若要排污许可制度切实有效地发挥"以改善环境质量为总体目标"的功能，必须以充分而强有力的法律为依据、完善的管理制度为保障、先进的污染防治技术为支撑，同时辅以严厉的惩罚措施、透明的信息公开、成熟的公众参与。

2.1.1 美国

美国的许可证管理基本理念是围绕"模范技术"展开的，"模范技术"是设定了 7 个排放限制的技术体系，分别设定了不同的排放水平：最佳实用控制技术（best practicable control techniques，BPT）、最佳常规污染物控制技术（best conventional pollutant control techniques，BCT）、最佳可行技术（best available techniques，BAT）、新污染源绩效标准（new source performance standards，NSPS）、新污染源预处理标准（pretreatment standards for new sources，PSNS）、现有污染源的预处理标准（pretreatment standards for existing sources，PSES）、最优排污许可管理制度（best management practices，BMPs），核心是基于现有的最佳行业技术水平，定义出污染源的排放标准和其他要求，作为对污染源环境管理的依据。其许可证管理的出发点不考虑受纳环境的容量。也就是说，无论污染源所处的环境质量好与坏，污染源都必须达到行业最低水平的排放标准和最高水平的环境管理要求。

基于水排污许可证制度体系，美国总体构建起了一套权责利分明、多元主体参与、高效运作的点源环境治理系统。美国的水排污许可证体系较合理地界定了政府和企业的责、权、利边界。企业为了运行和发展需要，有权申请水排污许可证，同时也需要承担许多相关的责任。政府机构（联邦环保署或授权的州环保机构）有保护或恢复水环境质量的最终责任，因此也被法律授予了审核发放和管理水排污许可证的权力。为了管理水排污许可证，政府需要投入一定的公共财政经费。联邦环保署制定了一套行之有效且奖惩分明的环境执法体系，有效地保障了企业责、权、利的统一，推动了企业环境自守法。

大气排污许可制度是美国《清洁空气法》规定的系统、专业、高效的固定源污染排放行为常规化管理手段，是以排放标准为核心内容，以监测、记录和报告工作为实施关键的微观政策工具。在《美国联邦行政法规》中，排污许可制度的主要管理对象被定义为"主要污染源"，通常指单一固定源或位于相邻区域并接受统一管理的一组固定源，其实际排放量或潜在排放量达到或超过某个排放阈值。常规单一空气污染物排放阈值为每年 100t，危险空气污染物排放阈值为每年 25t。固定源监测定义为"通过手动和自动仪器装置测量和收集数据，对数据进行记录和处理，用数据核查污染排放水平及生产设施、污染防治设施的运行状态，以确保与产排污相关的操作遵守适用的要求"，即通过测量、记录、分析与排污有关的数据，获得固定源的产污、治污、排污信息，作为固定源证明其守法排放的证据和管理机关核查固定源守法排污的依据。

2.1.2　欧盟

欧盟的环境管理政策一般分为欧盟层面和成员国层面。欧盟层面指令规定了欧盟地区及某类污染源的环境目标或污染物排放的管理要求，各成员国可在欧盟层面指令的基础上，自主实施满足指令要求的环境保护防控措施。欧盟自 1975 年开始，致力于欧洲各国水资源保护，并制定《欧洲水法》；在此基础上于 1996 年通过了综合污染防治（Integrated Pollution Prevention Control，IPPC）指令。IPPC 指令规定了对空气、水和土壤的污染管理中能源的使用、废物处理及事故防范等内容，并对相应的生产设备实行操作许可认证。IPPC 的排污许可证制度要求欧盟各成员国基于最佳可行技术（best available techniques，BAT）降低污染物排放量。BAT 作为排污限值和设施许可的基础，综合考量经济可行性、技术链接和成本数据，从而使污染物的排放实现 IPPC 的目标要求。德国、英国等国遵循欧盟指令制定相应水污染物排放总量控制管理方法后，使排入莱茵河的污废水得到了处理，并取得一定的成效，充分说明欧盟排污许可证制度具有较高的实用性及可操作性。

欧盟排污许可证制度的特点为：

① 基于最佳可行技术。欧盟的排污许可证制度以 BAT 指导文件中不同设备污染物的排放水平作为设置排污许可的条件；

② 灵活的排放限值与许可期限。针对特殊的环境条件、工艺设备、成本效益等情况，欧盟允许排污许可证的排放限值存在暂时性偏离，这对鼓励新兴技术及稳定经济起到很大的推动作用；

③ 公众参与。确保民众在排污许可证审批过程中的参与权和排污许可证持证企业环境监测结果的知情权。

2.1.3 日本

日本采取污染物总量控制。水污染物总量控制始于 1973 年濑户内海的《环境保护临时措施法》。日本的总量控制策略是以广域闭锁性水域为对象，以保护水环境、改善水质为目标的环境管理制度。通过实施水质总量减排措施，使污染极为严重的海域和河川的水质得到了改善，恶臭现象减少，成功削减了相关水域的污染负荷量。在水污染物总量控制过程中，根据不同行业和不同设施（共 215 个大类）分别规定了各种污染物的控制标准浓度值（C 值），并由生产工艺和污染治理技术水平确定污染物允许排放量；然后由每个行业的 C 值和特定行业允许排水总量（日均允许排水量）计算各海域中各行业每年的污染物总量控制目标值，并通过各行业处理技术决定其 C 值和总量目标。日本总量控制目标值的确定是一个"自下而上"、技术水平决定总量控制目标的过程。区域总量控制目标是由国家、地方和企业在技术水平的基础上，并充分考虑各地方和企业的执行能力所提出的目标控制量。总量控制要求各排污企业达到其所属行业和设施类型的 C 值，并不涉及具体的减排任务。本质上，日本的水污染物排放总量是指允许排放浓度和排放水量标准的"乘积"。

2.2 国外环境技术管理体系

2.2.1 美国

到目前为止，美国环境保护署（EPA）已在水领域建立了 53 个行业的指南和标准，在大气方面完成了重点污染源治理技术标准，并开始制定针对面源污染的指南和标准。美国是以技术法规作为制定、实施环境质量和排放标准的基础，针对不同的工业部门制定不同的技术标准，并以此为基础再颁布各自相应的排放限值指令，从而实现对污染物排放的有效控制。

美国的环境技术政策已在水污染防治和大气污染防治等领域得以应用，基本上形成了以基于污染控制技术的排放标准管理为主，以水质标准管理为补充，以总量控制和排污许可证为主要内容的水污染防治机制。美国环保署以"现有最佳企业平均表现水平"

来决定 BPT，可以说 BPT 是现有企业在经济上能承受的最低控制水平。而 BCT 是在同时考虑能源、环境、经济和其他成本的条件下，现有的能够使其向环境中排放的污染物量达到最少的可行技术。对常规污染物来讲，BCT 与 BPT 相比，更多地强调了经济代价和环境效益二者之间的"合理性"。根据 BCT 确定的排放限值比 BPT 排放限值要严一些，给出的达标时间相对长一些。BAT 是针对现有污染源有毒物质和非常规污染物提出的，与 BPT 确定的排放限值比较，BAT 排放限值要严得多。现有最佳示范技术（best available demonstration techniques，BADT）是经示范证实并已经实践验证过的最佳可行技术、工艺、方法和其他措施。BADT 适用于新排放源，是强制其执行的技术，处理标准高于现有的排放源。确立了基于污染控制技术排放标准的法律地位，遵守该标准是点源获得排放许可证的基本条件。以基于污染控制技术的排放限值和基于水质标准的限值中相对严者作为许可证规定的排放限值。

在美国，影响纺织工业的最重要的环境法规是《清洁水法》（Clean Water Act，CWA）。1982 年，EPA 颁布了纺织品制造点源分类排放准则。立法中对所有纺织品种类分别给出了排放限值，体现了使用最佳实用控制技术（BPT）和最佳可行技术（BAT）可达到污染排放减少的目的。

2.2.2　欧盟

欧盟 BAT 体系覆盖范围广，BAT 参考文件包含能源、金属加工制造、矿石、化工、废物管理、纺织、造纸和食品工业等部门。文件详细描述了各类工业生产的工艺、存在的环境问题、问题产生的环节和原因及控制措施，除一般的技术控制措施外，特别给出了在目前条件下不同工艺、不同控制技术下的最佳可行技术，并且给出通过应用这种技术可能达到的污染物排放量和资源消耗量水平。

1998 年，由各成员国、纺织企业、环保组织和欧洲综合污染防治部门组成的第一次技术工作组（TWG）会议召开，欧盟纺织工业 BAT 参考文件的相关工作开始实施，并于 2002 年在第二届 TWG 会议上讨论通过该 BAT 草案，随后通过多次专家征求意见和修改，形成最终发布文件。《欧盟纺织工业 BAT 参考文件》主要包括行业简介、产品和部门分类、生产工艺技术、能源消耗和污染物排放水平、BAT 备选技术、最终 BAT 技术、新兴技术及结束语等主要内容，详细描述了存在的环境问题，问题产生的环节、原因及控制措施，除筛选出了一般通用 BAT 技术，还针对羊毛煮练、纺织品加工与地毯业、污水处理与废物处置三个重要方面提出了不同工艺、不同控制条件下的最佳可行技术，并分析了应用最佳可行技术可能达到的污染物减排和资源消耗水平。

欧盟纺织工业 BAT 参考文件目录见表 2-1。

表 2-1　欧盟纺织工业 BAT 参考文件

章节名称	
EXECUTIVE SUMMARY	执行摘要
PREFACE	前言

续表

章节名称	
SCOPE	范围
1 GENERAL INFORMATION	1 一般信息
2 APPLIED PROCESSES AND TECHNIQUES	2 应用工艺和技术
3 EMISSION AND CONSUMPTION LEVELS	3 污染物排放和能源消耗水平
4 TECHNIQUES TO CONSIDER IN THE DETERMINATION OF BAT	4 BAT 筛选过程中的备选技术
5 BEST AVAILABLE TECHNIQUES	5 最佳可行技术
6 EMERGING TECHNIQUES	6 新兴技术
7 CONCLUDING REMARKS	7 结论
ANNEX Ⅰ：TEXTILE AUXILIARIES	附录Ⅰ：纺织助剂
ANNEX Ⅱ：DYES AND PIGMENTS	附录Ⅱ：染料和颜料
ANNEX Ⅲ：WET PROCESSES：MACHINERY AND TECHNIQUES	附录Ⅲ：湿法工艺：设备和技术
ANNEX Ⅳ：TYPICAL RECIPES（WITH SOME ASSOCIATED EMISSION FACTOR）IN THE TEXTILE SECTOR	附录Ⅳ：典型工艺加药配方（含相关的污染排放因子）
ANNEX Ⅴ：TYPICAL POLLUTANTS（AND POTENTIAL SOURCES）IN AIR EMISSION FROM TEXTILE PROCESSES	附录Ⅴ：纺织生产工艺中排放的典型大气污染物（和潜在污染源）
ANNEX Ⅵ：AUXILIARIES CLASSIFICATION TOOLS	附录Ⅵ：辅助分类工具
ADVANCED OXIDATION PROCESSES（FENTON REACTION）	高级氧化工艺（FENTON 反应）

2.3 国外纺织印染行业相关排放标准

2.3.1 美国

根据美国各行业废水排放标准名录 Part 410 Textile Mills Point Source Category，纺织印染行业的相关排放标准如下所述。

（1）织物印染废水标准

这部分标准适用于织物染整过程产生的废水，包括漂白、丝光处理、染色、树脂加工、防水整理、后整理等工序产生的废水。

美国环境保护署公布的使用最佳实用控制技术（BPT）治理织物染整废水要求达到的排放限值见表 2-2。

表 2-2 美国采用 BPT 治理的织物染整废水排放限值　　单位：kg/t 织物

项目	最大值	30 天平均值
BOD₅	5.0	2.5

续表

项目	最大值	30 天平均值
COD	60.0	30.0
TSS	21.8	10.9
硫化物	0.20	0.10
苯酚	0.10	0.05
总铬	0.10	0.05
pH 值	6.0～9.0（无量纲）	6.0～9.0（无量纲）

美国环境保护署（EPA）公布的使用最佳可行技术（BAT）治理织物染整废水要求达到的排放限值见表 2-3。

表 2-3　美国采用 BAT 治理的织物染整废水排放限值　　单位：kg/t 织物

项目	最大值	30 天平均值
COD	60.0	30.0
硫化物	0.20	0.10
苯酚	0.10	0.05
总铬	0.10	0.05

（2）纱线染整废水标准

这部分标准适用于纱线染整过程中产生的废水，包括冲洗、丝光处理、树脂加工、染色和特殊整理等工序产生的废水。

美国环境保护署公布的使用最佳实用控制技术（BPT）治理纱线染整废水要求达到的排放限值见表 2-4。

表 2-4　美国采用 BPT 治理的纱线染整废水排放限值　　单位：kg/t 纱线（pH 值除外）

项目	最大值	30 天平均值
BOD_5	6.8	3.4
COD	84.6	42.3
TSS	17.4	8.7
硫化物	0.24	0.12
苯酚	0.12	0.06
总铬	0.12	0.06
pH 值	6.0～9.0	6.0～9.0

2.3.2　欧盟

根据 2003 年 6 月欧盟委员会发布的 BAT 在纺织工业中参考文件《综合污染防治与控制》，纺织工艺及其产生的废水来自前处理、染色、印染、后整理、水洗等工艺，欧盟委员会建议废水处理使用的技术如下：

① 生化处理后采用深度处理（三级处理），例如活性炭吸附等；

② 结合生物化学法和化学法，使用粉末性活性炭、铁盐等；

③ 在活性污泥系统前优先考虑使用臭氧技术。

欧盟没有统一的纺织染整行业水污染物排放标准，其 BAT 导则列出了欧盟国家有机精细化工行业（包括纺织印染行业）的排放状况，COD_{Cr} 排放情况一般为 120～250mg/L。

按德国废水条例《关于向水体排放废水的要求》（Ordinance on Requirements for the Discharge of Waste Water into Waters，Waste Water Ordinance-AbwV）中的 Appendix 38-纺织制造和织物整理，纺织制造和织物整理企业排放口废水排放水质标准见表 2-5，其中氨氮和总氮适用于污水处理厂的生化反应出水废水温度在 12℃及以上。

表 2-5　纺织制造和织物整理企业排放口废水排放水质标准

项目	随机样或 2h 混合样	单位
COD	160	mg/L
BOD_5	25	mg/L
总磷	2	mg/L
氨氮	10	mg/L
总氮	20	mg/L
亚硫酸盐	1	mg/L

混合前的废水排放水质标准见表 2-6。

表 2-6　混合前的废水排放水质标准

项目	随机样或 2h 混合样	单位
可吸附有机卤素（AOX）	0.5	mg/L
硫化物	1.0	mg/L
总铬	0.5	mg/L
铜	0.5	mg/L
镍	0.5	mg/L
锌	2.0	mg/L
锡	2.0	mg/L

要求产污点的排放废水中不可含有：a. 有机氯载体；b. 游离氯漂白剂，除漂白合成纤维的亚氯酸钠之外；c. 使用亚氯酸钠后的游离氯；d. 砷、水银以及它们的混合物；e. 作为漂洗剂的烷基苯酚聚氧乙醚（APEO）；f. 用于硫化染料和还原染料氧化的含 Cr(Ⅵ)化合物；g. 用于水质软化的乙二胺四乙酸（EDTA）、二乙基三胺五乙酸（DTPA）和磷酸酯；h. 染料和纺织助剂。

2.3.3　日本

日本的国家排放标准为综合性排放标准，各工业行业 COD_{Cr} 排放均执行 120mg/L 的限值。日本为控制琵琶湖的富营养化，制定了严格的地方标准，现有企业和新建企业 COD_{Cr} 排放分别执行 30mg/L 和 20mg/L 的限值，但这相当于需要采取特别保护措施的地区特别控制区。

2.4　我国排污许可制度实施概况

排污许可制度作为固定污染源环境管理核心制度，是坚持和完善生态文明制度体系的重要内容之一。2013 年，党的十八届三中全会要求加快建立系统完整的生态文明制度体系，《中共中央关于全面深化改革若干重大问题的决定》明确规定"完善污染物排放许可制"。2015 年，中共中央、国务院印发《关于加快推进生态文明建设的意见》，在"完善生态环境监管制度"一节中规定，"建立严格监管所有污染物排放的环境保护管理制度。完善污染物排放许可证制度，禁止无证排污和超标准、超总量排污"。2015 年，《生态文明体制改革总体方案》单独设立"完善污染物排放许可制"一节，规定"尽快在全国范围建立统一公平、覆盖所有固定污染源的企业排放许可制，依法核发排污许可证，排污者必须持证排污，禁止无证排污或不按许可证规定排污"。2016 年国务院办公厅发布《控制污染物排放许可制实施方案》，排污许可制度开始实施。《关于做好环境影响评价制度与排污许可制衔接相关工作的通知》《排污许可管理办法（试行）》及 75 个行业技术规范等文件，指导排污许可证申请、审核、发放、管理等流程，各地有序推进了排污许可证核发和排污登记工作。2018 年《中共中央　国务院关于全面加强生态环境保护　坚决打好污染防治攻坚战的意见》提出，"加快推行排污许可制度，对固定污染源实施全过程管理和多污染物协同控制，按行业、地区、时限核发排污许可证，全面落实企业治污责任，强化证后监管和处罚""2020 年，将排污许可证制度建设成为固定源环境管理核心制度，实现'一证式'管理"。2019 年，《中共中央关于坚持和完善中国特色社会主义制度　推进国家治理体系和治理能力现代化的若干重大问题的决定》规定，"构建以排污许可制为核心的固定污染源监管制度体系"，再次确认了排污许可制的核心地位，并要求建立监管制度体系。

2020 年，党的十九届五中全会明确了"全面实行排污许可制"任务目标，排污许可制度实施进入新阶段。为使排污许可管理工作有法可依，生态环境保护部启动了《排污许可管理条例》的起草研究工作，形成《排污许可管理条例（草案送审稿）》。2020 年 12 月 9 日，国务院总理李克强主持召开国务院常务会议通过了《排污许可管理条例（草案）》。《排污许可管理条例》（以下简称《条例》）（于 2021 年 1 月 24 日公布，自 2021 年 3 月 1 日起实施）。对排污许可管理提出了更加明确的规定。

① 明确排污许可证法律地位，划定排污许可管理权限。《条例》明确了"按证排污、按证监管"的管理模式，排污许可证是企业守法、行政执法、社会监督的依据。《条例》

根据污染物的产生量、排放量、对环境的影响程度等因素对排污单位实行许可分类管理，排污单位按照要求申请排污许可证并依证排污。《条例》规定生态环境部负责全国排污许可统一监督管理，设区的市级以上地方人民政府生态环境主管部门负责本行政区域排污许可的监督管理。

② 规定排污单位持证义务，建立污染物排放基本信息。排污许可证是对排污单位进行生态环境监管的主要依据，《条例》要求排污单位按照生态环境管理要求运行和维护污染防治设施、建设规范化污染物排放口、依法开展自行监测并保存原始监测记录、及时报送执行报告，重点管理的排污单位需要与生态环境主管部门监控设备联网。排污单位应当建立环境管理台账，如实在全国排污许可证管理信息平台上公开污染物排放信息，原始监测记录与环境管理台账保存期限均不得少于 5 年。这不但规范了管理流程，还提高了工作效率。

③ 明确管理部门监督检查职责，使用排污许可数据监管企业。《条例》要求生态环境主管部门将排污许可执法检查纳入生态环境执法年度计划，可以通过全国排污许可证管理信息平台监控排污单位的污染物排放情况。明确排污单位应当配合生态环境主管部门提供相关材料，在监管过程中，生态环境主管部门可以将排污许可证、环境管理台账记录、排污许可证执行报告等材料作为依据。《条例》的发布将为"按证监管"提供更明确的指导方向，为"一证式"管理打下基础。

④ 严惩重罚违法排污单位，推动排污单位守法排污。《条例》规定了违反排污许可规定的法律责任，对无证排污等行为，由生态环境主管部门责令改正或者责令限制生产、停产整治，处 20 万元以上 100 万元以下的罚款；情节严重的，报经有批准权的人民政府批准，责令停业、关闭。对于通过逃避监管的方式违法排放污染物等行为，规定了拘留的处罚措施。结合排污许可管理实际经验，规定对违反台账记录和执行报告要求、弄虚作假骗取排污许可证的排污单位依法严惩。

⑤ 信息技术创新，为排污许可制度的全面落实提供支撑。尽管相较于国外，我国排污许可制度起步较晚，但全国排污许可证管理信息平台的建设使得我国具有了全面汇集和掌握企业污染排放数据信息的排污许可管理体系，意味着我国排污许可制度具有前瞻性和较好的监管创新基础。

《排污许可证申请与核发技术规范 纺织印染工业》（HJ 861—2017）自 2017 年 9 月 29 日正式实施以来，依据全国排污许可证管理信息平台统计，截至 2020 年 6 月 30 日，全国已成功申请并获得固定污染源排污许可证的纺织印染企业共 8902 家，占全国纳入固定污染源排污许可系统企业总量的 3.5%。8902 家纺织印染企业分布在 31 个省（市、自治区），其中安徽省、福建省、河南省、江西省、辽宁省、江苏省、浙江省、广东省、山东省以及河北省印染企业数量均超过 100 家，江苏省数量最多，为 4541 家；浙江省次之，为 1181 家；广东省紧随其后，为 1179 家。

第3章
纺织印染工业排污许可技术规范
主要内容与解读

3.1　总体框架

《排污许可证申请与核发技术规范 纺织印染工业》（HJ 861—2017）（以下简称《规范》）主要包括了排污单位基本信息、许可事项和管理要求三个主要方面，规定了纺织印染工业排污许可证申请与核发的基本情况填报要求，许可排放限值确定、实际排放量核算和合规判定的方法，以及自行监测、环境管理台账与排污许可证执行报告等环境管理要求，提出了纺织印染工业污染防治可行技术要求。

对位于法律法规明确规定禁止建设区域内的、属于国家或地方已明确规定予以淘汰或取缔的纺织印染工业排污单位或者生产装置，核发机关应不予核发排污许可证。

3.2　适用范围

适用于指导纺织印染工业排污单位填报《关于印发〈排污许可证管理暂行规定〉的通知》（环水体〔2016〕186号）中附2《排污许可证申请表》及在全国排污许可证管理信息平台申报系统填报相关申请信息，也适用于指导核发机关审核确定纺织印染工业排污许可证许可要求。

适用于纺织印染工业排污单位排放的水污染物和大气污染物的排污许可管理，具体包括《国民经济行业分类》（GB/T 4754）中的棉纺织及印染精加工171、毛纺织及染整精加工172、麻纺织及染整精加工173、丝绢纺织及印染精加工174、化纤纺织及印染精加工175，以及纺织服装、服饰业18。纺织印染工业排污单位中，对于执行《火电厂大气污染物排放标准》（GB 13223）的生产设施或排放口，适用《关于开展火电、造纸行业和京津冀试点城市高架源排污许可证管理工作的通知》（环水体〔2016〕189号）中附件1《火电行业排污许可证申请与核发技术规范》；对于执行《锅炉大气污染物排放标准》（GB 13271）的生产设施或排放口，参照《排污许可证申请与核发技术规范 锅炉》（HJ 953）执行。

标准中未作规定但排放工业废水、废气或者国家规定的有毒有害大气污染物的纺织印染工业排污单位其他产污设施和排放口，参照《排污许可证申请与核发技术规范 总则》（HJ 942）（以下简称《总则》）执行。

3.3 排污单位基本情况填报要求

3.3.1 主题思路及基本原则

根据《排污许可证管理暂行规定》（以下简称《暂行规定》）信息填报要求，结合纺织印染行业特点，《规范》给出了纺织印染企业排污许可证申请填报原则，指导企业填报排污单位基本信息、主要产品及产能、主要原辅材料及燃料，以及产排污节点、污染物及污染治理设施等信息。

同一法人单位或者其他组织所属、位于不同生产经营场所的排污单位，应当以所属的法人单位或者其他组织的名义，分别向生产经营场所所在地有核发权的生态环境主管部门（以下简称核发部门）申请排污许可证。生产经营场所和排放口分别位于不同行政区域时，生产经营场所所在地核发部门负责核发排污许可证，并应当在核发前征求其排放口所在地同级生态环境主管部门意见。

核发部门在审查排污单位提交的申请材料时，对位于法律法规规定禁止建设区域内的，属于国务院经济综合宏观调控部门会同国务院有关部门发布的产业政策目录中明令淘汰或者立即淘汰的落后生产工艺装备、落后产品的，以及法律法规规定不予许可的其他情形，应不予核发排污许可证。

纺织印染工业排污单位应当按照实际情况填报，对提交申请材料的真实性、合法性和完整性负法律责任。

纺织印染工业排污单位应按照《规范》要求，在全国排污许可证管理信息平台申报系统填报《排污许可证申请表》中的相应信息表。填报系统中未包括的，地方生态环境主管部门有规定需要填报或排污单位认为需要填报的，可自行增加内容。省级生态环境主管部门按环境质量改善需求增加的管理要求，应填入排污许可证管理信息平台申报系统中"有核发权的地方生态环境主管部门增加的管理内容"一栏。排污单位在填报申请信息时，应评估污染排放及环境管理现状，对现状环境问题提出整改措施，并填入排污许可证管理信息平台申报系统中"改正措施"一栏。

3.3.2 排污单位基本信息

本节内容用于指导纺织印染工业排污单位网上填报排污许可证申请表中的"排污单

位基本信息"。

纺织印染工业排污单位基本信息应填报单位名称、邮政编码、行业类别（填报时选择纺织印染相关行业）、是否投产、投产日期、生产经营场所中心经度、生产经营场所中心纬度、所在地是否属于重点区域、环境影响评价文件批复及文号（备案编号）或者地方政府对违规项目的认定或备案文件及文号、主要污染物总量分配计划文件及文号、二氧化硫总量指标（t/a）、氮氧化物总量指标（t/a）、颗粒物总量指标（t/a）、化学需氧量总量指标（t/a）、氨氮总量指标（t/a）、涉及的其他污染物总量指标，以及实施低排水染整工艺改造情况等。

地方政府对违规项目的认定或备案文件指按照《国务院办公厅关于加强环境监管执法的通知》（国办发〔2014〕56 号）的要求，地方政府对违规项目依法处理、整顿规范，出具的符合要求的证明文件。

污染物总量指标包括地方政府或生态环境主管部门发文确定的排污单位总量控制指标、环评批复时的总量控制指标、现有排污许可证中载明的总量控制指标、通过排污权有偿使用和交易确定的总量控制指标等地方政府或生态环境主管部门与排污许可证申领企业以一定形式确认的总量控制指标。

3.3.3　主要产品与产能

本节内容用于指导纺织印染工业排污单位填报排污许可证申请表中的"主要产品及产能"，包括主要生产单元、主要工艺、生产设施、生产设施编号、设施参数、产品名称、生产能力及计量单位、设计年生产时间及其他。《规范》的行业覆盖为"纺织业""纺织服装、服饰业"。

3.3.3.1　主要生产单元

根据产业链的上下游关系，从原料制备—原料加工—半成品—成品—后加工的产业链，再根据生产过程中的产排污量填报，产排污较多的生产单位为必填项，其余为选填项或者自行填报项。

纺织印染工业的洗毛单元、麻脱胶单元、缫丝单元、织造单元、印染单元、成衣水洗单元、公用单元为必填内容，纺纱、服装及家纺加工等生产单元为选填内容。

3.3.3.2　主要工艺

目前行业中主流的生产工艺分别列项，对于生产过程中生产工艺与产排污关联度不高的情况，《规范》中不再按生产的正规称谓分类，而是以与产排污相关的俗称分类。

① 洗毛单元：包括乳化洗毛、溶剂洗毛、冷冻洗毛、超声波洗毛工艺。
② 麻脱胶单元：包括化学脱胶、生物脱胶、物理脱胶、生化联合脱胶工艺。
③ 缫丝单元：包括桑蚕缫丝、柞蚕缫丝工艺。
④ 织造单元：包括喷水织造、喷气织造工艺。
⑤ 印染单元：包括前处理、印花、染色、整理工艺。
⑥ 成衣水洗单元：包括普通水洗、酵素洗、漂洗、石磨洗工艺。
⑦ 公用单元：包括锅炉、软化水系统、储存系统、废水处理系统、辅助系统。

3.3.3.3 生产设施

生产设施分为必填内容和选填内容。

（1）必填内容

① 洗毛单元：包括洗毛设施（喷射洗毛机、滚筒洗毛机、超声洗毛机、联合洗毛机等）、炭化设施、剥鳞设施。

② 麻脱胶单元：包括浸渍设施、汽爆装置、沤麻设施、碱处理设施、漂白设施、酸洗设施、煮练设施、漂洗设施、发酵罐。

③ 缫丝单元：包括煮茧机、缫丝机、打棉机。

④ 织造单元：包括喷水织机及其他。

⑤ 印染生产单元：包括前处理工序（烧毛设施、退浆设施、精练设施、煮练设施、漂白设施、丝光设施、定形设施、碱减量设施、前处理一体式设施等）、染色工序（散纤维染色设施、纱线染色设施、连续轧染设施、浸染染色设施、喷射染色设施、冷堆染色设施、卷染染色设施、经轴染色设施、溢流染色设施、气流染色设施、气液染色设施等）、印花工序（滚筒印花设施、圆网印花设施、平网印花设施、静电植绒设施、转移印花设施、数码印花设施、泡沫印花设施、印花感光制网设施、平洗设备、砂洗设备等）、整理工序（磨毛机、起毛机、定形设施、直接涂层设施、转移涂层设施、凝固涂层设施、层压复合设施、配料设施等）。

⑥ 成衣水洗单元：包括水洗机、吊染机、喷色机、马骝机、喷砂机、磨砂机、激光造型机。

⑦ 公用单元：包括储存系统（煤场、化学品库、油罐、气罐等）、锅炉（燃煤锅炉、燃油锅炉、燃气锅炉、生物质锅炉等）。

（2）选填内容

除必填内容要求外，其他生产设施为选填内容，包括选毛机、开毛机、烘毛机、打麻机、脱水机、烘干机、剥茧机、选茧机、筛茧机、真空给湿机、定幅机、拉幅机、电光机、轧纹机、轧光机、剪毛机、打布机、浆布机、脱水机、猫须设备等。

3.3.3.4 生产设施编号

纺织印染工业排污单位填报内部生产设施编号，若排污单位无内部生产设施编号，则根据《固定污染源（水、大气）编码规则（试行）》（环水体〔2016〕189 号中附件 4）进行编号并填报。填报完成后，平台会针对排污单位填报编号自动生成统一规范的生产设施编号。

3.3.3.5 设施参数

因纺织印染企业生产设施较多，产业链较长，《规范》建议重点填写能够反映纺织印染企业产能、工艺、排污状况等相关设备参数，如浴比、车速、布幅宽度等；对于公用单元的锅炉为必填项，其他的进行选填。

3.3.3.6 产品名称

填写各生产单元的产品名称，包括生丝、净毛、精干麻、纱、坯布、色纤、色纱、面料、家用纺织制成品、产业用纺织制成品、纺织服装和服饰品等。

3.3.3.7　生产能力及计量单位

生产能力为主要产品设计产能，并标明计量单位，不包括国家或地方政府予以淘汰或取缔的产能。

3.3.3.8　设计年生产时间

环境影响评价文件及其批复、地方政府对违规项目的认定或备案文件确定的年生产天数。

3.3.4　主要原辅材料及燃料

本节内容用于指导纺织印染工业排污单位填报排污许可证申请表中"主要原辅材料及燃料"。

3.3.4.1　原料

为方便填报，原料按生产单元分类：

① 洗毛单元原料种类，包括原毛、水、其他。

② 麻脱胶单元原料种类，包括苎麻、亚麻、黄麻、大麻、红麻、罗布麻、水、其他。

③ 缫丝单元原料种类，包括桑蚕茧、柞蚕茧、水、其他。

④ 织造单元原料种类，包括天然纤维（棉、麻、丝、毛、石棉及其他）与化学纤维（再生纤维、合成纤维、无机纤维、其他）。

⑤ 印染单元原料种类，包括散纤维、纱、织物、水、其他。

⑥ 成衣水洗单元原料种类，包括成衣、成品布、水、其他。

3.3.4.2　辅料

在纺织印染行业中，由于涉及的化学品过多，与产排污关联度不高的辅料按大类进行分类，例如分为精练剂、润湿剂、乳化剂、分散剂、洗涤剂、渗透剂、表面活性剂等。而对于染料及助剂，需明确是否含重金属铬。

① 通用辅料，包括生产过程中添加的化学品以及废水、废气污染治理过程中添加的化学品（包括石灰、硫酸、盐酸、混凝剂、助凝剂等）。

② 洗毛单元辅料，包括烧碱、合成洗涤剂、氯化钠、硫酸钠、硫酸铵、有机溶剂、盐酸、漂白剂、双氧水、其他。

③ 麻脱胶单元辅料，包括烧碱、硫酸、盐酸、双氧水、生物酶、给油剂、其他。

④ 缫丝单元辅料，包括渗透剂、抑制剂、解舒剂、其他。

⑤ 织造单元辅料，包括浆料、表面活性剂、油剂、防腐剂、石蜡、其他。

⑥ 印染单元辅料，包括染料（直接染料、活性染料、还原染料、硫化染料、酸性染料、分散染料、冰染染料、碱性染料、媒染染料、荧光染料、氧化染料、酞菁染料、缩聚染料、暂溶性染料）、颜料、糊料、酸剂（乙酸、苹果酸、酒石酸、琥珀酸、硫酸、盐酸）、碱剂（烧碱、纯碱、氨水）、氧化剂（二氧化氯、液氯、双氧水、次氯酸钠）、还原剂（二氧化硫、保险粉、元明粉）、生物酶、短纤维绒、离型纸、助剂（分散剂、精练剂、润湿剂、乳化剂、洗涤剂、渗透剂、均染剂、黏合剂、增白剂、消泡剂、增稠剂、

皂洗剂、硬挺剂、固色剂及其他）、整理剂（柔软剂、抗菌防皱剂、防污整理剂、拒油整理剂、防紫外线整理剂、阻燃整理剂、防水整理剂、防皱整理剂、抗静电整理剂、稳定剂、增塑剂、发泡剂、促进剂、填充料、着色剂、防光氧化剂、交联剂、防水解剂、增稠剂、引发剂及其他）、涂层剂［聚氯乙烯（PVC）胶、聚氨酯（PU）胶、聚丙烯酸酯（PA）胶、聚有机硅氧烷、橡胶乳液及其他］、溶剂（甲苯、二甲苯、二甲基甲酰胺、丁酮、苯乙烯、丙烯酸、乙酸乙酯、丙烯酸酯及其他）、感光胶（含铬感光胶、常规感光胶）、其他。

⑦ 成衣水洗单元辅料，包括酵素、柔软剂、渗透剂、膨松剂、冰醋酸、烧碱、双氧水、碳酸钠、漂白粉、其他。

3.3.4.3　燃料

燃料种类包括燃煤、天然气、重油、生物质燃料等。

3.3.4.4　设计年使用量

设计年使用量为与产能相匹配的原辅材料及燃料年使用量。设计年使用量的计量单位均为 t/a 或 m³/a。

3.3.4.5　原辅材料成分及占比

按设计值或上一年生产实际值填写，如染料或助剂中含有铬，应填报铬元素占比，含量必须满足 GB 20814—2014 相关要求。

3.3.4.6　燃料灰分、硫分、挥发分及热值

需按设计值或上一年生产实际值填写燃料灰分、硫分（固体和液体燃料按硫分计；气体燃料按总硫计，总硫包含有机硫和无机硫）、挥发分及热值（低位发热量），燃油和燃气填写硫分及热值。

3.3.5　产排污节点、污染物及污染治理设施

3.3.5.1　废水

本节内容用于指导纺织印染工业排污单位填报排污许可证申请表中"产排污节点、污染物及污染治理设施"中的"废水类别、污染物及污染治理设施信息表"。

（1）废水类别、污染物种类及污染治理设施

纺织印染工业排污单位废水类别、产污环节、污染物种类、污染治理设施及排放口类型填报内容参见表 3-1。有地方排放标准要求的，按照地方排放标准确定。

表 3-1　纺织印染工业排污单位废水类别、污染物种类及污染治理设施一览表

废水类别	产污环节	污染物种类	污染治理设施		排放口类型
			污染治理设施名称及工艺	是否为可行技术	
缫丝废水	煮茧、缫丝、打棉	化学需氧量、悬浮物、五日生化需氧量、氨氮、总氮、总磷、pH 值、动植物油	一级处理设施：捞毛机、格栅、中和调节、气浮、混凝、沉淀及其他；	□是 □否	□总排放口（□直接排放口/□间接排放口）/□
洗毛废水	洗毛、剥鳞、炭化、水洗、漂白				

续表

废水类别	产污环节	污染物种类	污染治理设施		排放口类型
			污染治理设施名称及工艺	是否为可行技术	
麻脱胶废水	浸渍、碱处理、酸洗、漂白、煮练、脱水	化学需氧量、悬浮物、五日生化需氧量、氨氮、总氮、总磷、pH 值、可吸附有机卤素、色度	二级处理设施：水解酸化、厌氧生物法、好氧生物法；深度处理设施：活性炭吸附、曝气生物滤池、高级氧化、臭氧、芬顿氧化、滤池/滤布、离子交换、树脂过滤、膜分离、人工湿地及其他	如采用不属于"污染防治可行技术要求"中的技术，应提供应用证明、监测数据等相关证明材料	生产设施或车间废水排放口
印染废水	退浆、煮练、精练、漂白、丝光、碱减量、染色、印花、漂洗、定形整理	化学需氧量、悬浮物、五日生化需氧量、氨氮、总氮、总磷、pH 值、六价铬、色度、可吸附有机卤素、苯胺类、硫化物、二氧化氯、总锑			
成衣水洗废水	水洗	化学需氧量、悬浮物、五日生化需氧量、氨氮、总氮、总磷、pH 值、色度			
织造废水	喷水织造	化学需氧量、悬浮物、五日生化需氧量、氨氮、总氮、总磷、pH 值			
初期雨水、生活污水[①]、循环冷却水排污水	—				

① 单独排入城镇集中污水处理设施的生活污水仅说明去向。

　　企业含有不同的生产单元，执行不同的排放标准。不同的执行标准 GB 28936—2012、GB 28937—2012、GB 28938—2012、GB 4287—2012 涵盖的污染因子不同，因此《规范》规定企业同时生产两种以上产品、可适用不同排放控制要求或不同行业国家污染物排放标准，且生产设施产生的污水混合处理排放的情况下，废水排放口实施许可管理的污染因子应执行排放标准中规定的所有污染因子。目前喷水织机废水和洗衣废水无相关的行业标准，按综合排放标准或集中污水处理厂纳管标准执行。

（2）排放去向及排放规律

　　废水排放去向分为：不外排；排至厂内综合污水处理站；直接进入海域；直接进入江河、湖、库等水环境；进入城市下水道（再入江河、湖、库）；进入城市下水道（再入沿海海域）；进入城市污水处理厂；进入其他单位；进入工业废水集中处理设施；其他。

　　废水排放规律分为：连续排放，流量稳定；连续排放，流量不稳定，但有周期性规律；连续排放，流量不稳定，但有规律，且不属于周期性规律；连续排放，流量不稳定，属于冲击型排放；连续排放，流量不稳定且无规律，但不属于冲击型排放；间断排放，排放期间流量稳定；间断排放，排放期间流量不稳定，但有周期性规律；间断排放，排放期间流量不稳定，但有规律，且不属于非周期性规律；间断排放，排放期间流量不稳定，属于冲击型排放；间断排放，排放期间流量不稳定且无规律，但不属于冲击型排放。

（3）污染治理设施、排放口编号

　　污染治理设施编号可填写纺织印染工业排污单位内部编号，若无内部编号，则根据

《固定污染源（水、大气）编码规则（试行）》（环水体〔2016〕189 号中附件 4）进行编号并填报。

排放口编号应填写地方生态环境主管部门现有编号，若地方生态环境主管部门未对排放口进行编号，则排污单位根据《固定污染源（水、大气）编码规则（试行）》（环水体〔2016〕189 号中附件 4）进行编号并填写。

（4）排放口设置要求

根据《排污口规范化整治技术要求（试行）》等相关文件的规定，结合实际情况填报排放口设置是否符合规范化要求。

（5）排放口类型

纺织印染工业排污单位排放口分为废水总排放口（直接排放口、间接排放口）和车间或生产设施废水排放口，其中废水总排放口为主要排放口。感光印花制网工序、使用含铬媒介染料的染色/印花工序中产生含六价铬废水，含铬废水单独沉淀处理达标汇入其他生产废水处理系统，经处理后通过总排放口排放。纺织印染废水排放口全部为主要排放口，使用含铬染料或含有感光印花制网工序的企业需填写生产设施与车间废水排放口（具体参见表 3-1）。

3.3.5.2　废气

本节内容用于指导纺织印染工业排污单位填报排污许可证申请表中"产排污节点、污染物及污染治理设施"中"废气产排污节点、污染物及污染治理设施信息表"。

（1）废气产污环节名称、污染物种类、排放形式及污染治理设施

纺织印染工业排污单位废气产污环节名称、污染物种类、排放形式及污染治理设施（措施）填报内容参见表 3-2。有地方排放标准要求的，按照地方排放标准确定。

表 3-2　纺织印染工业排污单位废气产污环节名称、污染物种类、排放形式及污染治理设施（措施）一览表

生产单元	废气产污环节名称	污染物种类	排放形式	污染治理设施（措施）		排放口类型
				污染治理设施（措施）名称及工艺	是否为可行技术	
缫丝单元	打棉	臭气浓度	无组织	废气产生点配备有效的废气捕集装置（如局部密闭罩、整体密闭罩、大容积密闭罩、车间密闭等）并配备滤尘系统、其他	—	—
麻脱胶单元	扎把、梳麻、沤麻、浸渍、开松	颗粒物、臭气浓度	无组织		—	—
洗毛单元	选毛、梳毛	颗粒物	无组织		—	—
织造单元	清棉、梳理、开松、废棉处理、喷气织造	颗粒物	无组织		—	—
印染单元	烧毛、磨毛、拉毛	颗粒物	无组织		—	—

续表

生产单元	废气产污环节名称	污染物种类	排放形式	污染治理设施（措施）		排放口类型
				污染治理设施（措施）名称及工艺	是否为可行技术	
印染单元	印花①	甲苯、二甲苯、非甲烷总烃	有组织	喷淋洗涤、吸附、生物净化、吸附-冷凝回收、吸附-催化燃烧	□是 □否 如采用不属于"污染防治可行技术要求"中的技术，应提供应用证明、监测数据等相关证明材料	一般排放口
	定形	颗粒物、非甲烷总烃	有组织	喷淋洗涤、吸附、喷淋洗涤-静电	□是 □否 如采用不属于"污染防治可行技术要求"中的技术，应提供应用证明、监测数据等相关证明材料	一般排放口
	涂层整理	甲苯、二甲苯、非甲烷总烃	有组织	喷淋洗涤、吸附、吸附-冷凝回收、吸附-催化燃烧、蓄热式燃烧、蓄热式催化燃烧	□是 □否 如采用不属于"污染防治可行技术要求"中的技术，应提供应用证明、监测数据等相关证明材料	一般排放口
成衣水洗	磨砂、马骝、激光	颗粒物	无组织	废气产生点配备有效的废气捕集装置（如局部密闭罩、整体密闭罩、大容积密闭罩、车间密闭等）并配备滤尘系统	—	—
公用单元	锅炉	颗粒物、二氧化硫、氮氧化物、汞及其化合物、烟气黑度（林格曼黑度，级）	有组织	除尘（电除尘、袋式除尘、电袋复合除尘、湿式电除尘）、脱硫（石灰石/石灰-石膏等湿法、喷雾干燥法、循环流化床法）、脱硝（选择性催化还原法、非选择性催化还原法、低氮燃烧+选择性催化还原法、低氮燃烧+非选择性催化还原法、脱硫脱硝一体法）	□是 □否 如采用不属于"污染防治可行技术要求"中的技术，应提供应用证明、监测数据等相关证明材料	主要排放口
	储运系统、配料系统	颗粒物、非甲烷总烃	无组织	配料间及仓库密闭、堆放场地进行遮盖、煤堆场洒水	—	—

① 指蒸化、静电植绒、数码印花、转移印花等产生废气的重点工段。

纺织印染工业的生产过程较为复杂，排污单位排放的废气涵盖了整个纺织印染工业上下游生产链，包括了对纺织原材料生产、印染、后整理过程和公用单元的管控。各产污节点产生的废气包括麻脱胶臭气以及印染单元烧毛、磨毛、拉毛产生的纤维尘，后整理过程产生的印花、定形、涂层废气以及公用单元的锅炉烟气等。为便于分析纺织印染工业大气污染物，《规范》以纺织印染生产工序为线索，概括了主要生产和辅助生产等工序。在纺织印染工业中，大气污染还涉及锅炉（包括蒸汽锅炉和热载体锅炉）烟气。

纺织印染工业无组织废气的来源主要有敞开式的操作过程、废气收集过程、助剂和染料等运输、使用过程。考虑到目前废气无排放标准，工艺生产过程中无组织排放的执行浓度按 GB 16297—1996、GB/T 14554—2017 进行管理。

（2）污染治理环节设施、有组织排放口编号

污染治理设施编号可填写纺织印染工业排污单位内部编号，若无内部编号，则根据《固定污染源（水、大气）编码规则（试行）》（环水体〔2016〕189 号中附件 4）进行编号并填报。

有组织排放口编号应填写地方生态环境主管部门现有编号，若地方生态环境主管部门未对排放口进行编号，则排污单位根据《固定污染源（水、大气）编码规则（试行）》（环水体〔2016〕189 号中附件 4）进行编号并填写。

一般锅炉烟气主要污染物为颗粒物、二氧化硫和氮氧化物，对应的污染治理设施为除尘系统、脱硫系统、脱硝系统等。

工艺废气主要污染物为颗粒物（油烟）、非甲烷总烃。颗粒物（油烟）主要产生于定形工序，主要采用喷淋-静电处理工艺。非甲烷总烃是综合性指标，根据不同的 VOCs 种类选择喷淋吸收、吸附、吸附-脱附冷凝回收、吸附-脱附催化燃烧、蓄热式燃烧（RTO）、蓄热式催化燃烧（RCO）处理工艺。针对非水溶性 VOCs 不得仅采用喷淋吸收处理工艺。当采用吸附工艺（一次性抛弃法）时，必须根据 VOCs 产生量和处理效率定期更换吸附剂。

（3）排放口设置要求

排放口设置应符合《排污口规范化整治技术要求（试行）》（环监〔1996〕470 号）等相关文件的规定，若有地方排污口规范化要求的应符合地方要求。排污单位在申报排污许可证时应提交排污口规范化的相关证明文件，自证符合要求。

（4）排放口类型

纺织印染工业排污单位生产工序多、废气污染源较多，但是由于国家层面未制定发布纺织印染工业大气污染物排放标准和 VOCs 排放量核算方法，无法对工艺废气的排放量进行核算，因此《规范》规定实行差异化管理，将排放口分为主要排放口和一般排放口。《规范》将锅炉排放口作为主要排放口，工艺废气中，印花、定形、涂层废气排放口作为一般排放口。具体参见表 3-2。

3.3.6 图件要求

纺织印染工业排污单位基本情况还应包括生产工艺流程图（包括全厂及各工序）、生产厂区总平面布置图、雨污水管网平面布置图。生产工艺流程图应至少包括主要生产设施（设备）、主要原辅料及燃料的流向、生产工艺流程等内容。生产厂区总平面布置图应至少包括主体设施、公辅设施、污水处理设施等内容，同时注明厂区运输路线等。雨污水管网平面布置图应包括厂区雨水和污水集输管线走向、排放口位置及排放去向等内容。

3.4　许可排放限值确定方法

3.4.1　一般原则

许可排放限值包括污染物许可排放浓度和许可排放量。许可排放量包括年许可排放量和特殊时段许可排放量。年许可排放量是指允许纺织印染工业排污单位连续 12 个月排放的污染物最大排放量。年许可排放量同时适用于考核自然年的实际排放量。有核发权的地方生态环境主管部门可根据环境管理规定细化许可排放量的核算周期。

对于水污染物,按照排放口确定许可排放浓度、许可排放量。对于纺织印染工业排污单位生产废水排入城市污水处理厂、工业废水集中处理设施的情况,除核算排污单位许可排放量外,还需根据城市污水处理厂、工业废水集中处理设施执行的外排标准,核算排入外环境的排放量,并载入排污许可证中。单独排入城镇集中污水处理设施的生活污水排放口不许可排放浓度和排放量。

对于大气污染物,有组织排放源主要排放口应明确各污染物许可排放浓度和年许可排放量,一般排放口应明确各污染物许可排放浓度。无组织废气按照厂界确定许可排放浓度,不设置许可排放量要求。

根据国家或地方污染物排放标准确定许可排放浓度。依据总量控制指标及《规范》规定的方法从严确定许可排放量,2015 年 1 月 1 日(含)后取得环境影响评价文件批复的纺织印染工业排污单位,许可排放量还应同时满足环境影响评价文件和批复要求。总量控制指标包括地方政府或生态环境主管部门发文确定的排污单位总量控制指标、环境影响评价文件批复时的总量控制指标、现有排污许可证中载明的总量控制指标、通过排污权有偿使用和交易确定的总量控制指标等地方政府或生态环境主管部门与排污许可证申领排污单位以一定形式确认的总量控制指标。

纺织印染工业排污单位填报申请的排污许可排放限值时,应在排污许可证申请表中写明许可排放限值计算过程。排污单位承诺的排放浓度严于本标准要求的应在排污许可证中载明。

3.4.2　废水排放口、执行标准及许可排放浓度

本节内容用于指导纺织印染工业排污单位填报排污许可证申请表中"水污染物排放信息—排放口"中"废水直接排放口基本情况表""入河排污口信息""雨水排放口基本情况表""废水间接排放口基本情况表""废水污染物排放执行标准表"以及申请许可排放浓度。

废水直接排放口应填报直接排放口地理坐标、间歇式排放时段、受纳水体功能目标、

汇入受纳自然水体处地理坐标，并填报入河排污口信息；雨水排放口应填报雨水排放口地理坐标、间歇式排放时段、受纳水体功能目标、汇入受纳自然水体处地理坐标；废水间接排放口应填报间接排放口地理坐标、间歇式排放时段、受纳污水处理厂信息及执行的污染物接收标准。废水间歇式排放的，应当载明排放污染物的时段。

目前纺织印染行业有四项水污染排放标准（即麻、丝、毛与染整行业排放标准），但没有涵盖喷水织机行业和成衣水洗行业。因此，纺织印染工业排污单位水污染物许可排放浓度限值按照 GB 4287—2012、GB 8978—1996、GB 28936—2012、GB 28937—2012、GB 28938—2012 确定，地方有更严格的排放标准要求的，按照地方排放标准从严确定。废水排入城镇污水处理厂或工业集中污水处理设施的排污单位，应按相应排放标准规定执行。排污单位纳入排污许可管理的废水排放口和污染物项目见表 3-3。有地方要求的从其规定。

表 3-3　纳入排污许可管理的废水排放口及污染物项目

废水排放口	污染物项目
车间或生产设施废水排放口	六价铬[①]
纺织印染工业排污单位废水总排放口	pH 值
	色度
	悬浮物
	化学需氧量
	五日生化需氧量
	氨氮
	总氮
	总磷
	动植物油[②]
	可吸附有机卤素[③]
	苯胺类[④]
	硫化物[⑤]
	二氧化氯[⑥]
	总锑[⑦]

① 仅适用于使用含铬染料或助剂、含有感光制网工艺的排污单位。
② 仅适用于含缫丝、毛纺生产单元的排污单位。
③ 仅适用于麻纺、印染生产单元中含氯漂工艺的排污单位。
④～⑥ 仅适用于含印染生产单元的排污单位。
⑦ 仅适用于含涤纶化纤碱减量工艺的排污单位。

若纺织印染工业排污单位的产品同时适用不同排放控制要求或不同类别国家污染物排放标准，且不同产品产生的废水混合处理排放的情况下，应执行排放标准中规定的最严格的许可排放浓度限值。

3.4.3　废气排放口、执行标准及许可排放浓度

本节内容用于指导纺织印染工业排污单位填报排污许可证申请表中"大气污染物排

放信—排放口"中"大气排放口基本情况表"和"废气污染物排放执行标准信息表"以及申请许可排放浓度。

废气排放口应填报排放口地理坐标、排气筒高度、排气筒出口内径、国家或地方污染物排放标准、环境影响评价文件批复要求及承诺更加严格的排放限值。

纺织印染工业排污单位有组织废气处理设施大气污染物许可排放浓度限值按照 GB 13271—2014、GB 14554—1993、GB 16297—1996 确定,厂界废气无组织排放中的臭气浓度、硫化氢许可排放浓度按照 GB 14554 确定,颗粒物许可排放浓度按照 GB 13271—2014、GB 16297—1996 确定。地方有更严格排放标准要求的,按照地方排放标准从严确定许可排放浓度限值。污染物项目根据表 3-4 确定,待纺织印染工业大气污染物排放标准发布后,从其规定。

表 3-4　纳入排污许可管理的废气产生环节、排放口及污染物项目

废气有组织排放			
废气产生环节	废气有组织排放口	排放口类型	污染物项目
锅炉	锅炉烟囱	主要排放口	颗粒物、二氧化硫、氮氧化物、烟气黑度(林格曼黑度,级)、汞及其化合物[1]
印花设施[2]	排气筒	一般排放口	甲苯、二甲苯、非甲烷总烃
定形设施			颗粒物、非甲烷总烃
涂层设施			甲苯、二甲苯、非甲烷总烃
废气无组织排放			
印染单元			颗粒物、非甲烷总烃
毛纺单元、麻纺单元、缫丝单元	厂界		颗粒物、臭气浓度、硫化氢
织造单元、成衣水洗单元			颗粒物
废水处理设施			臭气浓度、氨、硫化氢

① 适用于燃煤锅炉。

② 指蒸化、静电植绒、数码印花、转移印花等产生废气的重点工段。

若执行不同许可排放浓度的多台生产设施或排放口采用混合方式排放废气,且选择的监控位置只能监测混合废气中的大气污染物浓度,则应执行各限值要求中最严格的许可排放浓度限值。

大气污染防治重点控制区按照《关于执行大气污染物特别排放限值的公告》与《关于执行大气污染物特别排放限值有关问题的复函》等相关文件的要求执行。其他执行大气污染物特别排放限值的地域范围、时间,由国务院生态环境行政主管部门或省级人民政府规定。

3.4.4　废水许可排放量计算方法

纺织印染工业排污单位应明确外排化学需氧量、氨氮以及受纳水体环境质量超标且列入 GB 4287—2012、GB 8978—1996、GB 28936—2012、GB 28937—2012、GB 28938—2012

中的其他污染物项目年许可排放量。单独排入城镇集中污水处理设施的生活污水不申请许可排放量。对位于《"十三五"生态环境保护规划》区域性、流域性的总磷、总氮总量控制区域内的排污单位，还应分别申请总磷及总氮年许可排放量。

（1）单一产品

① 喷水织造、成衣水洗单元单位产品的水污染物排放量限值和产品产能核定，计算公式如式（3-1）所示：

$$D_j = SP_j \times 10^{-3} \tag{3-1}$$

式中　D_j——排污单位废水第 j 项水污染物的年许可排放量，t/a；

　　　S——排污单位产品产能，t/a 或百米布/a；

　　　P_j——生产单位产品的水污染物排放量限值，kg/t 产品。喷水织造单元单位产品水污染物排放量限值，间接排放的排污单位按 0.30kg 化学需氧量/百米布、0.0060kg 氨氮/百米布计，直接排放的排污单位按 0.060kg 化学需氧量/百米布、0.0036kg 氨氮/百米布计；成衣水洗单元单位产品水污染物排放量限值，间接排放的排污单位按 20.00kg 化学需氧量/t 产品、0.20kg 氨氮/t 产品计，直接排放的排污单位按 2.00kg 化学需氧量/t 产品、0.12kg 氨氮/t 产品计。地方有更严格要求的，按照地方要求从严确定。

② 其他生产单元排污单位水污染物许可排放量依据该产品产能、单位产品基准排水量和水污染物许可排放浓度限值核定，计算公式如式（3-2）所示：

$$D_j = SQC_j \times 10^{-6} \tag{3-2}$$

式中　D_j——排污单位废水第 j 项水污染物年许可排放量，t/a；

　　　S——排污单位产品产能，t/a，产能单位按 FZ/T 01002 进行折算；

　　　Q——单位产品基准排水量，m³/t 产品，排污单位执行 GB 28936、GB 28937、GB 28938 及 GB 4287 中的相关取值，地方有更严格排放标准要求的，按照地方排放标准从严确定；

　　　C_j——排污单位废水第 j 项水污染物许可排放浓度限值，mg/L。

（2）多种产品

纺织印染工业排污单位含有执行不同排放浓度或单位产品基准排水量的产品，年许可排放量的计算公式如式（3-3）所示：

$$D_j = C_j \times \sum_{i=1}^{n} (Q_i S_i \times 10^{-6}) \tag{3-3}$$

式中　D_j——排污单位废水第 j 项水污染物年许可排放量，t/a；

　　　C_j——排污单位废水第 j 项水污染物许可排放浓度，mg/L；

　　　n——排污单位产品种类数量；

　　　Q_i——第 i 类产品基准排水量，m³/t 产品；

S_i——第 i 类产品产能，t/a。

3.4.5　废气许可排放量计算方法

纺织印染工业排污单位应明确主要排放口排放的废气中颗粒物、二氧化硫、氮氧化物的许可排放量。

（1）年许可排放量

纺织印染工业排污单位主要排放口污染物年许可排放量根据基准排气量、许可排放浓度、锅炉设计燃料用量核定。主要排放口污染物年许可排放量计算公式如下：

$$E_{jk} = R_k Q_k C_{jk} \times 10^{-6} \tag{3-4}$$

$$E_{j,\text{主要排放口年许可}} = \sum_{k=1}^{m} E_{jk} \tag{3-5}$$

式中　E_{jk}——排污单位第 k 个锅炉排放口废气第 j 项大气污染物年许可排放量，t/a；

R_k——排污单位第 k 个锅炉排放口设计燃料用量，燃煤或燃油时单位为 t/a，燃气时单位为（标态）10^3m^3/a；

Q_k——第 k 个锅炉排放口基准排气量，燃煤时单位为（标态）m^3/kg 燃煤，燃油时单位为（标态）m^3/kg 燃油，燃气时单位为（标态）m^3/m^3 燃气，按表 3-5 进行经验取值，地方有更严格排放标准要求的，按照地方排放标准从严确定；

C_{jk}——第 k 个锅炉排放口废气第 j 项大气污染物许可排放浓度限值（标态），mg/m^3；

$E_{j,\text{主要排放口年许可}}$——主要排放口的大气污染物年许可排放量，t/a；

m——主要排放口数量。

表 3-5　锅炉废气基准烟气量取值表

产污环节名称		基准烟气量
燃煤锅炉（标态）/（m^3/kg 燃煤）	热值为 12.5 MJ/kg	6.2
	热值为 21 MJ/kg	9.9
	热值为 25 MJ/kg	11.6
燃油锅炉（标态）/（m^3/kg 燃油）	热值为 38 MJ/kg	12.2
	热值为 40 MJ/kg	12.8
	热值为 43 MJ/kg	13.8
燃气锅炉（标态）/（m^3/m^3 燃气）	燃用天然气	12.3

注：燃用其他热值燃料的，可按照《动力工程师手册》进行计算。

（2）特殊时段许可排放量

特殊时段纺织印染工业排污单位日许可排放量按公式（3-6）计算。地方制定的相关法规中对特殊时段许可排放量有明确规定的从其规定。国家和核发机关依法规定的其他特殊时段短期许可排放量应当在排污许可证中载明。

$$E_{日许可} = E_{前一年环统日均排放量} \times (1-\alpha) \tag{3-6}$$

式中　$E_{日许可}$ ——排污单位特殊时段日许可排放量，t；

$E_{前一年环统日均排放量}$ ——根据纺织印染工业排污单位前一年环境统计实际排放量折算的日均值，t；

α ——特殊时段排放量削减比例，%。

3.5　排污许可环境管理要求

3.5.1　自行监测

3.5.1.1　一般原则

纺织印染工业排污单位在申请排污许可证时，应当按照《排污单位自行监测技术指南　纺织印染工业》（HJ 879）确定产排污节点、排放口、污染因子及许可排放限值的要求，制定自行监测方案并在排污许可证申请表中明确。排污单位自备火力发电厂机组（厂）、配套锅炉的自行监测要求按照《排污单位自行监测技术指南　火力发电及锅炉》（HJ 820）制定自行监测方案。

2015 年 1 月 1 日（含）后取得环境影响评价文件批复的纺织印染工业排污单位，应根据环境影响评价文件和批复要求同步完善自行监测方案。有核发权的地方生态环境主管部门可根据环境质量改善需求，增加纺织印染工业排污单位自行监测管理要求。

3.5.1.2　自行监测方案

自行监测方案中应明确纺织印染工业排污单位的基本情况、监测点位及示意图、监测污染物项目、执行标准及其限值、监测频次、采样和样品保存方法、监测分析方法和仪器、质量保证与质量控制、自行监测信息公开等。其中监测频次为监测周期内至少获取 1 次有效监测数据。对于采用自动监测的排污单位应当如实填报采用自动监测的污染物项目、自动监测系统联网情况、自动监测系统的运行维护情况等；对于未采用自动监测的污染物项目，排污单位应当填报开展手工监测的污染物排放口、监测点位、监测方法、监测频次等。

3.5.1.3　自行监测要求

纺织印染工业排污单位可自行或委托第三方监测机构开展监测工作，并安排专人专职对监测数据进行记录、整理、统计和分析。排污单位对监测结果的真实性、准确性、完整性负责。手工监测时生产负荷应不低于本次监测与上一次监测周期内的平均生产负荷。

（1）监测内容

自行监测污染源和污染物应包括排放标准中涉及的各项废气、废水污染源和污染物。纺织印染工业排污单位应当开展自行监测的污染源包括产生有组织废气、无组织废气、生产废水、生活污水、雨水等的全部污染源。

（2）监测点位

纺织印染工业排污单位开展自行监测的点位包括废气外排口、废水外排口、无组织排放监测点位、内部监测点位、周边环境影响监测点位等。

（3）废气外排口

通过排气筒等方式排放至外环境的废气，在排气筒或者原烟气与净烟气混合后的混合烟道上设置废气外排口监测点位；通过净烟气烟道直接排放的废气，应在净烟气烟道上设置监测点位，有旁路的烟道也应设置监测点位。废气监测平台、监测点位和监测孔的设置应符合《固定污染源烟气（SO_2、NO_x、颗粒物）排放连续监测系统技术要求及检测方法》（HJ 76）、《固定源废气监测技术规范》（HJ/T 397）等的要求，同时监测平台应便于开展监测活动，保证监测人员的安全。

（4）废水外排口

纺织印染工业排污单位应按照排放标准规定的监控位置设置废水外排口监测点位，废水排放口应符合《排污口规范化整治技术要求（试行）》和《污水监测技术规范》（HJ 91.1）的要求。设区的市级及以上生态环境主管部门明确要求安装自动监测设备的污染物项目，必须采取自动监测。

排放标准中规定的监控位置为车间或生产设施废水排放口的污染物，在相应的废水排放口采样。排放标准中规定的监控位置为排污单位总排放口的污染物，废水直接排放的，在排污单位的总排放口采样；废水间接排放的，在排污单位的污水处理设施排放口后、进入公共污水处理系统前的排污单位用地红线边界的位置采样。单独排入城镇集中污水处理设施的生活污水无需开展自行监测。

选取全厂雨水排放口开展监测。对于有多个雨水排放口的排污单位，对全部排放口开展监测。雨水监测点位设在厂内雨水排放口后、排污单位用地红线边界位置，在确保雨水排放口有流量的前提下进行采样。

纺织印染工业排污单位废水排放监测的监测点位为排污单位总排放口。

（5）周边环境影响监测点位

对于 2015 年 1 月 1 日（含）后取得环境影响评价文件批复的纺织印染工业排污单位，周边环境影响监测点位按照环境影响评价文件要求设置。

3.5.1.4　监测技术手段

自行监测技术手段包括自动监测、手工监测两种类型，纺织印染工业排污单位可根据监测成本、监测指标以及监测频次等内容，合理选择适当的监测技术手段。

根据《关于加强京津冀高架源污染物自动监控有关问题的通知》中的相关内容，京津冀地区及传输通道城市纺织印染工业排污单位各排放烟囱超过 45m 的高架源应安装污染源自动监控设备。鼓励其他排放口及污染物采用自动监测设备监测，无法开展自动监测的应采用手工监测。

3.5.1.5 监测频次

纺织印染工业排污单位应按照《固定污染源烟气（SO_2、NO_x、颗粒物）排放连续监测技术规范》（HJ 75）开展自动监测数据的校验比对。中控自动设备或自动监控设施出现故障期间，按照《污染源自动监控设施运行管理办法》的要求，将手工监测数据向生态环境主管部门报送，每天不少于 4 次，间隔不得超过 6h。印染、纺织、水洗行业排污单位废水排放口监测指标及最低监测频次分别按照表 3-6、表 3-7 执行，废气排放口监测指标及最低监测频次按照表 3-8、表 3-9 执行。

表 3-6 纺织印染工业印染行业排污单位废水外排口监测指标及最低监测频次

监测点位	监测指标	最低监测频次	
		直接排放	间接排放
废水总排放口	流量、pH 值、化学需氧量、氨氮	自动监测	自动监测
	悬浮物、色度	日	周
	五日生化需氧量、总氮[①]、总磷[①]	周	月
	苯胺类、硫化物	月	季度
	二氧化氯[②]、可吸附有机卤素（AOX）[②]	年	年
	总锑[③]	季度	半年
车间或生产设施排放口	六价铬[④]	月	

① 水环境质量中总氮（无机氮）/总磷（活性磷酸盐）超标的流域或沿海地区，或总氮/总磷实施总量控制区域，总氮/总磷最低监测频次按日执行。
② 适用于含氯漂工艺的排污单位。监测结果超标的，应增加监测频次。
③ 适用于以涤纶为原料的排污单位。水环境质量中总锑超标的流域或沿海地区，总锑最低监测频次按月执行。
④ 适用于使用含铬染料及助剂、使用感光制网工艺进行印染加工的排污单位。
注：雨水排口污染物（化学需氧量）在排放期间按日监测。

表 3-7 纺织行业（毛纺、麻纺、缫丝、织造）、水洗行业排污单位废水外排口监测指标及最低监测频次

监测点位	监测指标	最低监测频次	
		直接排放	间接排放
废水总排放口	流量、pH 值、化学需氧量、氨氮	自动监测	自动监测
	悬浮物、色度[①]	日	周
	五日生化需氧量	周	月
	总氮[②]、总磷[②]	月	季度
	动植物油[③]	月	季度
	可吸附有机卤素（AOX）[④]	年	

① 适用于麻纺、成衣水洗排污单位。
② 水环境质量中总氮（无机氮）/总磷（活性磷酸盐）超标的流域或沿海地区，或总氮/总磷实施总量控制区域，总氮/总磷最低监测频次按日执行。
③ 适用于毛纺、缫丝排污单位。
④ 适用于麻纺排污单位。监测结果超标的排污单位，应增加监测频次。
注：雨水排口污染物（化学需氧量）在排放期间按日监测。

表 3-8 纺织印染工业排污单位废气排放口监测指标及最低监测频次

污染源	监测点位	监测指标	最低监测频次
印花设施	印花机排气筒或车间废气处理设施排放口	非甲烷总烃	季度
		甲苯、二甲苯	半年
定形设施	定形机排气筒或车间废气处理设施排放口	颗粒物	半年
		非甲烷总烃	季度
涂层设施	涂层机排气筒或车间废气处理设施排放口	非甲烷总烃	季度
		甲苯、二甲苯	半年

注：1. 监测的印花设施指蒸化、静电植绒、数码印花、转移印花等产生废气的重点工段。
2. 排气筒废气监测要同步监测烟气参数。
3. 监测结果超标的，应增加相应指标的监测频次。

表 3-9 纺织印染工业排污单位无组织废气排放监测点位、监测指标及最低监测频次

排污单位	监测点位	监测指标	最低监测频次
印染工业排污单位	厂界	颗粒物、非甲烷总烃、臭气浓度[①]、氨[①]、硫化氢[①]	半年
毛纺、麻纺、缫丝排污单位	厂界	颗粒物、臭气浓度[①]、氨[①]、硫化氢[①]	半年
织造、成衣水洗排污单位	厂界	颗粒物、臭气浓度[①]、氨[①]、硫化氢[①]	半年

① 含有污水处理设施的排污单位监测该污染物项目。
注：若周边有敏感点，应适当增加监测频次。

3.5.1.6 采样和测定方法

（1）自动监测

废气自动监测参照《固定污染源烟气（SO_2、NO_x、颗粒物）排放连续监测技术规范》（HJ 75）、《固定污染源烟气（SO_2、NO_x、颗粒物）排放连续监测系统技术要求及检测方法》（HJ 76）执行。废水自动监测参照《水污染源在线监测系统（COD_{Cr}、NH_3-N 等）安装技术规范》（HJ 353）、《水污染源在线监测系统（COD_{Cr}、NH_3-N 等）验收技术规范》（HJ 354）、《水污染源在线监测系统（COD_{Cr}、NH_3-N 等）运行技术规范》（HJ 355）执行。

（2）手工监测

废气手工采样方法的选择参照《固定污染源排气中颗粒物测定与气态污染物采样方法》（GB/T 16157—1996）、《固定源废气监测技术规范》（HJ/T 397）执行。无组织排放采样方法参照《环境空气 总悬浮颗粒物的测定 重量法》（GB/T 15432—1995）、《大气污染物无组织排放监测技术导则》（HJ/T 55）执行。周边大气环境质量监测点采样方法参照《环境空气质量手工监测技术规范》（HJ/T 194）❶执行。废水手工采样方法的选择参照《水质 采样技术指导》（HJ 494）、《水质 采样方案设计技术规定》（HJ 495）和《污水监测技术规范》（HJ 91.1）执行。

---

❶《排污许可证申请与核发技术规范 纺织印染工业》（HJ 861—2017）中列明的标准 HJ/T 194目前已由 HJ 194 替代。

3.5.1.7 数据记录要求

监测期间手工监测的记录和自动监测运维记录按照《排污单位自行监测技术指南 总则》（HJ 819）执行，同步记录监测期间的生产工况。

3.5.1.8 监测质量保证与质量控制

按照《排污单位自行监测技术指南 总则》（HJ 819）、《固定污染源监测质量保证与质量控制技术规范（试行）》（HJ/T 373），纺织印染工业排污单位应当根据自行监测方案及开展状况，梳理全过程监测质控要求，建立自行监测质量保证与质量控制体系。

3.5.1.9 自行监测信息公开

纺织印染工业排污单位应按照《排污单位自行监测技术指南 总则》（HJ 819）要求进行自行监测信息公开。

3.5.2 台账记录

纺织印染工业排污单位在申请排污许可证时，应按《规范》规定，在排污许可证申请表中明确环境管理台账记录要求。有核发权的地方生态环境主管部门补充制定相关技术规范中要求增加的，在《规范》基础上进行补充；排污单位还可根据自行监测管理的要求补充填报其他必要内容。

纺织印染工业排污单位应建立环境管理台账制度，设置专人专职进行台账的记录、整理、维护和管理，并对台账记录结果的真实性、准确性、完整性负责。

3.5.2.1 台账记录内容

纺织印染工业排污单位排污许可证台账应真实记录生产设施和污染防治设施信息，其中，生产设施信息包括基本信息和生产设施运行管理信息，污染防治设施信息包括基本信息、污染防治设施运行管理信息、监测记录信息、其他环境管理信息等内容。

（1）生产设施信息

记录生产设施运行参数，包括设备名称、主要生产设施参数、设计生产能力、产品产量、生产负荷、原辅料及燃料使用情况等。

① 产品产量：记录最终产品产量；
② 生产负荷：记录实际产品产量与实际核定产能之比；
③ 原辅料：记录名称、种类、用量等；
④ 燃料：记录总硫含量、硫化氢含量等。

记录内容参见表 3-10、表 3-11。

表 3-10 生产设施运行管理信息表

生产单元	设施（设备）名称①	编码	生产设施型号	主要生产设施（设备）规格参数②			设计生产能力		实际产能	产品		原辅料			
				参数名称	设计值	单位	生产能力	单位		产品产量	单位	名称	种类	用量	单位
洗毛单元	洗毛设施														
	炭化设施														

续表

生产单元	设施（设备）名称①	编码	生产设施型号	主要生产设施（设备）规格参数②			设计生产能力		实际产能	产品		原辅料			
				参数名称	设计值	单位	生产能力	单位		产品产量	单位	名称	种类	用量	单位
洗毛单元	剥鳞设施														
	其他														
麻脱胶单元	浸渍设施														
	汽爆装置														
	沤麻设施														
	碱处理设施														
	漂白设施														
	酸洗设施														
	煮练设施														
	漂洗设施														
	发酵罐														
	其他														
缫丝单元	煮茧机														
	缫丝机														
	打棉机														
	其他														
织造单元	喷水织机														
	其他														
印染单元	烧毛设施														
	退浆设施														
	精练设施														
	煮练设施														
	漂白设施														
	丝光设施														
	定形设施														
	碱减量设施														
	前处理一体式设施														
	××染色机														
	××印花机														
	磨毛机														
	起毛机														
	××涂层机														
	××复合机														
	其他														

续表

生产单元	设施（设备）名称①	编码	生产设施型号	主要生产设施（设备）规格参数②			设计生产能力		实际产能	产品		原辅料			
				参数名称	设计值	单位	生产能力	单位		产品产量	单位	名称	种类	用量	单位
成衣水洗单元	水洗机														
	吊染机														
	喷色机														
	脱水机														
	马骝机														
	喷砂机														
	磨砂机														
	激光造型机														
	其他														
公用单元	××锅炉														
	煤场														
	化学品库														
	配料车间														
	其他														

① 指主要生产设施（设备）名称，主要包括染色机等。

② 指设施（设备）的设计规格参数，包括参数名称、设计值、计量单位，以染色机为例，参数名称为浴比，计量单位为1：X。

表 3-11　燃料信息表

日期	燃料名称	总硫含量	硫化氢含量	氨含量	一氧化碳含量	甲烷含量	其他①	热值	备注
		%	%	%	%	%		kJ/m³	

① 指燃料燃烧后与污染物产生有关的成分。

（2）污染防治设施信息

记录所有污染治理设施的规格参数、污染物排放情况、停运时段、主要药剂添加情况等。

① 污染物排放情况：

a. 废水防治设施台账应包括所有防治设施的运行参数及排放情况等，废水治理设施包括废水处理能力（m³/d）、运行参数、废水排放量、废水回用量、污泥产生量及去向、出水水质、排水去向等。记录内容参见表 3-12。

表 3-12　废水污染治理设施运行管理信息表

污染治理设施①	编号	型号	废水类别	污染治理设施设计参数		污染物排放情况②									药剂情况		
				参数名称	设计值	记录班次	累计运行时间	出口流量	污泥产生量	污染物项目	实际进水水质/（mg/L）	实际出水水质/（mg/L）	排放去向		名称	添加时间	添加量
										pH 值（无量纲）							
										化学需氧量							
										氨氮							

① 应按污染治理设施分别记录，如碱减量废水处理设施、含铬废水处理设施、全厂综合废水处理设施等。每个污染治理设施填写一张运行管理情况表。

② 仅全厂综合废水治理设施填写。

　　b．废气治理设施应记录入口风量、污染物项目、排放浓度、排放量、治理效率、数据来源，还应明确排放口烟气温度、压力、排气筒高度、排放时间等。记录内容参见表 3-13。

表 3-13　废气污染治理设施运行管理信息表

设施名称①	编码	治理设施型号	主要治理设施规格参数②			污染物排放情况						排气筒高度/m	排放口烟气温度/℃	压力/kPa	排放时间	停运时段③		药剂情况	
			参数名称	设计值	单位	入口风量/（m³/h）	污染物项目	排放浓度/（mg/m³）	排放量/t	治理效率/%	数据来源					开始时间	结束时间	名称	添加量/t

① 指主要治理设施名称，以除尘设施为例，主要包括袋式除尘器、湿式除尘器等。

② 指设施的设计规格参数，包括参数名称、设计值、计量单位，以除尘器为例，除尘效率，设计值为 90，计量单位为%。

③ 停运时段是指污染防治设施与生产设施未同步运行的时间段。

　　② 停运时段：开始时间、结束时间，记录内容反映纺织印染工业排污单位污染防治设施运行状况。

　　③ 主要药剂添加情况：记录添加药剂名称、添加时间、添加量。

（3）非正常工况记录信息

　　非正常工况记录信息应记录非正常（停运）时刻、恢复（启动）时刻、事件原因、是否报告、所采取的措施等。记录内容参见表 3-14。

表 3-14　非正常工况信息表

设施名称	编号	非正常（停运）时刻	恢复（启动）时刻	污染物排放情况[①]			事件原因	是否报告	应对措施
				污染物名称	排放浓度	排放量			

① 指设备检修、工艺设备运转异常等非正常工况下各类污染物排放情况。

（4）监测记录信息

对手工监测记录和自动监测运行维护记录、信息报告、应急报告内容的要求进行台账记录。

监测质量控制根据《固定污染源监测质量保证与质量控制技术规范（试行）》（HJ/T 373）、《排污单位自行监测技术指南 总则》（HJ 819）要求执行。

（5）其他环境管理信息

① 纺织印染工业排污单位应记录无组织废气污染治理措施运行、维护、管理相关的信息。无组织废气治理措施应按天次至少记录厂区降尘洒水次数、原料或产品场地封闭和遮盖情况、是否出现破损等。

② 纺织印染工业排污单位在特殊时段应记录管理要求、执行情况（包括特殊时段生产设施运行管理信息和污染防治设施运行管理信息）等。

③ 纺织印染工业排污单位还应根据环境管理要求和排污单位自行监测内容需求，自行增补记录内容。

3.5.2.2　台账记录频次

（1）生产设施运行管理信息

① 生产运行状况：按照纺织印染工业排污单位生产班制记录，每班记录 1 次。

② 产品产量：连续性生产的设施按照班制记录，每班记录 1 次；间歇性生产的设施按照一个完整的生产过程进行记录。

③ 原辅料及燃料使用情况：每批记录 1 次。

（2）污染治理设施运行管理信息

① 污染防治设施运行状况：按照污染治理设施管理单位班制记录，每班记录 1 次。

② 污染物排放情况：连续排放污染物的按班制记录，每班记录 1 次；非连续排放污染物的按照产排污阶段记录，每阶段记录 1 次。

③ 药剂添加情况：每班记录 1 次。

（3）非正常工况记录信息

非正常工况信息按工况期记录，每工况期记录 1 次。

（4）监测记录信息

监测数据的记录频次与《规范》规定的废气、废水监测频次一致。

（5）其他环境管理信息

① 无组织废气污染治理措施运行、维护、管理相关的信息记录频次原则上不少于 1 天 1 次。

② 重污染天气应对期间等特殊时段的台账记录频次原则上与正常生产记录频次一致，涉及停产的纺织印染工业排污单位或生产工序，原则上仅对起始和结束当天进行 1 次记录，地方生态环境主管部门有特殊要求的，从其规定。

3.5.2.3　台账记录形式及保存

台账应当按照纸质储存和电子化储存两种形式同步管理，台账保存期限不得少于 3 年。

纸质台账应存放于保护袋、卷夹或保护盒中，专人保存于专门的档案保存地点，并由相关人员签字。档案保存应采取防光、防热、防潮、防细菌及防污染等措施。纸质类档案如有破损应随时修补。

电子台账保存于专门存储设备中，并保留备份数据。存储设备由专人负责管理，定期进行维护。电子台账根据地方生态环境主管部门管理要求定期上传，纸质台账由纺织印染工业排污单位留存备查。

3.5.3　执行报告

3.5.3.1　执行报告分类

排污许可证执行报告按报告周期分为年度执行报告、季度执行报告和月度执行报告。持有排污许可证的纺织印染工业排污单位，均应按照《规范》规定提交年度执行报告与季度执行报告。为满足其他环境管理要求，地方生态环境主管部门有更高要求的，排污单位还应根据其规定，提交月度执行报告。排污单位应在全国排污许可证管理信息平台上填报并提交执行报告，同时向核发机关提交通过平台印制的书面执行报告。

3.5.3.2　执行报告频次

（1）年度执行报告

纺织印染工业排污单位应至少每年上报一次排污许可证年度执行报告，于次年 1 月底前提交至排污许可证核发机关。对于持证时间不足 3 个月的，当年可不上报年度执行报告，排污许可证执行情况纳入下一年年度执行报告。

（2）季度执行报告

纺织印染工业排污单位每季度上报一次排污许可证季度执行报告。自当年 1 月起，每 3 个月上报一次季度执行报告，季度执行报告于下季度首月十五日前提交至排污许可证核发机关，提交年度执行报告的可免报当季季度执行报告。但对于无法按时上报年度执行报告的，应先提交季度报告，并于十日内提交年度执行报告。对于持证时间不足一个月的，该报告周期内可不上报季度执行报告，排污许可证执行情况纳入下一季度的季度执行报告。

3.5.3.3　执行报告内容

（1）年度执行报告

纺织印染工业排污单位应根据环境管理台账记录等信息归纳总结报告期内排污许可证执行情况，按照执行报告提纲编写年度执行报告，保证执行报告的规范性和真实性，按时提交至发证机关。

年度执行报告编制内容包括以下 13 部分。

① 基本生产信息；

② 遵守法律法规情况；

③ 污染防治设施运行情况；

④ 自行监测情况；

⑤ 台账管理情况；

⑥ 实际排放情况及合规判定分析；

⑦ 排污费（环境保护税）缴纳情况；

⑧ 信息公开情况；

⑨ 纺织印染工业排污单位内部环境管理体系建设与运行情况；

⑩ 其他排污许可证规定的内容执行情况；

⑪ 其他需要说明的问题；

⑫ 结论；

⑬ 附图附件要求。

（2）季度执行报告

纺织印染工业排污单位季度执行报告编写内容应至少包括污染物实际排放情况及合规判定分析，以及污染防治设施运行情况中异常情况的说明及所采取的措施。

3.6　实际排放量核算方法

3.6.1　一般原则

纺织印染工业排污单位实际排放量为正常情况与非正常情况实际排放量之和。纺织印染工业排污单位应核算废气污染物主要排放口实际排放量和废水污染物实际排放量，不核算废气污染物一般排放口实际排放量和无组织实际排放量。核算方法包括实测法、物料衡算法、产污系数法。

① 对于排污许可证中载明应当采用自动监测的排放口和污染物，纺织印染工业排污单位根据符合监测规范的有效自动监测数据采用实测法核算实际排放量。

② 对于排污许可证中载明应当采用自动监测的排放口或污染物而未采用的，纺织印染工业排污单位应采用物料衡算法核算二氧化硫实际排放量，核算时根据原辅料及燃料消耗量、含硫率，按直接排放进行核算；采用产污系数法核算颗粒物、氮氧化物、化学需氧量、氨氮等污染物的实际排放量，根据产品产量和单位产品污染物产生量，按直接排放进行核算。

③ 对于排污许可证未要求采用自动监测的排放口或污染物，纺织印染工业排污单位按照优先顺序依次选取自动监测数据、执法和手工监测数据、产污系数法或物料衡算法进行核算。在采用手工和执法监测数据进行核算时，排污单位还应以产污系数或物料衡算法进行校核。监测数据应符合国家环境监测相关标准技术规范要求。

3.6.2 实测法

3.6.2.1 废水核算方法

（1）正常情况

根据自行监测要求，必须采用自动监测的纺织印染工业排污单位废水总排放口的化学需氧量、氨氮，应采取自动监测实测法核算。废水自动监测实测法是指根据符合监测规范的有效自动监测数据，通过污染物的日平均排放浓度、累计排水量、运行时间核算污染物年排放量，核算方法见式（3-7）：

$$E_{j\text{废水}} = \sum_{i=1}^{n}(C_{ij}q_i \times 10^{-6}) \tag{3-7}$$

式中　$E_{j\text{废水}}$——核算时段内主要排放口第 j 项污染物的实际排放量，t；

　　　n——核算时段内的污染物排放时间，d；

　　　C_{ij}——第 j 项污染物在第 i 日的实测平均排放浓度，mg/L；

　　　q_i——第 i 日的累计流量，m³/d。

在自动监测数据由于某种原因出现中断或其他情况时，纺织印染工业排污单位应按照《水污染源在线监测系统（COD_{Cr}、$NH_3\text{-}N$ 等）数据有效性判别技术规范》（HJ 356）补遗。

要求采用自动监测的排放口或污染物项目而未采用的，纺织印染工业排污单位应采用产污系数法核算化学需氧量、氨氮排放量，按直接排放进行核算。

对未要求采用自动监测的排放口或污染物项目，纺织印染工业排污单位应采用手工监测数据进行核算。手工监测数据包括核算时间内的所有执法监测数据和排污单位自行或委托第三方的有效手工监测数据。排污单位自行或委托的手工监测频次、监测期间生产工况、数据有效性等必须符合相关规范文件要求。

废水总排放口具有手工监测数据的污染物实际排放量，核算方法见式（3-8）：

$$E_{j\text{废水}} = (C_{ij}q_i \times 10^{-6}) \times T \tag{3-8}$$

式中 $E_{j废水}$ ——核算时段内主要排放口第 j 项污染物的实际排放量，t；

C_{ij} ——第 j 项污染物在第 i 日的实测平均排放浓度，mg/L；

q_i ——第 i 日的累计流量，m^3/d；

T ——核算时间段内主要排放口的累计运行时间，d。

纺织印染工业排污单位应将手工监测时段内生产负荷与核算时段内平均生产负荷进行对比，并给出对比结果。

（2）非正常情况

废水处理设施非正常情况下的排水，如无法满足排放标准要求时，不应直接排入外环境，待废水处理设施恢复正常运行后方可排放。如特殊原因造成污染治理设施未正常运行而超标排放污染物的或偷排偷放污染物的，按产污系数、手工监测数据和未正常运行时段（或偷排偷放时段）的累计排水量核算非正常排放期间实际排放量。

3.6.2.2 废气核算方法

（1）正常情况

纺织印染工业排污单位对锅炉主要排放口的污染物进行实际排放量核算。以自动监测的实测法为主，根据符合监测规范的污染物有效自动监测数据的小时平均排放浓度、平均烟气量或流量、运行时间核算污染物实际排放量，核算方法见式（3-9）及式（3-10）：

$$E_{jk} = \sum_{i=1}^{n}(C_{ij}q_i \times 10^{-6}) \tag{3-9}$$

$$E_{j全厂排放量} = \sum_{k=1}^{m}E_{jk} \tag{3-10}$$

式中 E_{jk} ——核算时段内第 k 个主要排放口第 j 项污染物的实际排放量，t；

n ——核算时段内的污染物排放时间，h；

C_{ij} ——第 j 项污染物在第 i 小时的实测平均排放浓度，mg/m^3；

q_i ——第 i 小时的标准状态下干排气量，m^3/h；

$E_{j全厂排放量}$ ——核算时间段内全厂主要排放口的第 j 项污染物实际排放量，t；

m ——全厂主要排放口数量。

对于自动监控设施发生故障以及其他情况导致数据缺失的按照《固定污染源烟气（SO_2、NO_x、颗粒物）排放连续监测技术规范》（HJ 75）进行补遗。缺失时段超过 25%的，自动监测数据不能作为核算实际排放量的依据，按"要求采用自动监测的排放口或污染物而未采用"的相关规定进行核算。

纺织印染工业排污单位提供充分证据证明在线数据缺失、数据异常等不是排污单位责任的，可按照排污单位提供的手工监测数据等核算实际排放量，或者按照上一个半年申报期间的稳定运行期间自动监测数据的小时浓度均值和半年平均烟气量或流量，核算数据缺失时段的实际排放量。

（2）非正常情况

锅炉在点火开炉、设备检修等非正常情况期间应保持自动监测设备同步运行，自动监测设备应记录非正常情况下实时监测数据，纺织印染工业排污单位根据自动监测数据按式（3-8）核算该时段的各类污染物的实际排放量并计入年实际排放量中。

3.6.3　物料衡算法

纺织印染工业排污单位采用物料衡算法核算二氧化硫等排放量的，根据原辅料及燃料消耗量、含硫率、脱硫率进行核算。污染治理设施的脱硫率应采用实测法确定。

3.6.4　产污系数法

纺织印染工业排污单位采用产污系数法核算污染物排放量的，根据单位产品污染物的产生量、产品产量以及污染治理设施的处理效率进行核算。污染治理设施的处理效率应采用实测法确定。

3.7　合规判定方法

3.7.1　一般原则

合规是指纺织印染工业排污单位许可事项和环境管理要求符合排污许可证规定。许可事项合规是指排污单位排污口位置和数量、排放方式、排放去向、排放污染物种类、排放限值符合许可证规定。其中，排放限值合规是指排污单位污染物实际排放浓度和排放量满足许可排放限值要求；环境管理要求合规是指排污单位按许可证规定落实自行监测、台账记录、执行报告、信息公开等环境管理要求。

纺织印染工业排污单位可通过环境管理台账记录、按时上报执行报告和开展自行监测、信息公开，自证其依证排污，满足排污许可证要求。生态环境主管部门可依据排污单位环境管理台账、执行报告、自行监测记录中的内容，判断其污染物排放浓度和排放量是否满足许可排放限值要求，也可通过执法监测判断其污染物排放浓度是否满足许可排放限值要求。

3.7.2　排放限值合规判定

3.7.2.1　废水排放浓度合规判定

纺织印染工业排污单位各废水排放口污染物的排放浓度达标是指任一有效日均值（除 pH 值、色度外）均满足许可排放浓度要求。废水污染物有效日均值采用执法监测、排污单位自行开展的自动监测和手工监测三种方法确定。

（1）执法监测

按照监测规范要求获取的执法监测数据超过许可排放浓度限值的，即视为超标。根据《污水监测技术规范》（HJ 91.1）确定监测要求。

（2）纺织印染工业排污单位自行监测

1）自动监测

将按照监测规范要求获取的自动监测数据计算得到有效日均浓度值（除 pH 值与色度外）与许可排放浓度限值进行对比，超过许可排放浓度限值的，即视为超标。对于应当采用自动监测而未采用的排放口或污染物，即视为不合规。

对于自动监测的，有效日均浓度是以每日为一个监测周期内获得的某个污染物的多个有效监测数据的平均值。在同时监测废水排放流量的情况下，有效日均浓度是以流量为权的某个污染物的有效监测数据的加权平均值；在未监测废水排放流量的情况下，有效日均浓度是某个污染物的有效监测数据的算术平均值。

自动监测的排放浓度应根据《水污染源在线监测系统（COD_{Cr}、NH_3-N 等）运行技术规范》（HJ 355）、水污染源在线监测系统（COD_{Cr}、NH_3-N 等）数据有效性判别技术规范（HJ 356）等相关文件确定。

2）手工监测

按照自行监测方案、监测规范要求开展的手工监测，当日各次监测数据平均值（或当日混合样监测数据）超过许可排放浓度限值的，即视为超标。

若同一时段的管理部门执法监测数据与纺织印染工业排污单位自行监测数据不一致的，以该执法监测数据作为优先证据使用。

3.7.2.2　废气排放浓度合规判定

（1）正常情况

纺织印染工业排污单位厂界无组织排放的臭气浓度最大值达标是指"任一次测定均值满足许可限值要求"。除此之外，其余废气有组织排放口污染物或厂界无组织污染物排放浓度达标均是指"任一小时浓度均值均满足许可排放浓度要求"。废气污染物小时浓度均值根据执法监测、排污单位自行监测（包括自动监测和手工监测）进行确定。

1）执法监测

按照监测规范要求获取的执法监测数据超过许可排放浓度限值的，即视为超标。根据《固定污染源排气中颗粒物测定与气态污染物采样方法》（GB/T 16157—1996）、《大气污染物无组织排放监测技术导则》（HJ/T 55）、《固定源废气监测技术规范》（HJ/T 397）确定监测要求。

2）纺织印染工业排污单位自行监测

① 自动监测。将按照监测规范要求获取的有效自动监测数据小时浓度均值与许可排放浓度限值进行对比，超过许可排放浓度限值的，即视为超标。对于应当采用自动监测而未采用的排放口或污染物，即视为不合规。自动监测小时浓度均值是指"整点 1 小

时内不少于 45min 的有效数据的算术平均值"。

② 手工监测。对于未要求采用自动监测的排放口或污染物，应进行手工监测，按照自行监测方案、监测规范要求获取的监测数据计算得到的有效小时浓度均值超过许可排放浓度限值的，即视为超标。

根据《固定污染源排气中颗粒物测定与气态污染物采样方法》（GB/T 16157—1996）与《固定源废气监测技术规范》（HJ/T 397），小时浓度均值指"1 小时内等时间间隔采样 3～4 个样品监测结果的算术平均值"。

若同一时段的管理部门执法监测数据与纺织印染工业排污单位自行监测数据不一致的，以管理部门执法监测数据为准。

③ 无组织排放合规判定。纺织印染工业排污单位无组织排放合规是指同时满足以下两个条件。

a．无组织控制措施符合如下要求：

纺织印染工业排污单位的无组织废气收集与处理应符合《纺织工业职业安全卫生设施设计标准》（GB 50477—2017）的要求。

i．对于颗粒物无组织废气产生点，纺织印染工业排污单位应配备有效的废气捕集装置，如局部密闭罩、整体密闭罩、大容积密闭罩、车间密闭等，并配备滤尘设施。

ii．对于挥发性有机溶剂、恶臭等无组织废气产生点，如打棉、沤麻、原麻浸渍、浆料池、调浆、醋酸调节等设施，纺织印染工业排污单位应采取密闭措施以减少废气散发。有机溶剂储存和装卸单元应配置气相平衡管或将产生的废气接入废气处理设施。异味明显的废水处理单元，应加盖密闭，并配备废气收集处理设施。

iii．对于露天储煤场、粉状物料储运系统，纺织印染工业排污单位应配备防风抑尘网、喷淋、洒水、苫盖等抑尘措施，且防风抑尘网不得有明显破损。煤粉、石灰石粉等粉状物料必须采用简仓等封闭式料库存储，其他易起尘物料应遮盖。

iv．环境影响评价文件或地方相关规定中有针对原辅料、生产过程、燃料等其他污染防治强制要求的，还应根据环境影响评价文件或地方相关规定，明确其他需要落实的污染防治要求。

b．厂界监测浓度均满足许可排放浓度要求。

（2）非正常情况

纺织印染工业排污单位非正常排放指主要产污环节生产设施启停机、工艺设备运转异常情况下的排放，非正常排放不作为废气达标判定依据。其中，印花设施、定形设施、涂层设施的风机启动和停机时间不超过 1h；燃煤锅炉如采用干（半干）法脱硫、脱硝措施，冷启动不超过 1h，热启动不超过 0.5h。

3.7.2.3　排放量合规判定

纺织印染工业排污单位污染物排放量合规是指同时满足以下两个条件：

① 纳入排污许可量管理范围的主要排放口污染物实际排放量之和满足纺织印染工业排污单位年许可排放量；

② 对于特殊时段有许可排放量要求的，实际排放量不得超过特殊时段许可排放量。

纺织印染工业排污单位启停机等非正常情况造成短时污染物排放量较大时，应通过加强正常运营时污染物排放管理、减少污染物排放量的方式，确保全厂污染物年排放量（正常排放+非正常排放）满足许可排放量要求。

3.7.3　环境管理要求合规判定

生态环境主管部门依据排污许可证中的管理要求，以及纺织印染行业相关技术规范，审核环境管理台账记录和排污许可证执行报告，检查纺织印染工业排污单位是否按照自行监测方案开展自行监测；是否按照排污许可证中环境管理台账记录要求记录相关内容，记录频次、形式等是否满足排污许可证要求；是否按照排污许可证中执行报告要求定期上报，上报内容是否符合要求等；是否按照排污许可证要求定期开展信息公开；是否满足特殊时段污染防治要求。

第4章

纺织印染工业排污许可证申请要点与典型案例分析

4.1 申报系统介绍

全国排污许可证管理信息平台于 2017 年建成，将排污许可证申领、核发、监管执法等工作流程及信息纳入平台，各地现有的排污许可证管理信息平台也逐步接入。生态环境部在统一社会信用代码基础上适当扩充，制定全国统一的排污许可证编码。排污许可证申请、受理、审核、发放、变更、延续、注销、撤销、遗失补办应当在全国排污许可证管理信息平台上进行。排污许可证的执行、监管执法、社会监督等信息应当在全国排污许可证管理信息平台上记录，形成的实际排放数据作为生态环境部门排污收费、环境统计、污染源排放清单等各项固定污染源环境管理的数据来源。

用户在浏览器中输入全国排污许可证管理信息平台公开端的地址（http://permit.mee.gov.cn/permitExt/defaults/default-index!getInformation.action），打开页面如图 4-1 所

图 4-1

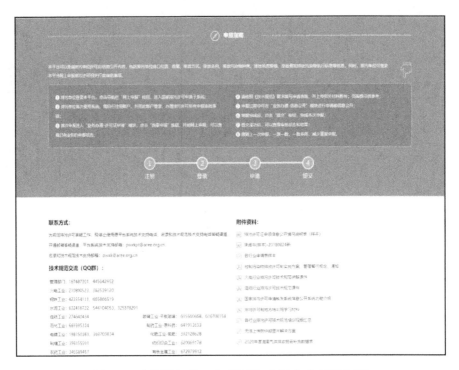

图 4-1 全国排污许可证管理信息平台公开端页面

示。企业用户可在页面"申请前信息公开"栏查看许可申请前信息公开内容；在"许可信息公开"栏查看许可证核发公开信息；在页面中部查看各项法规标准；在页面底部查看申报指南并下载《排污许可证申领信息公开情况说明表》和《企业守法承诺书》。

4.2 排污许可证申请组织和材料准备

4.2.1 排污许可证申报流程简介

企业在注册、登录后，需要在"全国排污许可信息公开系统"中按顺序填写以下页面：

① 排污单位基本情况—排污单位基本信息；

② 排污单位基本情况—主要产品及产能；

③ 排污单位基本情况—主要原辅材料及燃料；

④ 排污单位基本情况—排污节点、污染物及污染治理设施；

⑤ 大气污染物排放信息—排放口；

⑥ 大气污染物排放信息—有组织排放信息；

⑦ 大气污染物排放信息—无组织排放信息；

⑧ 大气污染物排放信息—企业大气排放总许可量；

⑨ 水污染物排放信息—排放口；

⑩ 水污染物排放信息—申请排放信息；

⑪ 噪声排放信息；

⑫ 固体废物排放信息；

⑬ 环境管理要求—自行监测要求；

⑭ 环境管理要求—环境管理台账记录要求；

⑮ 地方生态环境主管部门依法增加的管理内容；

⑯ 相关附件。

企业用户可随时在提交申请页前导出排污许可证申请表文档（word 版本），点击下载备用。完成各项表单的填写并提交后，系统自动生成排污许可证申请表文档（pdf 版本），可直接下载打印并盖章后提交给受理窗口。

排污单位提交申请前，应完成申请前信息公开，未完成申请前信息公开的不得提交申请。此外，提交申请前还应填写完成对公众意见反馈情况的说明。

提交后，页面跳转至查看页面，本次申请填报工作完成。审批完成后，会自动向公众端发布一条许可公告，显示在首页"许可信息公开"栏中。

4.2.2　材料准备

由于填报时需要填写企业设计数据、企业现有情况以及总量计算过程等多项内容，因此在进行各申请表实际填报之前，企业应准备需要参考的资料，作为主要依据进行填报，各申请表所需资料或数据名称见表 4-1。

表 4-1　各申请表所需资料/数据清单

序号	申报表名称	需要资料/数据名称
1	排污单位基本情况—排污单位基本信息	统一社会信用代码证或组织机构代码证的原件或复印件及扫描件、全部环评文件及批复、全部"三同时"验收文件、地方政府对违规项目的认定或备案文件（根据企业实际情况）、主要污染物总量分配计划文件（根据企业实际情况）
2	排污单位基本情况—主要产品及产能	全部生产设施清单及参数情况、设计产品产能信息，可从设计文件或环评文件中获取
3	排污单位基本情况—主要原辅材料及燃料	全厂设计原辅材料、燃料信息，包括种类、成分、含量、燃料热值及用量等；生产工艺流程图；生产厂区总平面布置图
4	排污单位基本情况—排污节点、污染物及污染治理设施	有组织排放口编号［在线监测排放口编号、执法监测使用编号；按照《固定污染源（水、大气）编码规则（试行）》编写的编号］、污染治理设施信息
5	大气污染物排放信息—排放口	特征污染物；执行标准；大气有组织排放口高度、内径
6	大气污染物排放信息—有组织排放信息	执行标准、申请年排放量限值计算过程
7	大气污染物排放信息—无组织排放信息	执行标准

续表

序号	申报表名称	需要资料/数据名称
8	大气污染物排放信息—企业大气排放总许可量	全厂总量控制指标
9	水污染物排放信息—排放口	特征污染物、执行标准、排放口信息、受纳水体/污水厂信息
10	水污染物排放信息—申请排放信息	执行标准、申请年排放量限值计算过程
11	噪声排放信息	企业噪声排放信息
12	固体废物排放信息	企业固体废物的排放信息
13	环境管理要求—自行监测要求	自行监测方案
14	环境管理要求—环境管理台账记录要求	企业自行制定的台账记录内容
15	地方生态环境主管部门依法增加的管理内容	有核发权的地方生态环境主管部门依法增加的管理内容信息、需要改正措施信息
16	相关附件	守法承诺书、排污许可证申领信息公开情况说明表、符合建设环境影响评价程序的相关文件或证明材料、通过排污权交易获取污权指标的证明材料、地方规定的排污许可证申请表文件（如有）

4.2.3　账号注册

若企业为首次申报，应进行账号注册工作，具体注册流程如图 4-2 所示，在全国排污许可证管理信息平台公开端页面单击"网上申报"按钮，随后在弹出的登录页面点击"注册"（已注册企业输入账号和密码进行登录），企业依据实际情况进行填表注册。

(a)

(c)

图 4-2　企业注册流程

　　用户需要在页面填写注册单位名称、单位名称、注册地址、生产经营场所地址、行业类别、用户名、密码、法人代表及电话等信息，其中*标记的字段必须填写。根据属地管理原则，实现"一企一证"的管理方式，不同区域企业需分别申领排污许可证。在本系统注册时，如果为分公司或分厂申请，申报单位名称为分公司或分厂名称，总公司单位名称为最高层级总公司或总厂名称。

4.2.4　首次申请

排污单位首次申请流程如图 4-3 所示，点击"许可证申请"，在弹出界面选取"首次申请"，在下一级界面中点击"我要申报"，已填报过数据继续填报的，应选择"继续申报"，进入申办平台信息填报界面，企业根据实际情况进行填报。

(a)

(b)

(c)

图 4-3　首次申报填报流程

4.3　排污许可证平台填报

4.3.1　排污单位基本情况—排污单位基本信息

（1）填报流程

进入填报界面后，点击"排污单位基本情况—排污单位基本信息"菜单，根据企业实际情况进行填报。填报界面如图4-4所示。

系统中需要输入生产经营场所中心、排放口位置等的经纬度坐标，企业用户可手动输入经纬度，然后点击"定位"在地图上检测经纬度的准确性；也可以直接在地图上拾取坐标，点击"拾取"。在地图上确定位置后，点击"确定"或"结束拾取"即可完成坐标拾取，如图 4-5 所示。

图 4-4　排污单位基本信息填报界面

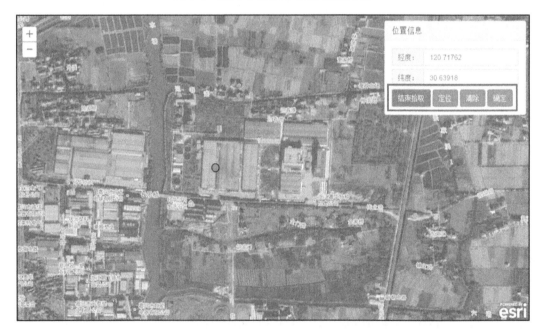

图 4-5　生产经营产所中心经纬度拾取界面

排污单位所有建设项目的环境影响评价批复（简称环评批复）文号及"三同时"验收批复文号应填写齐全，可按照图 4-6 通过点击"添加文号"进行填写。

若企业有总量分配计划文件，应在"是否有主要污染物总量分配计划文件"选项中选择"是"，随后再通过"添加污染物"填写具体的污染物总量分配指标，添加界面如图 4-7 所示。

图 4-6　环评批复文号及"三同时"验收批复文号添加界面

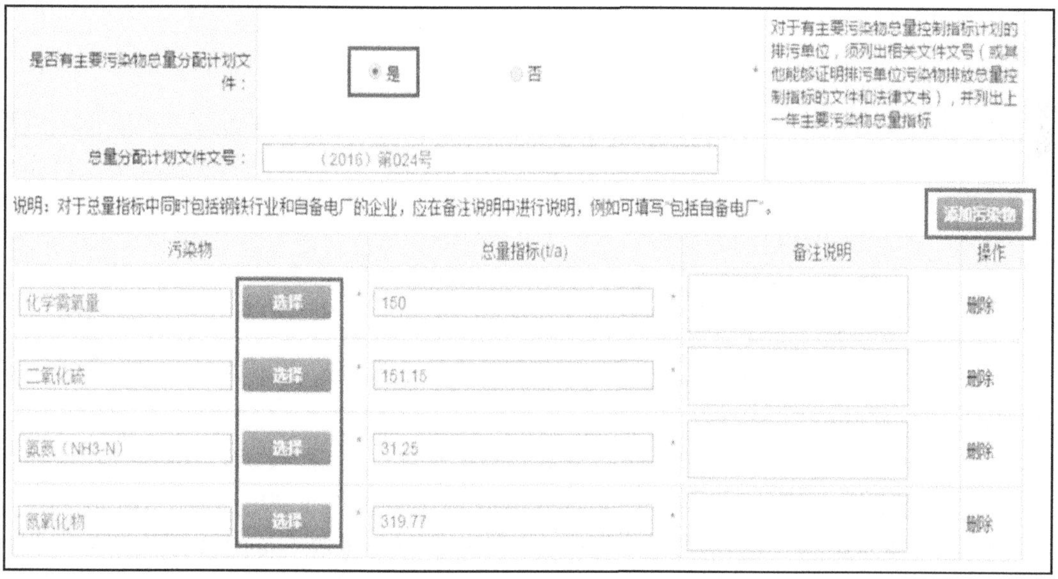

图 4-7　主要污染物总量分配添加界面

（2）典型案例及填报注意事项

排污单位基本信息填写如表 4-2 所列。

表 4-2　排污单位基本信息表

单位名称	上海×××有限公司	注册地址	上海市××区××路××号
邮政编码	20×××××	生产经营场所地址	上海市××区××路××号
行业类别	化纤织物染整精加工	投产日期	2014-04-18
生产经营场所中心经度	121°××′××″	生产经营场所中心纬度	31°××′××″
组织机构代码	—	统一社会信用代码	×××××××××××××××××
技术负责人	张三	联系电话	130×××××××
所在地是否属于大气重点控制区域	是	所在地是否属于重金属污染特别排放限值实施区域	是
所在地是否属于总氮控制区域	是	所在地是否属于总磷控制区域	是
是否位于工业园区	是	所属工业园区名称	×××产业园
是否需要改正	否	排污许可证管理类别	重点管理
主要污染物类别	☑废气　☑废水		
主要污染物种类	☑颗粒物 ☑SO₂ ☑NOₓ ☑其他特征污染物（油烟、臭气）	☑CO_2 ☑氨氮 ☑其他特征污染物［悬浮物、五日生化需氧量、总氮（以 N 计）、总磷（以 P 计）、苯胺类、pH 值、色度、硫化物、总锑］	
大气污染物排放形式	☑有组织 ☑无组织	废水污染物排放规律	☑间断排放，排放期间流量稳定
是否有环评审批文件	是	环境影响评价审批文件文号（备案编号）	×环保许管[201×]×号
是否有地方政府对违规项目的认定或备案文件	否	认定或备案文件文号	—
是否有主要污染物总量分配计划文件	否	总量分配计划文件文号	—

填报注意事项如下：

① 排污许可证管理类别：根据《固定污染源排污许可分类管理名录（2019 版）》，纺织印染工业"含前处理、染色、印花、洗毛、麻脱胶、缫丝、喷水织造等工序的"纳入重点管理，按《排污许可证申请与核发规范 纺织印染工业》（以下简称《规范》）进行填报；纺织印染工业其他纳入简化管理的企业按《排污许可证申请与核发规范 总则》进行填报。

② 邮政编码：生产经营场所地址所在地邮政编码。

③ 生产经营场所地址：应填写到具体路及门牌号。

④ 投产日期：指已投运的排污单位正式投产运行的时间，对于分期投运的排污单位，以先期投运时间为准。

⑤ 企业位置信息：指生产经营场所中心经度坐标，点击"选择"按钮，在地图页面拾取坐标。若无法进行正常定位，请使用 IE 9 以上浏览器或使用手动输入。

⑥ 大气重点控制区域：指《关于执行大气污染物特别排放限值的公告》（公告 2013 年第 14 号）中列明的 47 个市。

⑦ 总磷、总氮控制区域：指《国务院关于印发"十三五"生态环境保护规划的通知》（国发〔2016〕65 号）以及生态环境部相关文件中确定的需要对总磷、总氮进行总量控制的区域。

⑧ 环评审批文件：必须列出所有环评审批文件文号或备案编号。对于按照《国务院办公厅关于加强环境监管执法的通知》（国办发〔2014〕56 号）要求，经地方政府依

法处理、整顿规范并符合要求的项目，必须列出证明符合要求的相关文件名和文号。

⑨　对于有主要污染物总量控制指标计划的排污单位，必须列出相关文件文号（或其他能够证明排污单位污染物排放总量控制指标的文件和法律文书），并列出上一年主要污染物总量指标。关于水污染物总量文件，需注意总量是否注明为排入水体外环境的总量，以及核发的外排水量。

废气、废水污染物控制指标：默认大气污染物控制指标为二氧化硫、氮氧化物、颗粒物和挥发性有机物，其中颗粒物包括烟尘和粉尘；默认水污染物控制指标为化学需氧量和氨氮，默认指标均无需填写。

以下 3 种情况需增加总量指标：a. 受纳水体环境质量超标且列入 GB 4287、GB 8978、GB 28936、GB 28937、GB 28938 中的其他污染物；b. 总磷、总氮总量控制区域；c. 地方生态环境主管部门另有规定的其他污染物。

4.3.2　排污单位基本情况—主要产品与产能

（1）填报流程

主要产品及产能填报流程如图 4-8 所示。点击"添加"按钮弹出"添加表"；在"添加表"中通过"放大镜"按钮选择将要填写的主要设施所在行业类别，然后点击"添加表"中的"添加"按钮，进入下一级"添加表"中；以印染生产中的涂层工艺为例，在主要生产单元名称一栏通过点击放大镜图标选择"印染单元"，然后在主要工艺名称下拉菜单中选择"涂层整理工艺"；在此表中分别通过"添加设施"与"添加产品"填写"生产设施及参数信息"与"主要产品及产能信息"。

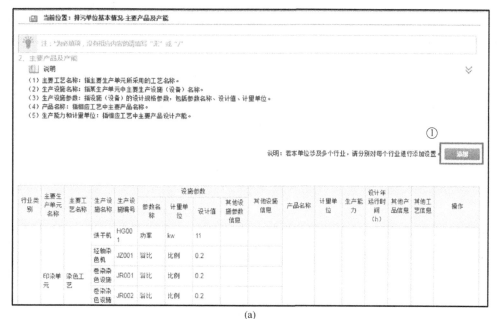

(a)

图 4-8

(b)

(c)

(d)

(e)

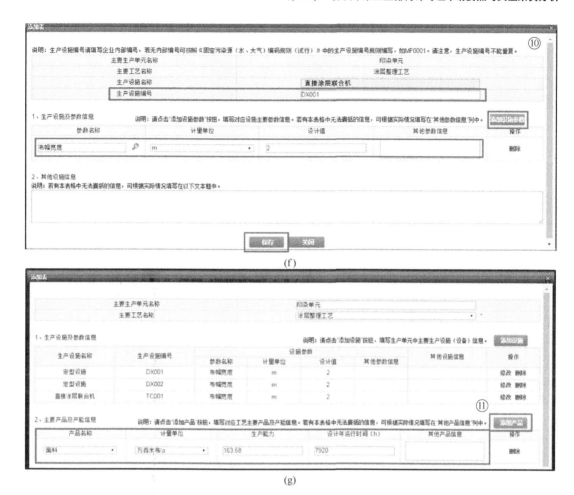

(f)

(g)

图 4-8 主要产品及产能填写界面

（2）典型案例及填报注意事项

主要产品及产能信息填写如表 4-3 所列。

填报注意事项如下：

① 主要工艺名称：指主要生产单元所采用的工艺名称。《规范》中所列的"必填项"必须填报。根据上海市地方管理要求，含强噪声源（纺织机械、空压机、风机等）、产生固体废弃物的主要工艺必须自行填报。

② 生产设施名称：指某生产单元中主要生产设施（设备）名称。《规范》中所列的"必填项"必须填报。根据上海市地方管理要求《上海市排污许可证管理实施细则》，产生强噪声、固体废物的生产设施必须自行填报。

③ 设施参数：指设施（设备）的设计规格参数，包括参数名称、设计值、计量单位。印染设施参数信息包括重量、容量、浴比、布幅宽度、速度、规模等，其中染色设施中浴比（在其他选项内按 $1:X$ 格式填写）为必填项；公用单元的设备参数包括风量、日处理量、燃料用量、蒸汽量、功率等；

表4-3 主要产品及产能信息表

序号	主要生产单元名称	主要工艺名称	生产设施名称	生产设施编号	设施参数				其他设施信息	产品名称	产品设计产能	计量单位	设计年生产时间/h	其他产品信息	其他工艺信息
					参数名称	设计值	计量单位	其他设施参数信息							
1	公用单元	食堂餐饮	厨房油烟净化设施	CY-01	风量	3000	m³/h		涉及油烟废气						
	公用单元	锅炉	燃气锅炉	GL-01	蒸汽量	6	t		涉及废气						
	公用单元	污水处理	污水设施除臭	WS-01	风量	5000	m³/h		涉及废水、废气、固体废物						
	公用单元	储存系统	固体废物仓库	RM-01	面积	150	m²								
2	印染单元	整理工艺	定型设施	DX-01	滚筒个数	5	个	滚筒式整烫定型机		色带	400	t/a	1200		
					滚筒长度	0.5	m								
					滚筒直径	0.3	m								
			过胶机	GJ-01	宽度	0.06	m		涉及废气						
					传送速度	6	m/min								
3	印染单元	染色工艺	浸染色设施	JS-01	重量	40	kg		涉及废水	色纱	1000	t/a	8472	下游进入印染单元干燥工艺	
			浸染色设施	JS-02	重量	40	kg		涉及废水、废气						
			纱线染色设施	RS-01	浴比	—	比例	1∶8	涉及废水						
					重量	60	kg								
			纱线染色设施	RS-02	浴比	—	比例	1∶8	涉及废水						
					重量	60	kg								

续表

序号	主要生产单元名称	主要工艺名称	生产设施名称	生产设施编号	设施参数				其他设施信息	产品名称	产品设计产能	计量单位	设计年生产时间/h	其他产品信息	其他工艺信息
					参数名称	设计值	计量单位	其他设施参数信息							
3	印染单元	染色工艺	纱线染色设施	RS-03	浴比	—	比例	1:8	涉及废水	色纱	1000	t/a	8472	下游进入印染单元干燥工艺	
					重量	60	kg								
					设备设施逐一填写、逐一编号										
4	印染单元	干燥	干燥机	GZ-01	重量	120	kg			色纱	1000	t/a	8472	下游进入印染单元	
			干燥机	GZ-02											
			脱水机	TS-01											
					设备设施逐一填写、逐一编号										
5	织造单元	捻线	倍捻机	BN-01	规模	108	锭	型号：3M3村田		色线	1000	t/a	8472	上游来自染印单元	
			倍捻机	BN-02	规模	108	锭	型号：3M3村田							
			倍捻机	BN-03	规模	108	锭	型号：3M3村田							
			高速并线机	BX-22	规模	56	锭	型号：YMD							
			卷绕机	JR-01	规模	4	锭	型号：HAKEBA	涉及噪声						
					声强	72	dB								
			卷绕机	JR-02	规模	4	锭	型号：HAKEBA	涉及噪声						
					声强	72	dB								
			卷绕机	JR-03	规模	4	锭	型号：HAKEBA	涉及噪声						
					声强	72	dB								
					设备设施逐一填写、逐一编号										

④ 产品名称：指相应工艺中主要产品名称。

⑤ 产品设计产能和计量单位：指相应工艺中主要产品设计产能及其计量单位。设计产能在不同工艺间需注意衔接，需标明是否为承接前段工艺的产能，如有委外加工、半成品加工等产能的变化，需在备注中说明。

4.3.3 排污单位基本情况—主要原辅材料及燃料

（1）填报流程

如图 4-9 所示，点击"添加"按钮，进入原辅料信息填写添加表；选取行业类别、生产单元后，点击"添加"按钮，进入原辅材料选择界面；选取原辅料种类、名称，填写计量单位及设计年使用量，其后在下半部分点击"添加"按钮，填写该原辅料有毒有害成分及占比，填写完成后点击"保存"并"关闭"；关闭后继续添加其他原辅料，待所有原辅料填写完成后点击"保存"并"关闭"，完成原辅料信息填写。

燃料信息添加如图 4-10 所示，点 "添加"按钮，在弹出的添加表中继续点击"添加"按钮，填写燃料信息，完成一项燃料填写后，继续点击"添加"填写下一项燃料信息，直至全填写完成，点击"保存"并"关闭"。

(a)

图 4-9　主要原辅材料填写界面

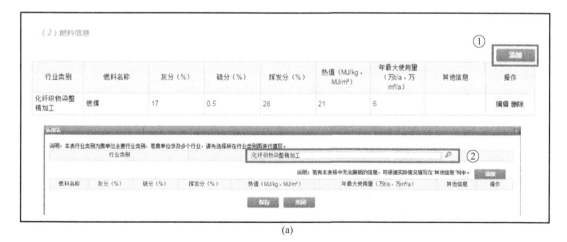

图 4-10

(b)

图 4-10　燃料填写界面

（2）典型案例及填报注意事项

主要原辅材料及燃料信息填报内容如表 4-4 所列。

表 4-4　主要原辅材料及燃料信息表

序号	生产单元	种类	名称	年设计使用量	年设计使用量计量单位	物质成分	成分占比	其他信息
				原料及辅料				
1	印染单元	辅料	分散黑（液）染料	11476	kg	—	—	含 17%水、3%分散剂
		辅料	分散黑染料	7711	kg	—	—	—
		辅料	分散红染料	1070	kg	—	—	—
		辅料	分散黄染料	1635	kg	—	—	—
		辅料	分散蓝染料	2818	kg	—	—	—
		辅料	酸性黑染料	759	kg	—	—	—
		辅料	酸性红染料	96	kg	—	—	—
		辅料	酸性黄染料	178	kg	—	—	—
		辅料	酸性蓝染料	163	kg	—	—	—
		辅料	成品油剂	19031	kg	—	—	—
		辅料	碱剂—烧碱	20127	kg	—	—	—
		辅料	硫酸铵	1000	kg	—	—	—

续表

序号	生产单元	种类	名称	年设计使用量	年设计使用量计量单位	物质成分	成分占比	其他信息
				原料及辅料				
1	印染单元	辅料	酸剂—乙酸	18145	kg	—		含62%水
		辅料	整理剂—防日晒剂	689	kg	—	—	—
		辅料	整理剂—交联剂	1985	kg	—	—	含50%水
		辅料	整理剂—抗静电整理剂	1217	kg	—	—	—
		辅料	整理剂—扩散剂	920	kg	—	—	—
		辅料	助剂—还原剂	21491	kg	—	—	—
		辅料	助剂—均染剂	33592	kg	—	—	—
		辅料	助剂—润湿剂	67625	kg	—	—	—
		辅料	助剂—洗涤剂	19633	kg	—	—	—
		辅料	助剂—洗缸剂	5236	kg	—	—	—
		辅料	助剂—消泡剂	1091	kg	—	—	—
		原料	纱	1000	t	锑	0.038	涤纶纱
		原料	水	90000	t	—	—	回用量10%
2	印染单元	辅料	分散蓝染料	2818	kg	—	—	—
		辅料	酸性黑染料	759	kg	—	—	—
		辅料	胶水	50	kg	—	—	—
		辅料	整理剂—防皱整理剂	18	kg	—	—	—
		原料	织带	400	t	锑	0.025	涤纶织带
		原料	水	38000	t	—	—	回用量10%

序号	燃料名称	灰分/%	硫分/%	挥发分/%	热值/（MJ/kg或MJ/m³）	年设计使用量/（万t/a或万m³/a）	其他信息
				燃料			
1	天然气	—	—	—			含硫量：20mg/m³

填报注意事项如下：

① 种类：指材料种类，选填"原料"或"辅料"。

② 名称：指原料、辅料名称。若使用的原辅材料不在系统列明的选项中，需在其他选项中自定义填报。

③ 成分占比：指有毒有害物质或元素在原料或辅料中的成分占比。例如，含铬或其他重金属元素的染料，需在其他信息中注明铬等重金属含量；涤纶化纤类原料需注明锑元素含量等。

④ 燃料信息填写：燃煤及生物质燃料应填报灰分、硫分、挥发分、热值信息；燃油应填报硫分、挥发分、热值信息，燃料中对于启动用燃油也应在此填报；天然气应填

081

报硫分、挥发分、热值信息，天然气的硫分可在其他信息栏中填写含硫量（mg/m³）。

⑤ 设计表格中无法囊括的信息，可根据实际情况填写在"其他信息"列中。

4.3.4 生产工艺流程图及生产厂区总平面布置图

（1）上传流程

原辅料、燃料信息填写完成后，返回至"主要原辅材料及燃料"表下半部分（见图 4-11），分别点击"上传图片"按钮，从本地（填写人员电脑中）选取"生产工艺流程图"与"生产厂区总平面布置图"进行上传，上传完毕后点击下一步，完成生产工艺流程图及生产厂区总平面布置图上传。

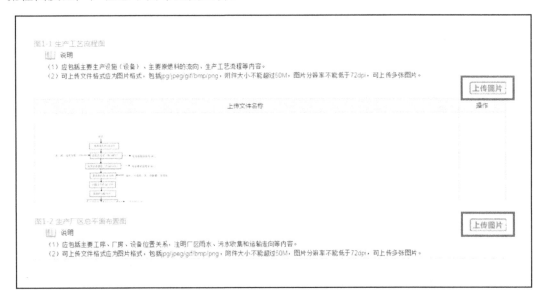

图 4-11　生产工艺流程图与生产厂区总平面布置图上传界面

（2）典型案例及填报注意事项

生产工艺流程如图 4-12、图 4-13 所示，注意事项如下：

① 应至少包括主要生产设施（设备）、主要原辅料及燃料的流向、生产工艺流程等内容。

② 可上传文件格式应为图片格式，包括 jpg/jpeg/gif/bmp/png，附件大小不能超过50M，图片分辨率不能低于 72dpi，可上传多张图片。

案例生产厂区总平面布置如图 4-14 所示，注意事项如下：

① 应至少包括主体设施、公辅设施（锅炉、软化水等）、污水处理设施、污水总排口、雨水总排口等内容，同时注明厂区运输路线等。

② 可上传文件格式应为图片格式，包括 jpg/jpeg/gif/bmp/png，附件大小不能超过50M，图片分辨率不能低于 72dpi，可上传多张图片。

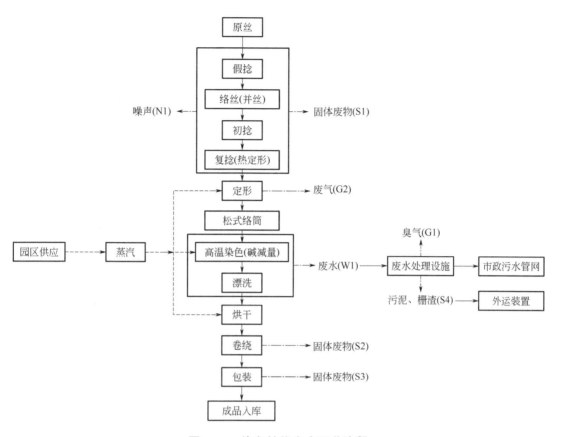

图 4-12　染色纱线生产工艺流程

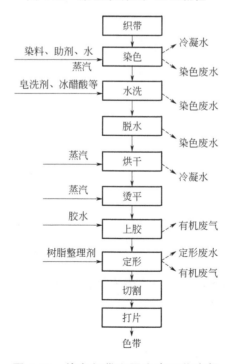

图 4-13　染色织带主要生产工艺流程

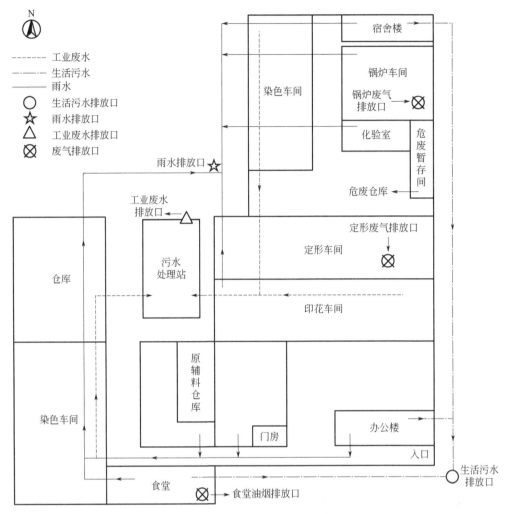

图 4-14　案例生产厂区平面布置图

4.3.5　排污单位基本情况—排污节点、污染物及污染治理设施

（1）填报流程

如图 4-15 所示，在产排污节点、污染物及污染治理设施表中"（1）废气产排污节点、污染物及污染治理设施信息表"部分点击"添加"按钮；在弹出的"添加表"中，通过放大镜按钮选取生产设施编号及名称，然后点击"添加"按钮，开始填写产污环节基本信息；每填写完一项产污环节信息，点击"添加"按钮继续添加其余产污环节信息（包括无组织产污环节），全部添加完成后点击"保存"并"关闭"，返回继续添加其他生产设施直至全部废气产污节点填写完毕。

如图 4-16 所示，完成废气产排污节点填写后，继续填写产排污节点、污染物及污染治理设施表中"（2）废水类别、污染物及污染治理设施信息表"部分，点击"添加"按钮，进入"添加表"；在该表中通过点击"添加"按钮，将所有废水类别的废水逐一添加并填写关键信息，全部填写完成后点击"保存"并"关闭"，结束排污节点、污染物及污染治理设施内容的填写。

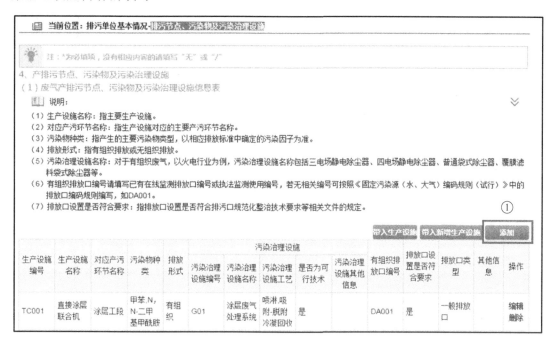

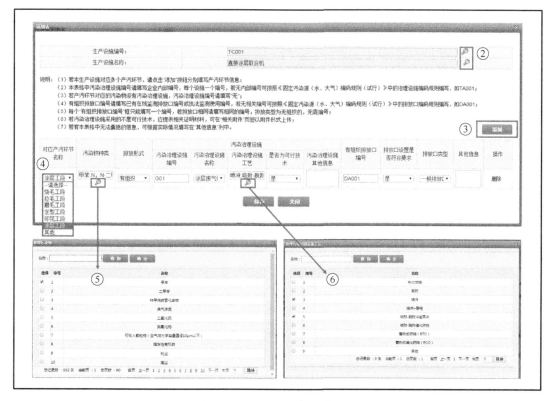

图 4-15　废气产排污节点、污染物及污染治理设施填报界面

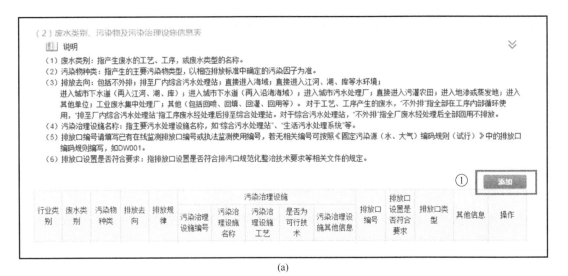

图 4-16　废水类别、污染物及污染治理设施填报界面

（2）典型案例及填报注意事项

废气产排污节点、污染物及污染治理设施信息填报内容如表 4-5 所列，填报注意事项如下：

① 生产设施名称：指主要生产设施。

② 对应产污环节名称：指生产设施对应的主要产污环节名称。

③ 污染物种类：指产生的主要污染物类型，以相应排放标准中确定的污染因子为准。

④ 排放形式：指有组织排放或无组织排放。纺织印染工业排污单位有组织排放源和污染物项目按《规范》中表 4 执行，锅炉、印花设施（蒸化、静电植绒、数码印花、转移印花等产生废气的重点工段）、定形设施、涂层设施工段按废气有组织排放管控。

⑤ 污染治理设施名称：对于有组织废气，污染治理设施及工艺名称包括喷淋洗涤、吸附、生物净化、吸附-冷凝回收、吸附-催化燃烧。对于纺织印染工业排污单位中无组织废气的治理设施可分别填写收集与处理工艺，且在备注栏中注明收集方式，包括"局部密闭罩+收集""整体密闭罩+收集""大容积密闭罩+收集""车间密闭+收集"等。污染治理设施名称除上述工艺外，还包括布袋除尘、旋风除尘、静电除尘、生物法及其他工艺。餐饮油烟废气处理工艺为静电除油烟等。

⑥ 有组织排放口编号：有组织排放口编号应填写已有在线监测排放口编号或执法监测使用编号，若无相关编号可按照《固定污染源（水、大气）编码规则（试行）》中的排放口编码规则由排污单位自行编制，如 DA001 等。

⑦ 排放口设置是否符合要求：指排放口设置是否符合《排污口规范化整治技术要求（试行）》等相关文件的规定。参照《排污口规范化整治技术要求（试行）》（环监〔1996〕470），以及相应的地方技术规范，如《上海市污水排放口设置技术规范（试行）》等确定是否符合要求。

⑧ 排放口类型：纺织印染工业排污单位排放的废气中，锅炉废气为主要排放口，其余的有组织废气均为一般排放口。若地方法规有更高管控标准的需从严管控。

表 4-5　废气产排污节点、污染物及污染治理设施信息表

序号	生产设施编号	生产设施名称	对应产污环节名称	污染物种类	排放形式	污染治理设施					有组织排放口编号	有组织排放口名称	排放口设置是否符合要求	排放口类型	其他信息
						污染治理设施编号	污染治理设施名称	污染治理设施工艺	是否为可行技术	污染治理设施其他信息					
1	CY-01	厨房油烟净化设施	厨房	油烟	有组织	TA001	油烟处理设施	静电除油烟	是	—	DA001	厨房排气筒	是	一般排放口	—
2	GL-01	燃气锅炉	锅炉	颗粒物、二氧化硫、氮氧化物、林格曼黑度	有组织	—	—	—	—	—	DA002	锅炉排气筒	是	主要排放口	—

续表

序号	生产设施编号	生产设施名称	对应产污环节名称	污染物种类	排放形式	污染治理设施					有组织排放口编号	有组织排放口名称	排放口设置是否符合要求	排放口类型	其他信息
						污染治理设施编号	污染治理设施名称	污染治理设施工艺	是否为可行技术	污染治理设施其他信息					
3	DX-01	定形设施	定形工段	非甲烷总烃、颗粒物	有组织	TA002	定形废气处理设施	喷淋+静电	是	—	DA003	定形排气筒	是	一般排放口	—
4	GJ-01	过胶机	定形工段	非甲烷总烃、颗粒物	有组织	TA004	过胶废气处理设施	吸附	是	—	DA004	过胶排气筒	是	一般排放口	—

废水类别、污染物及污染治理设施信息填报如表 4-6 所列，填报注意事项如下：

① 废水类别：指产生废水的工艺、工序，或废水类型的名称。除工艺废水外，生活污水、初期雨水、循环冷却水等也不应遗漏。

② 污染物种类：指产生的主要污染物类型，以相应排放标准中确定的污染因子为准。

③ 排放去向：包括不外排；排至厂内综合污水处理站；直接进入海域；直接进入江河、湖、库等水环境；进入城市下水道（再入江河、湖、库）；进入城市下水道（再入沿海海域）；进入城市污水处理厂；直接进入污灌农田；进入地渗或蒸发地；进入其他单位；进入工业废水集中处理厂；其他（包括回喷、回填、回灌、回用等）。对于工艺、工序产生的废水，"不外排"指全部在工序内部循环使用，"排至厂内综合污水处理站"指工序废水经处理后排至综合处理站。对于综合污水处理站，"不外排"指全厂废水经处理后全部回用不排放。

④ 排放规律：包括连续排放，流量稳定；连续排放，流量不稳定，但有周期性规律；连续排放，流量不稳定，但有规律，且不属于周期性规律；连续排放，流量不稳定，属于冲击型排放；连续排放，流量不稳定且无规律，但不属于冲击型排放；间断排放，排放期间流量稳定；间断排放，排放期间流量不稳定，但有周期性规律；间断排放，排放期间流量不稳定，但有规律，且不属于非周期性规律；间断排放，排放期间流量不稳定，属于冲击型排放；间断排放，排放期间流量不稳定且无规律，但不属于冲击型排放。

⑤ 污染治理设施名称：指主要污水处理设施名称，如"印染废水处理设施""综合污水处理设施""公用污水处理设施（指生活污水）""含铬废水处理设施"等。

⑥ 是否为可行技术：可行技术参见《规范》中附录 A，如采用不属于"污染防治可行技术要求"中的技术，应提供应用证明、监测数据等相关证明材料。

⑦ 排放口编号：排放口编号可按地方生态环境管理部门现有编号进行填写或由排污单位根据国家相关规范进行编制。

⑧ 排放口设置是否符合要求：指排放口设置是否符合《排污口规范化整治技术要求（试行）》等相关文件的规定。

所有信息需按《规范》中表 1 进行填报。

表4-6 废水类别、污染物及污染治理设施信息表

序号	废水类别	产污环节	污染物种类	排放去向	排放规律	污染治理设施					排放口编号	排放口名称	排放口设置是否符合要求	排放口类型	其他信息
						污染治理设施编号	污染治理设施名称	污染治理设施工艺	是否为可行技术	污染治理设施其他信息					
1	印染废水、初期雨水、循环冷却水排污水	染色、整理、精练	化学需氧量、氨氮(NH_3-N)、总磷(以P计)、苯胺类、pH值、五日生化需氧量、色度、悬浮物、总锑、硫化物	进入城市污水处理厂	间断排放，排放期间流量稳定	TW001	印染废水处理设施	一级处理设施—中和调节、一级处理设施—气浮、一级处理设施—混凝，二级处理设施—厌氧生物法、二级处理设施—好氧生物法、二级处理设施—沉淀及其他、深度处理设施—滤池、深度处理设施—过滤、深度处理设施—高级氧化	是	设计处理量300 m³/d	DW001	总排放口	是	主要排放口	—
2	生活污水	食堂、办公室	化学需氧量、氨氮(NH_3-N)、总磷(以P计)、pH值、悬浮物、五日生化需氧量、色度	进入城市污水处理厂	连续排放，流量不稳定，但有周期性规律	—	—	—	—	—	DW002	生活污水排放口	是	一般排放口	—

4.3.6 大气污染物排放信息—排放口

（1）填报流程

如图 4-17 所示，"大气排放口基本情况表"为自动生成，企业应在表中填写"排放口地理坐标""排气筒高度"及"排气筒出口内径"，"排放口地理坐标"应通过点击"编辑"按钮，在弹出的窗口中点击"选择"，随后在 GIS 地图中点选后自动生成。

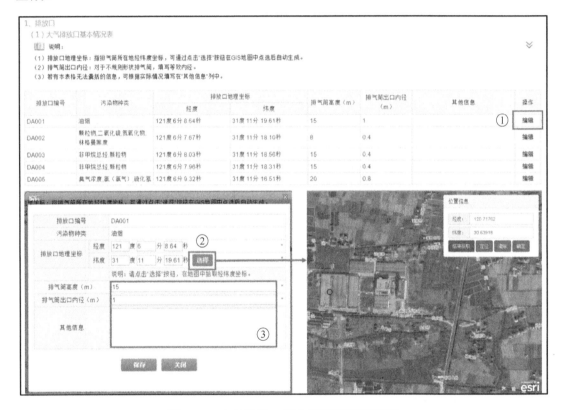

图 4-17　大气排放口基本情况表填报界面

"废气污染物排放执行标准信息表"同样为自动生成表格（图 4-18），企业应在此处填写每个排口各污染物所执行的国家或地方污染物排放标准名称，以及对应的浓度限值。标准名称可以通过点击"编辑"按钮，在弹出的窗口中点击"选择"，并在弹出的表格中进行选取，对于本平台未纳入的部分地方环保标准，企业可以直接在名称处手动输入标准名称。

（2）典型案例及填报注意事项

废气污染物排放执行标准信息填报如表 4-7 所列。

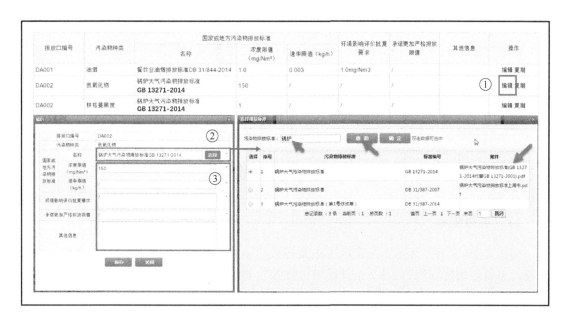

图 4-18　废气污染物排放执行标准信息填报界面

表 4-7　废气污染物排放执行标准表

序号	排放口编号	污染物种类	国家或地方污染物排放标准			环境影响评价批复要求	承诺更加严格排放限值	其他信息
			名称	浓度限值（标态）/（mg/m³）	速率限值/（kg/h）			
1	DA001	油烟	《饮食业油烟排放标准》（GB 18483—2001）	1	0.003	1.0 mg/m³	—	—
2	DA002	二氧化硫	《锅炉大气污染物排放标准》（GB 13271—2014）	200	—	—	—	—
3	DA002	氮氧化物	《锅炉大气污染物排放标准》（GB 13271—2014）	200	—	—	—	—
4	DA002	林格曼黑度	《锅炉大气污染物排放标准》（GB 13271—2014）	1	—	—	—	—
5	DA002	颗粒物	《锅炉大气污染物排放标准》（GB 13271—2014）	30	—	—	—	—
6	DA003	非甲烷总烃	《大气污染物综合排放标准》（GB 16297—1996）	120	10	—	—	—
7	DA003	颗粒物	《大气污染物综合排放标准》（GB 16297—1996）	120	3.5	—	—	—
8	DA004	非甲烷总烃	《大气污染物综合排放标准》（GB 16297—1996）	120	10	—	—	—
9	DA004	颗粒物	《大气污染物综合排放标准》（GB 16297—1996）	120	3.5	—	—	—

填报注意事项如下：

① 国家或地方污染物排放标准：指对应排放口必须执行的国家或地方污染物排放标准的名称、编号及浓度限值。假设企业位于上海市，主要排放口、一般排放口的浓度

限值从严执行上海市地方标准《大气污染物综合排放标准》（DB31/ 933—2015）、《锅炉大气污染物排放标准》（DB31/ 387—2018）、《餐饮业油烟排放标准》（DB31/ 844—2014）。

② 环境影响评价批复要求：新增污染物必填。

③ 鼓励排污单位承诺更加严格排放限值。

排污单位的部分设施如采用燃气直燃加热，若燃烧废气单独排放，则颗粒物、二氧化硫、氮氧化物浓度按相关排放标准进行浓度许可及总量许可。

4.3.7 大气污染物排放信息—有组织排放信息

（1）填报流程

如图 4-19 所示，企业首先需填写主要排放口信息，该表中左起前四列信息均为自动生成，企业应按照《规范》5.2.3 节要求进行各主要排放口许可排放量计算，后填入"申请年许可排放量限值"内容当中，对于无需填写的内容填写"/"，完成后点击图中的"计算"，系统将自动计算"主要排放口合计"。

排放口编号	污染物种类	申请许可排放浓度限值(mg/Nm³)	申请许可排放速率限值(kg/h)	申请年许可排放量限值（t/a）第一年	第二年	第三年	第四年	第五年	申请特殊排放浓度限值(mg/Nm³)	申请特殊时段许可排放量限值
DA002	颗粒物	30	/	/	/	/	/	/	/	
DA002	二氧化硫	200	/	129.19	129.19	129.19	/	/	/	
DA002	氮氧化物	200	/	129.19	129.19	129.19	/	/	/	
DA002	林格曼黑度	1	/	/	/	/	/	/	/	
主要排放口合计	颗粒物						/	/		
	SO2			129.190	129.190	129.190				
	NOx			129.190	129.190	129.190				
	VOCs									

（1）主要排放口
说明
（1）申请特殊排放浓度限值如火电厂超低排放限值。
（2）申请特殊时段许可排放量限值：指地方政府制定的环境质量限期达标规划、重污染天气应对措施中对排污单位有更加严格的排放控制要求。

图 4-19　大气污染物主要排放口填报界面

如图 4-20 所示，完成主要排放口信息填写后开始一般排放口信息的填写，纺织印染

（2）一般排放口

排放口编号	污染物种类	申请许可排放浓度限值(mg/Nm³)	申请许可排放速率限值(kg/h)	申请年许可排放量限值（t/a）第一年	第二年	第三年	第四年	第五年	申请特殊排放浓度限值(mg/Nm³)	申请特殊时段许可排放量限值	操作
DA001	甲苯	20	/	/	/	/	/	/	/	①	编辑
DA001	N,N-二甲基甲酰胺	20	/	/	/	/	/	/	/		编辑
DA003	挥发性有机物	40	/	/	/	/	/	/	/		编辑
DA003	颗粒物	15	/	/	/	/	/	/	/		编辑
DA003	油烟	15	/	/	/	/	/	/	/		编辑
一般排放口合计	颗粒物						/	/		②	计算
	SO2										请点击计算按钮，完成加和计算
	NOx										
	VOCs										

图 4-20　大气污染物一般排放口填报界面

工业排污单位一般排放口需申请许可排放浓度限值，但不许可排放量，若企业所在地有更严格的地方要求则从其规定。对于无需填写的内容填写"/"。

其次，进行全厂有组织排放总计信息填写，点击"计算"按钮则可自动生成，如图 4-21 所示。

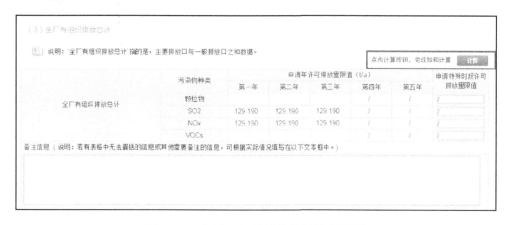

图 4-21　全厂有组织排放总计填报界面

最后在"申请年排放量限值计算过程"处填写计算过程，包括方法、公式、参数选取过程，以及计算结果的描述等内容。若申请年排放量限值计算过程复杂，可在"相关附件"页以附件形式上传，此处可填写"计算过程详见附件"，填报界面见图 4-22。

图 4-22　申请年排放量限值计算过程填报界面

（2）典型案例及填报注意事项

大气污染物有组织排放信息填报内容如表 4-8 所列。

表 4-8　大气污染物有组织排放信息表

序号	排放口编号	污染物种类	申请许可排放浓度限值（标态）/（mg/m³）	申请许可排放速率限值/（kg/h）	申请年许可排放量限值/（t/a）					申请特殊排放浓度限值（标态）/（mg/m³）	申请特殊时段许可排放量限值
					第一年	第二年	第三年	第四年	第五年		
主要排放口											
1	DA002	林格曼黑度	1	—							

续表

序号	排放口编号	污染物种类	申请许可排放浓度限值（标态）/（mg/m³）	申请许可排放速率限值/（kg/h）	申请年许可排放量限值/（t/a）					申请特殊排放浓度限值（标态）/（mg/m³）	申请特殊时段许可排放量限值
					第一年	第二年	第三年	第四年	第五年		
2	DA002	氮氧化物	150	—	3.419	3.419	3.419	—	—	—	—
3	DA002	二氧化硫	20	—	3.419	3.419	3.419	—	—	—	—
4	DA002	颗粒物	20	—	0.512	0.512	0.512	—	—	—	—
主要排放口合计		颗粒物			0.512	0.512	0.512	—	—	—	—
		SO₂			3.419	3.419	3.419	—	—	—	—
		NOₓ			3.419	3.419	3.419	—	—	—	—
		VOCs			—	—	—	—	—	—	—
一般排放口											
1	DA001	油烟	1	0.003						—	—
2	DA003	非甲烷总烃	120	10						—	—
3	DA003	颗粒物	120	3.5						—	—
4	DA004	非甲烷总烃	120	10						—	—
5	DA004	颗粒物	120	3.5						—	—
一般排放口合计		颗粒物			—	—	—	—	—	—	—
		SO₂			—	—	—	—	—	—	—
		NOₓ			—	—	—	—	—	—	—
		VOCs			—	—	—	—	—	—	—
全厂有组织排放总计											
全厂有组织排放总计		颗粒物			0.512	0.512	0.512	—	—		
		SO₂			3.419	3.419	3.419	—	—		
		NOₓ			3.419	3.419	3.419	—	—		
		VOCs			—	—	—	—	—		

填报注意事项如下：

① 申请特殊时段许可排放量限值：指地方政府制定的环境质量限期达标规划、重污染天气应对措施中对排污单位提出的更加严格的排放控制要求，无要求填"/"。

② 默认的许可排放浓度和速率限值为排放标准中的限值。

③ 废气排放口分为主要排放口和一般排放口。纺织印染工业排污单位锅炉为主要排放口，其他排气筒为一般排放口。

④ 排放量限值先填三年，由已有的总量指标与按《规范》计算的结果从严取值。

⑤ 2015 年 1 月 1 日（含）后取得环评批复的排污单位，均应结合环评批复从严取值。

⑥ 全厂有组织排放总计：指的是主要排放口与一般排放口之和，系统将自动进行加和。

4.3.8 大气污染物排放信息—无组织排放信息

（1）填报流程

如图 4-23 所示，无组织排放信息表为自动生成，应通过编辑选项进行填写。纺织印染工业不许可无组织排放总量，企业仅需填写所执行的标准名称以及对应的无组织排放浓度限值，若企业所在地有更严格的地方要求则从其规定。

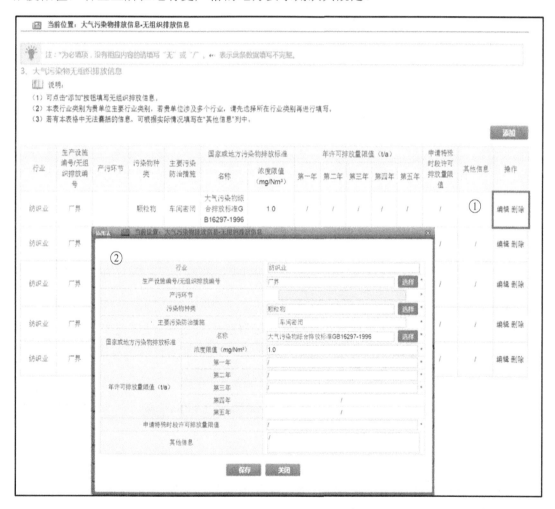

图 4-23 大气污染物无组织排放信息填报界面

（2）典型案例及填报注意事项

大气污染物无组织排放信息填报内容如表 4-9 所列。

表 4-9 大气污染物无组织排放信息表

序号	无组织排放编号	产污环节	污染物种类	主要污染防治措施	国家或地方污染物排放标准		其他信息	年许可排放量限值/（t/a）					申请特殊时段许可排放量限值
					名称	浓度限值（标态）/（mg/m³）		第一年	第二年	第三年	第四年	第五年	
1	RM001	储运系统	颗粒物	减缓措施	《大气污染物综合排放标准》（GB 16297—1996）	1	—	—	—	—	—	—	—
2	WS001	污水处理设施	氨（氨气）	—	《恶臭污染物排放标准》（GB 14554—1993）	1.5	—	—	—	—	—	—	—
3	WS001	污水处理设施	臭气浓度	—	《恶臭污染物排放标准》（GB 14554—1993）	20（无量纲）	—	—	—	—	—	—	—
4	WS001	污水处理设施	硫化氢	—	《恶臭污染物排放标准》（GB 14554—1993）	0.06	—	—	—	—	—	—	—
全厂无组织排放总计													
全厂无组织排放总计	颗粒物						—	—	—	—	—	—	—
	SO₂						—	—	—	—	—	—	—
	NOₓ						—	—	—	—	—	—	—
	VOCs						—	—	—	—	—	—	—

填报注意事项如下：

若有本表格中无法囊括的信息，可根据实际情况填写在"其他信息"列中。纺织印染工业不许可无组织排放总量，企业仅需填写所执行的标准名称以及对应的无组织排放浓度限值，若企业所在地有更严格的地方要求则从其规定。

4.3.9 大气污染物排放信息—企业大气排放总许可量

（1）填报流程

企业大气排放总许可量信息均为系统自动生成，如图 4-24 所示，点击"合规检查"进行核查后即完成本部分信息填写。

（2）典型案例及填报注意事项

企业大气排放总许可量填报内容如表 4-10 所列。

图 4-24　企业大气排放总许可量填报界面

表 4-10　企业大气排放总许可量

序号	污染物种类	第一年/（t/a）	第二年/（t/a）	第三年/（t/a）	第四年/（t/a）	第五年/（t/a）
1	颗粒物	0.512	0.512	0.512	—	—
2	SO_2	3.419	3.419	3.419	—	—
3	NO_x	3.419	3.419	3.419	—	—
4	VOCs	—	—	—	—	—

填报注意事项如下：

纺织印染工业排污单位"全厂有组织排放总计"即为"有组织排放总计"，"无组织排放"不许可总量。全厂有组织排放总计、无组织排放总计、全厂合计均系统自动计算。无许可量要求的默认为"/"。

4.3.10　水污染物排放信息—排放口

（1）填报流程

"废水直接排放口基本情况表"与"废水间接排放口基本情况表"为自动生成，企业应根据废水排放口实际情况填写，点击"编辑"按钮分别填写排放口地理坐标以及受纳自然水体、污水处理厂信息（见图 4-25）。雨水排放口信息填报流程与之类似。完成"雨水排放口基本情况表"填写后，需继续填写"废水污染物排放执行标准表"，各类废水的每个污染物均应填写应执行的国家或地方排放标准，并填写对应排放浓度限值（见图 4-26）。

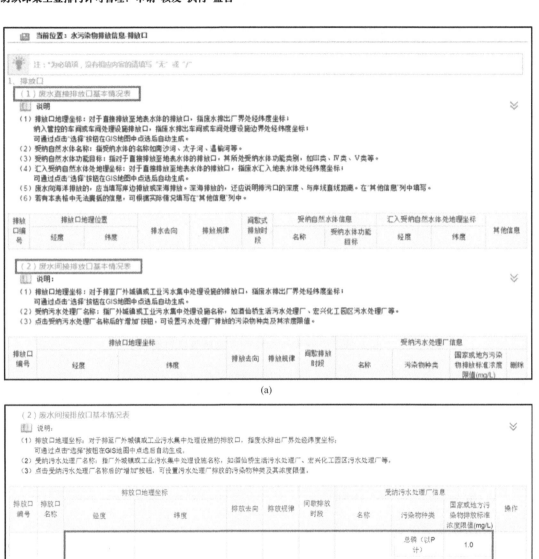

(a)

(b)

图 4-25　废水排放口基本情况填报界面

（2）典型案例及填报注意事项

以间接排放口为例，表 4-11 为废水间接排放口基本情况，其中污染物排放标准浓度限值为受纳污水处理厂执行的排放浓度标准。

图 4-26　废水污染物排放执行标准填报界面

表 4-11　废水间接排放口基本情况表

序号	排放口编号	排放口地理坐标		排放去向	排放规律	间歇排放时段	受纳污水处理厂信息		
		经度	纬度				名称	污染物种类	国家或地方污染物排放标准浓度限值/（mg/L）
1	DW001	121°×′×× ″	31°×′×× ″	进入城市污水处理厂	间断排放，排放期间流量稳定	24h	××污水处理厂	pH 值	6～9（无量纲）
	DW001	121°×′×× ″	31°×′×× ″	进入城市污水处理厂	间断排放，排放期间流量稳定	24h	××污水处理厂	色度	30 倍
	DW001	121°×′×× ″	31°×′×× ″	进入城市污水处理厂	间断排放，排放期间流量稳定	24h	××污水处理厂	化学需氧量	60
	DW001	121°×′×× ″	31°×′×× ″	进入城市污水处理厂	间断排放，排放期间流量稳定	24h	××污水处理厂	五日生化需氧量	20
	DW001	121°×′×× ″	31°×′×× ″	进入城市污水处理厂	间断排放，排放期间流量稳定	24h	××污水处理厂	悬浮物	20
	DW001	121°×′×× ″	31°×′×× ″	进入城市污水处理厂	间断排放，排放期间流量稳定	24h	××污水处理厂	氨氮（NH₃-N）	8
	DW001	121°×′×× ″	31°×′×× ″	进入城市污水处理厂	间断排放，排放期间流量稳定	24h	××污水处理厂	总氮（以 N 计）	20
	DW001	121°×′×× ″	31°×′×× ″	进入城市污水处理厂	间断排放，排放期间流量稳定	24h	××污水处理厂	总磷（以 P 计）	1
2	DW002	121°×′×× ″	31°×′×× ″	进入城市污水处理厂	连续排放，流量不稳定，但有周期性规律	24h	××污水处理厂	—	—

填报注意事项如下：

① 排放口地理坐标：对于排至厂外城镇或工业污水集中处理设施的排放口，指废水排出厂界处经纬度坐标，可通过点击"选择"按钮在 GIS 地图中点选后自动生成。

② 受纳污水处理厂名称：指厂外城镇或工业污水集中处理设施名称，如××污水处理厂等。

③ 点击受纳污水处理厂名称后的"增加"按钮，可设置污水处理厂排放的污染物种类及其浓度限值。受纳污水厂信息可参照排污单位环评报告或咨询收纳污水厂及当地生态环境部门。

表 4-12 为雨水排放口基本情况。

表 4-12 雨水排放口基本情况表

序号	排放口编号	排放口名称	排放口地理坐标		排放去向	排放规律	间歇排放时段	受纳自然水体信息		汇入受纳自然水体处地理坐标		其他信息
			经度	纬度				名称	受纳水体功能目标	经度	纬度	
1	DW003	雨水排口	121°××′	30°××′	进入城市下水道（再入江河、湖、库）	间断排放，排放期间流量不稳定且无规律，但不属于冲击型排放	雨期排放	××河	V 类	121°××′	30°××′	

表 4-13 为企业废水排放口执行的废水污染物排放标准。

表 4-13 废水污染物排放执行标准表

序号	排放口编号	污染物种类	国家或地方污染物排放标准		其他信息
			名称	浓度限值/（mg/L）	
1	DW001	化学需氧量	《纺织染整工业水污染物排放标准》（GB 4287—2012）	80	—
2	DW001	苯胺类	《纺织染整工业水污染物排放标准》（GB 4287—2012）	1	—
3	DW001	悬浮物	《纺织染整工业水污染物排放标准》（GB 4287—2012）	50	—
4	DW001	硫化物	《纺织染整工业水污染物排放标准》（GB 4287—2012）	—	不得检出
5	DW001	pH 值	《纺织染整工业水污染物排放标准》（GB 4287—2012）	6～9（无量纲）	—
6	DW001	氨氮（NH$_3$-N）	《纺织染整工业水污染物排放标准》（GB 4287—2012）	10	—
7	DW001	总氮（以 N 计）	《纺织染整工业水污染物排放标准》（GB 4287—2012）	15	—
8	DW001	总磷（以 P 计）	《纺织染整工业水污染物排放标准》（GB 4287—2012）	0.5	—
9	DW001	色度	《纺织染整工业水污染物排放标准》（GB 4287—2012）	50 倍	—

序号	排放口编号	污染物种类	国家或地方污染物排放标准		其他信息
			名称	浓度限值/（mg/L）	
10	DW001	总锑	《纺织染整工业水污染物排放标准》（GB 4287—2012）	0.1	—
11	DW001	五日生化需氧量	《纺织染整工业水污染物排放标准》（GB 4287—2012）	20	—
12	DW002	总磷（以 P 计）	《污水综合排放标准》（GB 8978—1996）	0.5	—
13	DW002	五日生化需氧量	《污水综合排放标准》（GB 8978—1996）	20	—
14	DW002	色度	《污水综合排放标准》（GB 8978—1996）	50 倍	—
15	DW002	氨氮（NH_3-N）	《污水综合排放标准》（GB 8978—1996）	15	—
16	DW002	化学需氧量	《污水综合排放标准》（GB 8978—1996）	100	—
17	DW002	悬浮物	《污水综合排放标准》（GB 8978—1996）	70	—
18	DW002	pH 值	《污水综合排放标准》（GB 8978—1996）	6～9（无量纲）	—

填报注意事项如下：

国家或地方污染物排放标准指对应排放口必须执行的国家或地方污染物排放标准的名称及浓度限值。根据《规范》要求，纺织印染工业排污单位水污染物许可排放浓度限值按照行业标准或综合排放标准确定，地方有更严格排放标准要求的，按照地方排放标准从严确定。例如，上海市生活污水排放口执行管控更为严格的上海市地方标准《污水综合排放标准》（DB 31/ 199—2009）。

若有本表格中无法囊括的信息，可根据实际情况填写在"其他信息"列中。

4.3.11　水污染物排放信息—申请排放信息

（1）填报流程

如图 4-27 所示，企业首先应填写"主要排放口"相关信息，对照《规范》5.2.3 节要求进行主要排放口许可排放量的计算，然后填入"申请许可排放量限值"中，平台将自动进行加和。

纺织印染企业若设有生活污水等一般排放口、设施或车间排放口，则依次按实际情况进行填写。根据《规范》要求，不对一般排放口、设施或车间排放口许可年排放总量，仅许可废水排放浓度，因此本环节所有"申请年许可量限值"均填"/"。

填写完毕后，点击"计算"按钮，平台将自动计算"全厂排放口总计"相应数据，企业需进行计算过程填写。

图 4-27 水污染物主要排放口申请排放信息界面

（2）典型案例及填报注意事项

表 4-14 填报内容为废水污染物排放的申请排放浓度限值及申请年排放量限值。

表 4-14 废水污染物排放

序号	排放口编号	污染物种类	申请排放浓度限值/（mg/L）	申请年排放量限值/（t/a）					申请特殊时段排放量限值
				第一年	第二年	第三年	第四年	第五年	
主要排放口									
1	DW001	苯胺类	1	—	—	—	—	—	—
2	DW001	化学需氧量	80	8.0	8.0	8.0	—	—	—
3	DW001	色度	50 倍	—	—	—	—	—	—
4	DW001	五日生化需氧量	20	—	—	—	—	—	—
5	DW001	总磷（以 P 计）	0.5	0.05	0.05	0.05	—	—	—
6	DW001	pH 值	6～9（无量纲）	—	—	—	—	—	—
7	DW001	总锑	0.1	—	—	—	—	—	—
8	DW001	氨氮（NH₃-N）	10	1.0	1.0	1.0	—	—	—
9	DW001	总氮（以 N 计）	15	1.5	1.5	1.5	—	—	—

序号	排放口编号	污染物种类	申请排放浓度限值/(mg/L)	申请年排放量限值/(t/a)					申请特殊时段排放量限值
				第一年	第二年	第三年	第四年	第五年	
10	DW001	硫化物	—	—	—	—	—	—	—
11	DW001	悬浮物	50	—	—	—	—	—	—
主要排放口合计		总氮（以N计）		1.5	1.5	1.5	—	—	—
		总磷（以P计）		0.05	0.05	0.05	—	—	—
		COD$_{Cr}$		8.0	8.0	8.0	—	—	—
		氨氮		1.0	1.0	1.0	—	—	—
一般排放口									
1	DW002	总磷（以P计）	0.5	—	—	—	—	—	—
2	DW002	五日生化需氧量	20	—	—	—	—	—	—
3	DW002	化学需氧量	100	—	—	—	—	—	—
4	DW002	悬浮物	70	—	—	—	—	—	—
5	DW002	氨氮（NH$_3$-N）	15	—	—	—	—	—	—
6	DW002	色度	50倍	—	—	—	—	—	—
7	DW002	pH值	6~9（无量纲）	—	—	—	—	—	—
设施或车间废水排放口									
								—	
全厂排放口源									
全厂排放口总计		总氮（以N计）		1.5	1.5	1.5	—	—	—
		总磷（以P计）		0.05	0.05	0.05	—	—	—
		COD$_{Cr}$		8.0	8.0	8.0	—	—	—
		氨氮		1.0	1.0	1.0	—	—	—
主要排放口备注信息									
详细计算过程请见附件									
一般排放口备注信息									
—									
设施或车间废水排放口备注信息									
—									
全厂排放口备注信息									
—									

填报注意事项如下：

申请排放信息包括主要排放口、一般排放口、设施或车间废水排放口、全厂排放口总计等排放信息及申请年排放量限值计算过程（包括方法、公式、参数选取过程，以及计算结果的描述等内容）。单独排入城镇集中污水处理设施的生活污水无需申请许可排放量。

4.3.12 噪声排放信息及固体废物排放信息

（1）填报流程

企业按照实际情况进行噪声排放信息及固体废物排放信息填报，具体填报细节见典型案例。

（2）典型案例及填报注意事项

表 4-15 与表 4-16 为案例企业的噪声排放信息及固体废物排放信息填报情况。

表 4-15　噪声排放信息

噪声类别	生产时段		执行排放标准名称	厂界噪声排放限值		备注
	昼间	夜间		昼间（A）/dB	夜间（A）/dB	
稳态噪声	6:00～22:00	22:00～6:00	《工业企业厂界环境噪声排放标准》（GB 12348—2008）	65	55	东、南、北厂界
稳态噪声	6:00～22:00	22:00～6:00	《工业企业厂界环境噪声排放标准》（GB 12348—2008）	60	50	西厂界（消防站宿舍楼侧）
频发噪声	6:00～22:00	22:00～6:00	《工业企业厂界环境噪声排放标准》（GB 12348—2008）	—	10	厂界
偶发噪声	6:00～22:00	22:00～6:00	《工业企业厂界环境噪声排放标准》（GB 12348—2008）	—	15	厂界

表 4-16　固体废物排放信息

序号	固体废物来源	固体废物名称	固体废物种类	固体废物类别	固体废物描述	固体废物产生量/（t/a）	处理方式	处理去向						其他信息
								自行贮存量	自行利用/（t/a）	自行处置/（t/a）	转移量/（t/a）		排放量/（t/a）	
											委托利用量	委托处理量		
1	公用单元	污泥	其他固体废物（含半液态、液态废物）	一般工业固体废物	半固态	70.4	委托处置	0	0	0	0	70.4	0	
2	公用单元	生活垃圾	其他固体废物（含半液态、液态废物）	生活垃圾	固态	70	自行处置	0	0	70	0	0	0	
3	印染单元	染料及助剂包装	危险废物	危险废物	固态	0.2	委托处置	0	0	0	0	0.2	0	
4	织造单元	废机油	危险废物	危险废物	液态	2.8	自行利用、委托处置	0	0.8	0	0	2.0	0	

续表

固体废物排放信息															

序号	固体废物来源	固体废物名称	固体废物种类	固体废物类别	固体废物描述	固体废物产生量/(t/a)	处理方式	处理去向							其他信息
								自行贮存量	自行利用/(t/a)	自行处置/(t/a)	转移量/(t/a)		排放量/(t/a)		
											委托利用量	委托处理量			
5	织造单元	一般包装	其他固体废物（含半液态、液态废物）	一般工业固体废物	固态	75	自行利用、自行处置	0	15	60	0	0	0		

委托利用、委托处置					
序号	固体废物来源	固体废物名称	固体废物类别	委托单位名称	危险废物利用和处置单位危险废物经营许可证编号
1	公用单元	污泥	一般工业固体废物	××固废处置有限公司	××××××××
2	印染单元	染料及助剂包装	危险废物	××固废处置有限公司	××××××××
3	织造单元	废机油	危险废物	××固废处置有限公司	××××××××
4	织造单元	一般包装	一般工业固体废物	××固废处置有限公司	××××××××

自行处置				
序号	固体废物来源	固体废物名称	固体废物类别	执行处置描述
1	公用单元	生活垃圾	其他固体废物（含半液态、液态废物）	按生活垃圾指定地点堆放

4.3.13　环境管理要求—自行监测要求

（1）填报流程

"自行监测要求"表中"污染源类别""排放口编号""排放口名称"为自动生成，企业应通过点击"编辑"按钮，填写其中"监测内容""监测设施""自动监测是否联网""自动监测仪器名称"等信息（见图4-28），全部填写完毕后，如企业需要填写"其他自行监测及记录信息"，应点击"添加"按钮，继续填写"其他自行监测及记录信息"。

（2）典型案例及填报注意事项

表4-17为案例企业的自行监测及记录信息填报情况。

填报注意事项如下：

① 监测内容：一般有组织燃烧类废气包括氧含量、烟气流速、烟气温度、烟气含湿量、烟气量；非燃烧类包括空气流速、温度、湿度等项目；无组织废气包括温度、湿

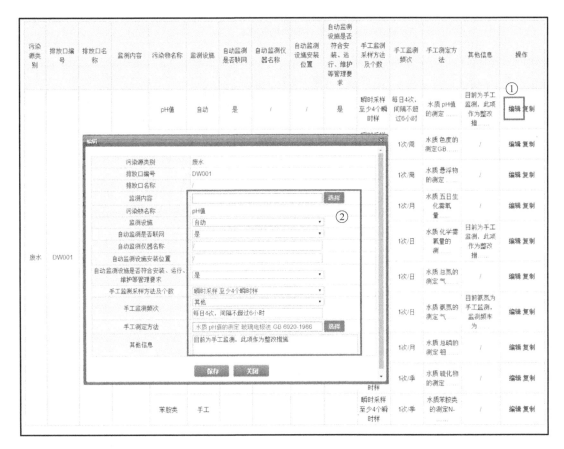

图 4-28　自行监测要求填报界面

度、气压、风速、风向；废水包括流量。

② 手工监测采样方法及个数：指污染物采样方法，如对于废水污染物，"混合采样（3 个、4 个或 5 个混合）""瞬时采样（3 个、4 个或 5 个瞬时样）"；对于废气污染物，"连续采样""非连续采样（3 个或多个）"。废水污染物 pH 值、COD、BOD₅、硫化物、有机物、悬浮物项目的样品，不能混合采样，只能单独采样。具体监测方法参照《污水监测技术规范》（HJ 91.1）、《固定源废气检测技术规范》（HJ/T 397）。

③ 手工监测频次：指一段时期内的监测次数要求，如 1 次/周、1 次/月等。锅炉废气的污染物项目监测频率可按照《排污单位自行监测技术指南 火力发电及锅炉》（HJ 820）执行，如在 2015 年 1 月 1 日（含）之后取得环境影响评价文件批复的排污单位，应根据环境影响评价文件和批复要求同步完善；工艺废气监测项目及其最低监测频率按《排污单位自行监测技术指南 纺织印染工业》（HJ 879）执行。

④ 手工测定方法：如测定化学需氧量的重铬酸钾法、测定氨氮的水杨酸分光光度法等，指排污单位或委托第三方所采用的污染物浓度测定方法。

⑤ 纺织印染工业废水污染物指标中 pH 值、化学需氧量、氨氮、流量需安装自动监测设备。备注信息注明设备故障期间的监测频次或间隔。

表 4-17　自行监测及记录信息表

序号	污染源类别	排放口编号	监测内容	污染物名称	监测设施	自动监测是否联网	自动监测仪器名称	自动监测设施安装位置	自动监测设施是否符合安装、运行、维护等管理要求	手工监测采样方法及个数	手工监测频次	手工测定方法	其他信息
1	废水	DW001	流量	苯胺类	手工					瞬时采样，至少 3 个瞬时样	1 次/季	《水质 苯胺类化合物的测定 N-(1-萘基)乙二胺偶氮分光光度法》(GB/T 11889—1989)	
2		DW001	流量	硫化物	手工					瞬时采样，至少 3 个瞬时样	1 次/季	《水质 硫化物的测定 碘量法》(HJ/T 60—2000)	
3		DW001	流量	五日生化需氧量	手工					瞬时采样，至少 3 个瞬时样	1 次/月	《水质 五日生化需氧量(BOD$_5$)的测定 稀释与接种法》(HJ 505—2009)	
4		DW001	流量	pH 值	自动	是	—	—	是	瞬时采样，至少 3 个瞬时样	1 次/班	《水质 pH 值的测定 玻璃电极法》(GB/T 6920—1986)	自动监测故障期间，监测频次每天不少于 4 次，间隔不小于 6h
5		DW001	流量	总锑	手工					混合采样，至少 3 个混合样	1 次/半年	《水质 汞、砷、硒、铋和锑的测定 原子荧光法》(HJ 694—2014)	
6		DW001	流量	悬浮物	手工					瞬时采样，至少 3 个瞬时样	1 次/周	《水质 悬浮物的测定 重量法》(GB/T 11901—1989)	
7		DW001	流量	化学需氧量	自动	是	—	—	是	瞬时采样，至少 3 个瞬时样	1 次/班	《水质 化学需氧量的测定 重铬酸盐法》(HJ 828—2017)	自动监测故障期间，监测频次每天不少于 4 次，间隔不小于 6h
8		DW001	流量	总磷(以 P 计)	手工					混合采样，至少 3 个混合样	1 次/日	《水质 总磷的测定 钼酸铵分光光度法》(GB/T 11893—1989)	

续表

序号	污染源类别	排放口编号	监测内容	污染物名称	监测设施	自动监测是否联网	自动监测仪器名称	自动监测设施安装位置	自动监测设施是否符合安装、运行、维护等管理要求	手工监测采样方法及个数	手工监测频次	手工测定方法	其他信息
9		DW001	流量	总氮（以N计）	手工					混合采样，至少3个混合样	1次/日	《水质 总氮的测定 碱性过硫酸钾消解紫外分光光度法》（HJ 636—2012）	
10		DW001	流量	色度	手工		—	—		混合采样，至少3个混合样	1次/周	《水质 色度的测定》（GB/T 11903—1989）	
11		DW001	流量	氨氮（NH_3-N）	自动	是	—	—	是	混合采样，至少3个混合样	1次/班	《水质 氨氮的测定 纳氏试剂分光光度法》（HJ 535—2009）	自动监测故障期间，监测同，每天测频次不少于4次，间隔不小于6h
12	废水	DW002	流量	pH值	手工					瞬时采样，至少3个瞬时样	1次/日	《水质 pH值的测定 玻璃电极法》（GB/T 6920—1986）	—
13		DW002	流量	化学需氧量	手工					瞬时采样，至少3个瞬时样	1次/日	《水质 化学需氧量的测定 重铬酸盐法》（HJ 828—2017）	—
14		DW002	流量	氨氮（NH_3-N）	手工					混合采样，至少3个混合样	1次/日	《水质 氨氮的测定 纳氏试剂分光光度法》（HJ 535—2009）	—
15		DW002	流量	总磷（以P计）	手工					混合采样，至少3个混合样	1次/日	《水质 总磷的测定 钼酸铵分光光度法》（GB 11893—1989）	
16		DW002	流量	悬浮物	手工					瞬时采样，至少3个瞬时样	1次/日	《水质 悬浮物的测定 重量法》（GB/T 11901—1989）	—
17		DW002	流量	总氮（以N计）	手工					混合采样，至少3个混合样	1次/日	《水质 总氮的测定 碱性过硫酸钾消解紫外分光光度法》（HJ 636—2012）	
18		DW003	流量	化学需氧量	手工					瞬时采样，至少3个瞬时样	排放期间1次/日	《水质 化学需氧量的测定 重铬酸盐法》（HJ 828—2017）	—

续表

序号	污染源类别	排放口编号	监测内容	污染物名称	监测设施	自动监测是否联网	自动监测仪器名称	自动监测设施安装位置	自动监测设施是否符合安装、运行、维护等管理要求	手工监测采样方法及个数	手工监测频次	手工测定方法	其他信息
19		DA001	温度、湿度	油烟	手工					非连续采样，至少3个	1次/年	《餐饮业油烟排放标准》(DB31/844—2014)	
20		DA002	烟气流速、烟气湿度、烟气量、氧含量	氮氧化物	手工					非连续采样，至少3个	1次/月	《固定污染源废气 氮氧化物的测定 非分散红外吸收法》(HJ 692—2014)	
21		DA002	烟气流速、烟气湿度、烟气量、氧含量	林格曼黑度	手工					非连续采样，至少3个	1次/月	《固定污染源排放 烟气黑度的测定 林格曼烟气黑度图法》(HJ/T 398—2007)	
22	废气	DA002	烟气流速、烟气湿度、烟气量、氧含量	二氧化硫	手工					非连续采样，至少3个	1次/月	《固定污染源废气 二氧化硫的测定 非分散红外吸收法》(HJ 629—2011)	
23		DA002	烟气流速、烟气湿度、烟气量、氧含量	颗粒物	手工					非连续采样，至少3个	1次/月	《固定污染源排气中颗粒物测定和气态污染物采样方法》(GB/T 16157—1996)《环境空气 总悬浮颗粒物的测定 重量法》(HJ 1263—2022)	
24		DA003	温度、湿度、空气流速	非甲烷总烃	手工					非连续采样，至少3个	1次/季度	《固定污染源废气 总烃、甲烷和非甲烷总烃的测定 气相色谱法》(HJ 38—2017)	

109

续表

序号	污染源类别	排放口编号	监测内容	污染物名称	监测设施	自动监测是否联网	自动监测器名称	自动监测设施安装位置	自动监测设施是否符合安装、运行、维护等管理要求	手工监测采样方法及个数	手工监测频次	手工测定方法	其他信息
25		DA003	温度、湿度、空气流速	颗粒物	手工					非连续采样，至少3个	1次/半年	《环境空气 总悬浮颗粒物的测定 重量法》（GB/T 15432—1995）	
26		DA004	温度、湿度、空气流速	非甲烷总烃	手工					非连续采样，至少3个	1次/季度	《固定污染源废气 总烃、甲烷和非甲烷总烃的测定 气相色谱法》（HJ 38—2017）	
27		DA004	温度、湿度、空气流速	颗粒物	手工					非连续采样，至少3个	1次/半年	《环境空气 总悬浮颗粒物的测定 重量法》（GB/T 15432—1995）	
28	废气	厂界	气压、风速、风向	颗粒物	手工					非连续采样，多个	1次/半年	《环境空气 总悬浮颗粒物的测定 重量法》（GB/T 15432—1995）	—
29		厂界	气压、风速、风向	非甲烷总烃	手工					非连续采样，多个	1次/半年	《固定污染源废气 总烃、甲烷和非甲烷总烃的测定 气相色谱法》（HJ 38—2017）	—
30		厂界	气压、风速、风向	硫化氢	手工					非连续采样，多个	1次/半年	《空气质量 硫化氢、甲硫醇、甲硫醚和二甲二硫的测定 气相色谱法》（GB/T 14678—1993）	
31		厂界	气压、风速、风向	臭气	手工					非连续采样，多个	1次/半年	《空气质量 恶臭的测定 三点比较式臭袋法》（GB/T 14675—1993）	
32		厂界	气压、风速、风向	氨（氨气）	手工					非连续采样，多个	1次/半年	《环境空气和废气 氨的测定 纳氏试剂分光光度法》（HJ 533—2009）	

4.3.14　环境管理要求—环境管理台账

（1）填报流程

企业应按照《规范》8.1节的要求按"生产设施"及"污染防治设施"，将"记录内容""记录频次""记录形式"等关键信息填入"环境管理台账记录要求"表中（见图4-29）。

图4-29　环境管理台账记录要求填报界面

（2）典型案例及填报注意事项

环境管理台账信息填报内容如表4-18所列。

表4-18　环境管理台账信息表

序号	设施类别	操作参数	记录内容	记录频次	记录形式	其他信息
1	生产设施	基本信息	（1）记录染色机的产品名称及产量、浴比、排水温度、原辅材料的使用量，计算生产负荷（即实际产量与产能之比）；（2）记录倍捻机、络筒机、捻线机等设备是否正常运行，及次品率；（3）记录废包装、残次品及固体废物的产生量	生产运行状况：每班记录1次；产品产量：每班记录1次；原辅料使用情况：每批记录1次	电子台账+纸质台账	台账保存期限不得少于三年

续表

序号	设施类别	操作参数	记录内容	记录频次	记录形式	其他信息
2	污染防治设施	监测记录信息	（1）除自动监测排水口的流量、pH值、化学需氧量、氨氮外，还需监测进水COD、总氮、温度等； （2）记录水泵、风机等开启的台数、正常运行情况	（1）废水排放口自动监测； （2）非正常工况信息按正常工况期记录频次，每工况期记录1次	电子台账+纸质台账	台账保存期限不得少于三年。非正常工况记录信息内容应记录非正常（停运）时刻、恢复（启动）时刻、事件原因、是否报告、所采取的措施
3	污染防治设施	污染治理措施运行管理信息	非正常（停运）时刻、恢复（启动）时刻、事件原因、是否报告、所采取的措施等	非正常工况信息按正常工况期记录频次，每工况期记录1次	电子台账+纸质台账	台账保存期限不得少于三年
4	污染防治设施	污染治理措施运行管理信息	（1）记录污水治理污染治理设施的构筑物规格参数，主要水泵、风机的参数； （2）主要药剂添加情况等； （3）污泥产生量； （4）是否有污水回用，如有记录污水回用量	（1）污水治理污染治理设施的构筑物，主要水泵、风机发生变更时，应及时记录； （2）药剂添加情况、污泥产生量每班记录1次	电子台账+纸质台账	当污水处理设施发生重大变更、改造时，应及时上报生态环境主管部门
5	污染防治设施	其他环境管理信息	（1）记录食堂油烟治理设施的运行情况； （2）记录污水处理设施的厌氧、污泥池等环节的遮盖和臭气控制情况； （3）特殊时段生产设施运行管理信息和污染防治设施运行管理信息	（1）食堂油烟治理情况、污水处理设施臭气控制情况，每天记录一次； （2）特殊时段的台账记录频次原则上与正常生产记录频次一致，但需记录特殊时段开始和结束的情况	电子台账+纸质台账	台账保存期限不得少于三年

填报注意事项如下：

① 设施类别：包括生产设施和污染防治设施等。

② 操作参数：包括基本信息、污染治理措施运行管理信息、监测记录信息、其他环境管理信息等。

③ 记录内容

a．基本信息包括：主要生产设施（如染缸、定形机）、锅炉、治理设施名称和工艺等排污许可证规定的，各项排污单位基本信息的实际情况及与污染物排放相关的主要运行参数（如漂洗次数等）；

b．污染治理措施运行管理信息包括：所有污染治理设施的规格参数、污染排放情况、停运时段、主要药剂添加情况等；

c．监测记录信息包括：手工监测记录和自动监测运维记录信息，以及与监测记录相关的生产和污染治理设施运行状况记录信息等。

④ 记录频次：指一段时期内环境管理台账记录的次数要求，如1次/小时、1次/日等。

⑤ 记录形式：指环境管理台账记录的方式，包括电子台账、纸质台账等，需电子台账+纸质台账同时保存。

⑥ 台账保存期限不得少于三年。

4.3.15　地方生态环境主管部门增加的管理内容

（1）填报流程

地方生态环境主管部门增加的管理内容，例如添加对固体废弃物、噪声等的环境管理措施。同时针对申请的排污许可要求，评估污染排放及环境管理现状，对需要改正的，企业应在"改正规定"处填写具体改正措施（见图4-30）

图 4-30　地方生态环境主管部门增加的管理内容填报界面

（2）典型案例及填报注意事项

案例企业所在地方生态环境主管部门增加的管理内容如下所述。

1）固体废物环境管理

根据《中华人民共和国固体废物污染环境防治法》：

① 排污单位应对各类固体废物采取措施，防止其对环境的污染。

② 对收集、贮存固体废物的设施、设备和场所，应当加强管理和维护，保证其正常运行和使用。

③ 禁止擅自关闭、闲置或者拆除工业固体废物污染环境防治设施、场所。确有必要关闭、闲置或者拆除的，必须经生态环境行政主管部门核准，并采取措施，防止污染环境。

④ 对危险废物的容器和包装物以及收集、贮存危险废物的设施、场所，必须设置危险废物识别标志。环保图形标志的设置要求参照《环境保护图形标志　固体废物贮放（填埋）场》（GB 15562.2—1995）。

⑤ 收集、贮存危险废物，必须按照危险废物特性分类进行。禁止混合收集、贮存性质不相容而未经安全性处置的危险废物。

⑥ 贮存危险废物必须采取符合国家环境保护标准的防护措施，并不得超过一年。

根据《一般工业固体废物贮存和填埋污染控制标准》（GB 18599—2020）：

① 一般固体废物暂存区地面需做好防渗硬化处理。

② 一般工业固体废物贮存场及填埋场，禁止危险废物和生活垃圾混入。

根据《危险废物贮存污染控制标准》（GB 18597—2023）：

① 贮存场所地面需进行耐腐蚀硬化处理，且地基必须防渗，地面表面无裂缝。

② 禁止将不相容（相互反应）的危险废物在同一容器内混装。

③ 应当使用符合标准的容器盛装危险废物。

④ 装载危险废物的容器及材质要满足相应的强度要求。

⑤ 装载危险废物的容器必须完好无损。

⑥ 盛装危险废物的容器材质和衬里要与危险废物相容（不相互反应）。

⑦ 液体危险废物可注入开孔直径不超过 70 mm 并有放气孔的桶中。

2）噪声环境管理

根据《工业企业厂界环境噪声排放标准》（GB 12348—2008）：

① 昼间 6:00～22:00 时间段，东、南、北 3 厂界稳态噪声值＜65 dB（A），西厂界（消防站宿舍楼侧）稳态噪声值＜60dB（A）。

② 夜间 22:00～6:00 时间段，东、南、北 3 厂界稳态噪声值＜55 dB（A），西厂界（消防站宿舍楼侧）稳态噪声值＜50 dB（A）。

③ 夜间频发噪声的最大声级超过限值的幅度不得高于 10 dB（A）。

④ 夜间偶发噪声的最大声级超过限值的幅度不得高于 15 dB（A）。

⑤ 在日常运营中，应加强设备的维护，确保各设备均处于正常工况下运行；加强生产管理，确保防治环境噪声污染的设备正常使用，生产车间门窗处于关闭状态。

⑥ 拆除或者闲置环境噪声污染防治设施的，必须事先报生态环境行政主管部门批准。

⑦ 应按照《排污单位自行监测技术指南 总则》（HJ 819）要求，每季度至少开展一次监测，监测时段包括昼间和夜间，监测点位要求按《工业企业厂界环境噪声排放标准》（GB 12348—2008）执行。

3）排污单位突发环境事件应急预案管理

按照国家《国家环境保护部关于印发〈企业事业单位突发环境事件应急预案备案管理办法（试行）〉的通知》（环发〔2015〕4 号）的要求制定突发环境事件应急预案，并及时向当地生态环境局备案，同时加强应急演练。

4）重点企业清洁生产审核管理

根据市生态环境局和市经济和信息化委发布的年度重点企业清洁生产审核单位名单要求开展重点企业清洁生产审核。已完成审核的，应将清洁生产成果纳入日常生产管理，对照行业清洁生产评价指标体系持续推进清洁生产工作。

4.3.16 相关附件

系统需上传的附件内容如下，其中"①守法承诺书"与"③排污许可证申领信息公开情况说明表"为必须上传的附件，"⑦生产工艺流程图"及"⑧生产厂区总平面布置图"在填报系统的"排污单位基本情况—生产工艺流程图及生产厂区总平面布置图"部分上传，其余可根据实际情况选择性上传。附件上传界面如图 4-31 所示。

① 守法承诺书;
② 符合建设项目环境影响评价程序的相关文件或证明材料;
③ 排污许可证申领信息公开情况说明表;
④ 通过排污权交易获取排污权指标的证明材料;
⑤ 城镇污水集中处理设施应提供纳污范围、管网布置、排放去向等材料;
⑥ 排污口和监测孔规范化设置情况说明材料;
⑦ 生产工艺流程图;
⑧ 生产厂区总平面布置图;
⑨ 申请年排放量限值计算过程;
⑩ 自行监测相关材料。

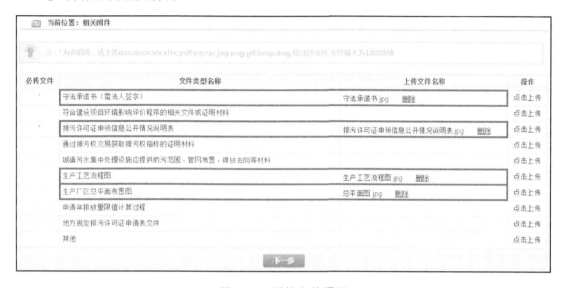

图 4-31 附件上传界面

4.3.17 污染物年排放量申请计算过程示例

4.3.17.1 废气污染物年排放量计算

企业建有 1 台 6t/h 燃气锅炉,设计燃气用量 139 万 m³/a。锅炉废气执行《锅炉大气污染物排放标准》(GB 13271—2014),污染物排放限值分别为:颗粒物 30mg/m³、二氧化硫 200mg/m³、氮氧化物 200mg/m³。

主要排放口污染物年许可排放量计算如下:

$$E_{SO_2} = RQC_{SO_2} \times 10^{-6} = 1390 \times 12.3 \times 200 \times 10^{-6} = 3.419 t/a$$

$$E_{颗粒物} = RQC_{颗粒物} \times 10^{-6} = 1390 \times 12.3 \times 30 \times 10^{-6} = 0.512 t/a$$

$$E_{NO_x} = RQC_{NO_x} \times 10^{-6} = 1390 \times 12.3 \times 200 \times 10^{-6} = 3.419 t/a$$

式中 E_j——排污单位锅炉排放口废气第 j 项大气污染物年许可排放量,t/a;

R ——排污单位锅炉排放口设计燃气用量，$10^3 m^3/a$；

Q ——锅炉排放口基准排气量，m^3/m^3 天然气，按表 4-19 进行经验取值；

C_j ——锅炉排放口废气第 j 项大气污染物许可排放浓度限值，mg/m^3。

表 4-19　锅炉废气基准烟气量取值表

产污环节名称		基准烟气量
燃煤锅炉	热值为 12.5 MJ/kg	$6.2 m^3/kg$ 燃煤
	热值为 21 MJ/kg	$9.9 m^3/kg$ 燃煤
	热值为 25 MJ/kg	$11.6 m^3/kg$ 燃煤
燃油锅炉	热值为 38 MJ/kg	$12.2 m^3/kg$ 燃油
	热值为 40 MJ/kg	$12.8 m^3/kg$ 燃油
	热值为 43 MJ/kg	$13.8 m^3/kg$ 燃油
燃气锅炉	燃用天然气	$12.3 m^3/m^3$ 燃气

注：燃用其他热值燃料的，可按照《动力工程师手册》进行计算。

年许可排放量计算结果如表 4-20 所示。

表 4-20　年许可排放量计算结果

污染物因子	排放浓度/（mg/m^3）	年许可排放量/（t/a）
二氧化硫	20	3.419
颗粒物	20	0.512
氮氧化物	150	3.419

4.3.17.2　废水污染物年排放量计算

（1）计算方法

1）绩效法

根据《排污许可证申请与核发技术规范 纺织印染工业》（HJ 861—2017）5.2.3 节公式（2）、公式（3），计算水污染物年许可排放量。此处列举公式（3）计算过程：

根据公式（3）：
$$D_j = C_j \times \sum_{i=1}^{n} (Q_i S_i \times 10^{-6})$$

式中　D_j ——排污单位废水第 j 项污染物年许可排放量，t/a；

C_j ——排污单位废水第 j 项污染物的许可排放浓度，mg/L；

Q_i ——第 i 种产品的单位产品基准排水量 m^3/t 产品；

S_i ——第 i 种产品设计产能，t/a。

2）环评批复核准量法

案例企业环境影响评价批复对企业废水排放量有控制要求，地方生态环境主管部门要求同时计算环评批复核准量，与绩效法计算结果进行取严。

$D_{污染物年许可量}$=环评批复核准量（废水排放量）×污染物的许可排放浓度

（2）计算依据

企业现有色纱设计产能为 1000 t/a，色织带 400t/a，纱线高温染色为企业的主要产污环节。

企业产生的废水排入×××污水管网，送××××处理厂集中处理，所在地属于重点控制区域，故企业排放的废水执行 GB 4287—2012"表 3　水污染物特别排放限值"中的间接排放限值，其中苯胺类及六价铬污染物项目执行 GB 4287—2012"表 1　现有企业水污染物排放浓度限值及单位产品基准排水量"中的间接排放限值，具体数值见表 4-21。对企业废水进行处理的××××处理厂受纳水体×××河为总氮、总磷超标的流域，故企业需进行总氮、总磷许可排放量申请。

根据《排污许可证申请与核发技术规范　纺织印染工业》（HJ 861—2017）中表 3 要求，化学需氧量、氨氮、总氮、总磷需进行许可排放量申请。

表 4-21　水污染物入网标准

单位：mg/L

序号	污染物项目	间接排放限值	污染物排放监控位置
1	pH 值	6～9（无量纲）	企业废水总排放口
2	化学需氧量	80	
3	五日生化需氧量	20	
4	悬浮物	50	
5	色度	50 倍	
6	氨氮	10	
7	总氮	15	
8	总磷	0.5	
9	可吸附有机卤素（AOX）	8	
10	二氧化氯	0.5	
11	硫化物	不得检出	
12	苯胺类	1.0	
13	六价铬	0.5	车间或生产设施废水排放口

（3）具体计算示例

1）计算方法 1（绩效法）

根据 HJ 861—2017 中公式（2）进行计算：

$$D_j=SQC_j×10^{-6}$$

式中　D_j——排污单位废水第 j 项水污染物年许可排放量，t/a；

　　　S ——排污单位产品产能，t/a，产能单位按 FZ/T 01002 进行折算；

　　　Q ——单位产品基准排水量，m³/t 产品，排污单位执行 GB 28936—2012、GB 28937—

2012、GB 28938—2012 及 GB 4287—2012 中的相关取值，地方有更严格排放标准要求的，按照地方排放标准从严确定；

C_j ——排污单位废水第 j 项水污染物许可排放浓度限值，mg/L。

某种水污染物年许可排放量（t/a）=主要产品产能（t/a）×单位产品基准排水量（m³/t 产品）×某种水污染物许可排放浓度限值（mg/L）×10^{-6}，计算结果如表 4-22 所列。

表 4-22 水污染物年许可排放量计算结果

污染物项目	主要产品产能/（t/a）	基准排水量/（m³/t 标准品）	间接排放限值/（mg/L）	许可排放量/（t/a）
化学需氧量			80	9.52
氨氮	1400	85	10	1.19
总氮			15	1.785
总磷			0.5	0.0595

2）计算方法 2（环评批复核准量法）

根据环评审批意见的核定排放量进行计算，案例企业《关于×××有限公司×××建设项目环境影响报告书中的审批意见》中核定生产废水排放量≤10 万吨/年，计算结果如表 4-23 所示。

表 4-23 水污染物年许可排放量计算结果

污染物项目	环评批复核准水量/t	间接排放限值/（mg/L）	许可排放量/（t/a）
化学需氧量		80	8.0
氨氮	100000	10	1.0
总氮		15	1.5
总磷		0.5	0.05

两种方法的计算结果如表 4-24 所列，结果从严取值，故本案例企业申请的年排放许可量为：化学需氧量 8.0t/a、氨氮（NH₃-N）1.0t/a、总氮 1.5t/a、总磷 0.05 t/a。

表 4-24 年许可排放量计算结果比较

污染物项目	许可排放量/（t/a）	
	绩效法	环评批复核准量法
化学需氧量	9.52	8.0
氨氮	1.19	1.0
总氮	1.785	1.5
总磷	0.0595	0.05
	从严取值	

4.3.18 申请表填报易错问题汇总

排污许可证申请表主要核查排污单位基本信息，主要生产单元、生产装置、产品及产能信息,主要原辅材料及燃料信息,生产工艺流程图,生产厂区总平面布置图,废气和废水等产排污环节、排放污染物种类及污染治理设施信息、执行的排放标准、许可排放浓度和排放量、申请排放量限值计算过程,自行监测及记录信息,环境管理台账记录等。

① "排污单位基本信息表"中,填写重点区域的,应结合生态环境部相关公告,核实是否执行特别排放限值;通过排污单位投产时间,核实该排污单位是否为现有源;原则上,排污单位应具备环评批复或地方政府对违规项目的认定或备案文件,如两者全无,应核实排污单位具体情况;污染物总量控制要求应具体到污染物类型及其指标,包括二氧化硫总量指标(t/a)、氮氧化物总量指标(t/a)、颗粒物总量指标(t/a)、化学需氧量总量指标(t/a)、氨氮总量指标(t/a)、涉及的其他污染物总量指标,同时应与后续许可量计算过程及许可量申请数据进行对比,按《规范》确定许可量。

② "主要产品及产能信息表"中,主要生产单元、生产工艺及生产设施按技术规范填报,不应混填,如有必填项必须填写;相同生产设施应分行填报,不应采取备注数量的方式;主要生产工艺的产品(生丝、净毛、精干麻、纱、坯布、色纤、色纱、面料、家用纺织制成品、产业用纺织制成品、纺织服装、服饰品等)应与厂内实际情况相符,如下拉菜单中不包括,可采用自定义的方式填报。其中属于《规范》中必填的主要工艺、生产设施、设施参数如表 4-25 所列。

表 4-25　纺织印染工业排污单位生产工艺、生产设施、设施参数必填项

生产单元	生产工艺	生产设施	设施参数
洗毛单元	乳化洗毛、溶剂洗毛、冷冻洗毛、超声波洗毛工艺	洗毛设施(喷射洗毛机、滚筒洗毛机、超声洗毛机、联合洗毛机等)、炭化设施、剥鳞设施	
麻脱胶单元	化学脱胶、生物脱胶、物理脱胶、生化联合脱胶工艺	浸渍设施、汽爆装置、沤麻设施、碱处理设施、漂白设施、酸洗设施、煮练设施、漂洗设施、发酵罐	
缫丝单元	桑蚕缫丝、柞蚕缫丝工艺	煮茧机、缫丝机、打棉机	
织造单元	喷水织造、喷气织造工艺	喷水织机及其他	
印染单元	前处理、印花、染色、整理工艺	前处理工序(烧毛设施、退浆设施、精练设施、煮练设施、漂白设施、丝光设施、定形设施、碱减量设施、前处理一体式设施等)、染色工序(散纤维染色设施、纱线染色设施、连续轧染设施、浸染染色设施、喷射染色设施、冷堆染色设施、卷染染色设施、经轴染色设施、溢流染色设施、气流染色设施、气液染色设施等)、印花工序(滚筒印花设施、圆网印花设施、平网印花设施、静电植绒设施、转移印花设施、数码印花设施、泡沫印花设施、印花感光制网设施、平洗设备、砂洗设备等)、整理工序(磨毛机、起毛机、定形设施、直接涂层设施、转移涂层设施、凝固涂层设施、层压复合设施、配料设施等)	型号、浴比、车速、布幅宽度、容积等
成衣水洗单元	普通水洗、酵素洗、漂洗、石磨洗工艺	水洗机、吊染机、喷色机、马骝机、喷砂机、磨砂机、激光造型机	
公用单元	锅炉、软化水系统、储存系统、废水处理系统、辅助系统	储存系统(煤场、化学品库、油罐、气罐等)、锅炉(燃煤锅炉、燃油锅炉、燃气锅炉、生物质锅炉等)	

其中,若设施有与产排污相关的多项参数,需填写多项参数,如浸染设施填写重量、

浴比（1∶X形式在其他信息栏中填写），定形设施填写幅宽、车速等参数。

生产能力为主要产品设计产能，不包括国家或地方政府予以淘汰或取缔的产能；产品产能在不同工艺间注意衔接，需标明是否为承接前段工艺的产能，如有委外加工、半成品加工等产能的变化，需备注说明。

③ "主要原辅材料及燃料信息表"中，原料为必填项，尤其注意生产用水不得遗漏，且注明其中的回用水量；辅料应按《规范》填写完整，染料应按《规范》分类填写，若含有铬等重金属需注明含量；坯布应填写原料材质，对含有涤纶原料坯布的应注明总锑的含量；燃料中对于启动用燃油也应在此填报，且应包括含硫率、挥发分、热值等信息（不能填 0），天然气含硫率可在其他信息栏中填写含硫浓度（mg/m³）。

纺织印染排污单位原辅料必填项如表 4-26 所列。

表 4-26　纺织印染排污单位原辅料必填项

生产单元	原料	辅料
洗毛单元	原毛、水、其他	烧碱、合成洗涤剂、氯化钠、硫酸钠、硫酸铵、有机溶剂、盐酸、漂白剂、双氧水、其他
麻脱胶单元	苎麻、亚麻、黄麻、大麻、红麻、罗布麻、水、其他	烧碱、硫酸、盐酸、双氧水、生物酶、给油剂、其他
缫丝单元	桑蚕茧、柞蚕茧、水、其他	渗透剂、抑制剂、解舒剂、其他
织造单元	天然纤维（棉、麻、丝、毛、石棉及其他）与化学纤维（再生纤维、合成纤维、无机纤维、其他）	浆料、表面活性剂、油剂、防腐剂、石蜡、其他
印染单元	散纤维、纱、织物、水、其他	染料（直接染料、活性染料、还原染料、硫化染料、酸性染料、分散染料、冰染染料、碱性染料、媒染染料、荧光染料、氧化染料、酞菁染料、缩聚染料、暂溶性染料）、颜料、糊料、酸剂（乙酸、苹果酸、酒石酸、琥珀酸、硫酸、盐酸）、碱剂（烧碱、纯碱、氨水）、氧化剂（二氧化氯、液氯、双氧水、次氯酸钠）、还原剂（二氧化硫、保险粉、元明粉）、生物酶、短纤维绒、离型纸、助剂（分散剂、精练剂、润湿剂、乳化剂、洗涤剂、渗透剂、均染剂、黏合剂、增白剂、消泡剂、增稠剂、皂洗剂、硬挺剂、固色剂及其他）、整理剂（柔软剂、抗菌防皱剂、防污整理剂、拒油整理剂、防紫外线整理剂、阻燃整理剂、防水整理剂、防皱整理剂、抗静电整理剂、稳定剂、增塑剂、发泡剂、促进剂、填充料、着色剂、防光氧化剂、交联剂、防水解剂、增稠剂、引发剂及其他）、涂层剂［聚氯乙烯（PVC）胶、聚氨酯（PU）胶、聚丙烯酸酯（PA）胶、聚有机硅氧烷、橡胶乳液及其他］、溶剂（甲苯、二甲苯、二甲基甲酰胺、丁酮、苯乙烯、丙烯酸、乙酸乙酯、丙烯酸酯及其他）、感光胶（含铬感光胶、常规感光胶）、其他
成衣水洗单元	成衣、成品布、水、其他	酵素、柔软剂、渗透剂、膨松剂、冰醋酸、烧碱、双氧水、碳酸钠、漂白粉、其他
公用单元	—	废水、废气污染治理过程中添加的化学品（包括石灰、硫酸、盐酸、混凝剂、助凝剂等）

④ "废气产排污节点、污染物及污染治理设施信息表"中，应按照《规范》将产排污环节填写完整。纺织印染工业有组织排放废气应包括对应的生产设施和相应排放口，生产设施主要包括锅炉、印花设施（指圆网/平网设施的蒸化和高温焙烘、静电植绒、数码印花、转移印花等产生废气的重点工段）、定形设施、涂层设施，相应排放口主要包括

上述生产设施（或其中某工段）的烟囱或排气筒。锅炉为主要排放口，印花设施、定形设施、涂层设施为一般排放口，《规范》中明确的内容不得丢项；定形机采用天然气直燃形式，原则上按照一般排放口进行填报，污染物项目增加二氧化硫、氮氧化物。

纺织印染工业废气无组织排放根据不同生产单元分别于厂界管控颗粒物、非甲烷总烃，含有污水处理设施的排污单位应增加臭气浓度、硫化氢、氨等污染物项目；对于有处理设施但无排放口（处理设施净化后排至车间内部）的产污环节，按无组织排放进行填报；对于有处理设施及排放口的产污环节，按照有组织排放口进行填报。

由于汞及其化合物、林格曼黑度采用的是协同治理措施，因此其污染治理设施编号可填"/"，并在"污染治理设施其他信息"中备注"协同处理"；对使用天然气锅炉或设施的废气治理可行性技术可填写"/"；对于产生有组织废气的设施，因采用特殊工艺或原料直接排放可实现达标的，提供相应的历史监测数据，废气治理可行性技术可填写"/"，但排放口必须纳入自行监测管理；对于未采用最佳可行技术的污染控制环节，应填写"否"，并提供相关证明材料。

⑤"废水类别、污染物及污染治理设施信息表"中，应按照《规范》将产排污环节填写完整，统一排入全厂综合废水处理设施的，废水类别合并填报。纳入许可管理的废水排放口及污染物项目如《规范》中表 3 所列，六价铬在车间或生产设施废水排放口进行管控，其余污染物项目于废水总排放口管控。

污染因子六价铬仅适用于使用含铬染料或助剂、含有感光制网工艺的排污单位，污染因子动植物油仅适用于含缫丝、毛纺生产单元的排污单位，污染因子可吸附有机卤素与二氧化氯仅适用于麻纺、印染生产单元中含氯漂工艺的排污单位，污染因子苯胺类与硫化物仅适用于含印染生产单元的排污单位，污染因子总锑仅适用于含涤纶化纤印染工艺的排污单位，若不涉及相关工艺的污染物项目可不进行填报。

初期雨水、生活污水、循环冷却水排污水等产排污环节不得漏填；单独排入城镇集中污水处理设施的生活污水仅说明排放去向，单独且直接排入水体的生活污水按主要排放口进行管理；污染治理设施工艺除喷水织机废水经一级+二级处理可达到直接排放标准以外，其余类型的废水执行间接排放标准的需经一级+二级处理，执行直接排放标准的需经一级+二级+深度处理；对于未采用最佳可行技术的废水治理措施，应填写"否"，并提供相关证明材料。

⑥"废气污染物排放执行标准表"中，污染物项目应符合《规范》要求；对于新增污染源，严格按《关于做好环境影响评价制度与排污许可制衔接相关工作的通知》（环办环评〔2017〕84 号）执行；主要排放口废气污染物许可排放浓度限值按照《锅炉大气污染物排放标准》（GB 13271—2014）或要求更为严格的地方标准进行确定；一般排放口废气及厂界无组织废气浓度限值按《大气污染物综合排放标准》（GB 16297—1996）、《恶臭污染物排放标准》（GB 14554—1993）或要求更为严格的地方标准进行确定；对于执行GB 16297—1996 的设施，除确定许可排放浓度以外，还应按烟囱高度填报排放速率要求。

⑦"大气污染物有组织排放表"中，对于汞及其化合物、林格曼黑度等需申请许可排放浓度，无需申请许可排放量；申请的许可排放量应按照《规范》要求取严；申请的许可排放量应与计算过程保持一致；计算过程中的参数选取严格按照《规范》要求进行，

生物质锅炉基准烟气量按《动力工程师手册》计算或参照燃煤锅炉数值进行选择；对于执行 GB 16297—1996 的设施，除确定许可排放浓度以外，还应按烟囱高度填报排放速率要求。

⑧"大气污染物无组织排放表"中，无组织排放源的污染治理措施填写应符合实际，标准填写应明确；对于国家和地方排放标准中无要求的无组织产污环节，如无特殊规定，不建议给出许可排放浓度、许可排放量等量化考核要求，仅说明控制措施即可。

⑨"废水直接排放口基本情况表"中，直接排放口和车间或设施排口均填写在此表内，特别注意受纳自然水体信息填写是否正确，如涉及使用含重金属铬的染料的，表中车间排放口控制污染物项目为六价铬。

⑩"废水间接排放口基本情况表"中，间接排放废水应写明受纳污水处理厂执行的外排浓度限值。

⑪"废水污染物排放"表中，以下 3 种情况需增加申请总量的污染物种类：a. 受纳水体环境质量超标且列入《纺织染整工业水污染物排放标准》（GB 4287—2012）、《污水综合排放标准》（GB 8978—1996）、《缫丝工业水污染物排放标准》（GB 28936—2012）、《毛纺工业水污染物排放标准》（GB 28937—2012）、《麻纺工业水污染物排放标准》（GB 28938—2012）中的其他污染物；b.《"十三五"生态环境保护规划》（国发〔2016〕65号）中载明的总磷、总氮总量控制区域；c. 地方生态环境主管部门另有规定的其他污染物。

⑫"噪声排放信息表"中，位于交通主干道附近的排污单位应注意厂区执行的噪声排放标准。

⑬"固体废物排放信息表"中，按照《固体废物鉴别标准 通则》（GB 34330—2017）及《国家危险废物名录》对固体废弃物进行判定与分类。

⑭"自行监测及记录信息表"中，监测因子数量及最低监测频次应符合《规范》的要求，《排污单位自行监测技术指南 纺织印染工业》发布后，从其规定执行；锅炉等主要排放口应符合《排污单位自行监测技术指南 火力发电及锅炉》（HJ 820）的要求；关注废气有组织一般排放口、无组织排放，以及雨水排口的监测信息；对于废气有组织一般排放口，若地方有现行监测要求，则按其要求填报。监测内容：废水，包括流量；废气，包括主要排放口（烟气量、烟气流速、烟气温度、烟气含湿量）、一般排放口（空气流速）和厂界（温度、气压、风速、风向）。

⑮"环境管理台账记录信息表"中，应按照《规范》要求填报环境管理台账记录内容和频次等要求，原则上记录形式应按照电子和纸质同时记录。具体内容包括基本信息、污染治理措施运行管理信息、监测记录信息、其他环境管理信息等。

a. 基本信息包括：主要生产设施（如染缸、定形机）、锅炉、治理设施名称和工艺等排污许可证规定的各项排污单位基本信息的实际情况及与污染物排放相关的主要运行参数。

b. 污染治理措施运行管理信息包括：所有污染治理设施的规格参数、污染排放情况、停运时段、主要药剂添加情况等。

c. 监测记录信息包括：手工监测的记录和自动监测运维记录信息，以及与监测记录相关的生产和污染治理设施运行状况记录信息等。

⑯　许可排放量。许可排放量计算过程应清晰完整，且列出不同计算方法及取严过程。按照《规范》计算时，应详细列出计算公式、各参数选取原则及选取值、计算结果，明确给出总量指标来源及具体数值、环评文件及其批复要求（环评文件及其批复中的排水量、排污量可作为计算依据）、最终按取严原则确定申请的许可排污量。

⑰　附图。生产工艺流程图与生产厂区总平面布置图要清晰可见、图例明确，且不存在上下左右颠倒的情况；生产工艺流程图应包括主要生产设施（设备）、主要原料及燃料的流向、生产工艺流程等内容；生产厂区总平面布置图应包括主要工序、厂房、设备位置关系，尤其应注明厂区雨水、污水收集和运输走向、排放口等内容。

⑱　附件。应提供承诺书、信息公开情况说明表及其他必要的说明材料，如未采用可行技术但具备达标排放能力的说明材料等；许可排放量计算过程应详细、准确，计算方法及参数选取符合《规范》要求；对于废水化学需氧量和氨氮等，若排污单位已有总量控制要求（许可总量为企业外排总量，注意与外排环境总量区分），应将其作为拟申请的废水污染物许可排放量；对于排污单位自愿采取更低排放要求申请许可排放浓度和许可排放量的（如排污单位自愿采用超低排放要求作为申请许可排放浓度和许可排放量的依据），应进行核实，并告知生态环境部门及排污单位利弊关系。

4.4　申请提交与信息公开

①　信息公开时间应不少于 5 个工作日。
②　信息公开内容应符合《排污许可证管理暂行规定》要求。
③　使用平台下载的样本，应完整填写表格内容，尤其注意公开的起止时间、公开方式、公开内容是否填写完整。署名应为法定代表人，且应与排污许可证申请表、承诺书等保持一致。有法定代表人的一定要填写法定代表人，对于没有法定代表人的企事业单位，如个体工商户、私营企业者等，这些单位可以由实际负责人签字。此外，对于集团公司下属不具备法定代表人资格的独立分公司，也可由实际负责人签字。
④　申请前信息公开期间收到的意见应进行逐条答复。

4.5　执行报告填报

持有排污许可证的纺织印染工业排污单位，均应按照《规范》提交年度执行报告与季度执行报告。为满足其他环境管理要求，地方生态环境主管部门有更高要求的，排污单位还应根据其规定，提交月度执行报告。排污单位应在全国排污许可证管理信息平台上填报并提交执行报告，同时向核发机关提交通过平台印制的书面执行报告。

（1）年度执行报告

纺织印染工业排污单位应至少每年上报一次排污许可证年度执行报告，于次年一月底前提交至排污许可证核发机关。对于持证时间不足三个月的，当年可不上报年度执行报告，排污许可证执行情况纳入下一年年度执行报告。

年度执行报告填报过程中，纺织印染工业排污单位应根据环境管理台账记录等信息归纳总结报告期内排污许可证执行情况，按照执行报告提纲编写年度执行报告，保证执行报告的规范性和真实性，按时提交至发证机关。年度执行报告编制内容包括以下 13 部分，平台填报方式与填报流程与申请表填报类似：

① 基本生产信息；

② 遵守法律法规情况；

③ 污染防治设施运行情况；

④ 自行监测情况；

⑤ 台账管理情况；

⑥ 实际排放情况及合规判定分析；

⑦ 排污费（环境保护税）缴纳情况；

⑧ 信息公开情况；

⑨ 纺织印染工业排污单位内部环境管理体系建设与运行情况；

⑩ 其他排污许可证规定的内容执行情况；

⑪ 其他需要说明的问题；

⑫ 结论；

⑬ 附图附件要求。

（2）季度执行报告

纺织印染工业重点管理排污单位每季度上报一次排污许可证季度执行报告。自当年一月起，每三个月上报一次季度执行报告，季度执行报告于下季度首月十五日前提交至排污许可证核发机关，提交年度执行报告的可免报当季季度执行报告。但对于无法按时上报年度执行报告的，应先提交季度报告，并于十日内提交年度执行报告。对于持证时间不足一个月的，该报告周期内可不上报季度执行报告，排污许可证执行情况纳入下一季度的季度执行报告。

纺织印染工业排污单位季度执行报告编写内容应至少包括污染物实际排放情况及合规判定分析，以及污染防治设施运行情况中异常情况的说明及所采取的措施。

第5章
纺织印染工业排污许可证核发要点与典型案例分析

5.1　材料的完整性审核

排污单位应具备排污许可证申请表、承诺书、申请前信息公开情况说明表、附图、附件等材料。其中，附图应包括生产工艺流程图和生产厂区总平面布置图。

以下3种情形不予受理：

① 国家或地方政府明确规定予以淘汰或取缔的；

② 位于饮用水水源保护区等法律明确禁止建设区域的；

③ 既没有环评手续，也没有地方政府对违规项目的认定或备案文件的。

5.2　材料的规范性审核

5.2.1　申请前信息公开

① 信息公开时间应不少于5个工作日。

② 信息公开内容应符合《排污许可证管理暂行规定》要求。

③ 使用平台下载的样本，应完整填写表格内容，尤其注意公开的起止时间、公开方式、公开内容是否填写完整。

署名应为法定代表人，且应与排污许可证申请表、承诺书等保持一致。有法定代表人的一定要填写法定代表人，对于没有法定代表人的企事业单位，如个体工商户、私营企业者等，这些单位可以由实际负责人签字。此外，对于集团公司下属不具备法定代表人资格的独立分公司，也可由实际负责人签字。

④ 申请前信息公开期间收到的意见应进行逐条答复。

5.2.2 排污许可证申请表

排污许可证申请表主要核查排污单位基本信息，主要生产单元、生产装置、产品及产能信息，主要原辅材料及燃料信息，生产工艺流程图，生产厂区总平面布置图，废气和废水等产排污环节、排放污染物种类及污染治理设施信息、执行的排放标准、许可排放浓度和排放量、申请排放量限值计算过程，自行监测及记录信息，环境管理台账记录等。

（1）排污单位基本信息

① 重点区域应结合生态环境部相关公告，核实是否执行特别排放限值。

② 通过排污单位投产时间，核实该排污单位是否为现有源。

③ 原则上，排污单位应具备环评批复或地方政府对违规项目的认定或备案文件，如两者全无，应核实排污单位具体情况。

④ 污染物总量控制要求应具体到污染物类型及其指标，包括二氧化硫总量指标（t/a）、氮氧化物总量指标（t/a）、颗粒物总量指标（t/a）、化学需氧量总量指标（t/a）、氨氮总量指标（t/a）、涉及的其他污染物总量指标，同时应与后续许可量计算过程及许可量申请数据进行对比，按《规范》确定许可量。

（2）主要产品及产能

① 主要生产单元、生产工艺及生产设施按《规范》填报，不应混填，如有必填项必须填写（表 5-1）。

表 5-1 纺织印染排污单位生产工艺、生产设施和设施参数必填项

生产单元	生产工艺	生产设施	设施参数
洗毛单元	乳化洗毛、溶剂洗毛、冷冻洗毛、超声波洗毛工艺	洗毛设施（喷射洗毛机、滚筒洗毛机、超声洗毛机、联合洗毛机等）、炭化设施、剥鳞设施	型号、浴比、车速、布幅宽度、容积等
麻脱胶单元	化学脱胶、生物脱胶、物理脱胶、生化联合脱胶工艺	浸渍设施、汽爆装置、沤麻设施、碱处理设施、漂白设施、酸洗设施、煮练设施、漂洗设施、发酵罐	
缫丝单元	桑蚕缫丝、柞蚕缫丝工艺	煮茧机、缫丝机、打棉机	
织造单元	喷水织造、喷气织造工艺	喷水织机及其他	
印染单元	前处理、印花、染色、整理工艺	前处理工序（烧毛设施、退浆设施、精练设施、煮练设施、漂白设施、丝光设施、定形设施、碱减量设施、前处理一体式设施等）、染色工序（散纤维染色设施、纱线染色设施、连续轧染设施、浸染染色设施、喷射染色设施、冷堆染色设施、卷染染色设施、经轴染色设施、溢流染色设施、气流染色设施、气液染色设施等）、印花工序（滚筒印花设施、圆网印花设施、平网印花设施、静电植绒设施、转移印花设施、数码印花设施、泡沫印花设施、印花感光制网设施、平洗设备、砂洗设备等）、整理工序（磨毛机、起毛机、定形设施、直接涂层设施、转移涂层设施、凝固涂层设施、层压复合设施、配料设施等）	
成衣水洗单元	普通水洗、酵素洗、漂洗、石磨洗工艺	水洗机、吊染机、喷色机、马骝机、喷砂机、磨砂机、激光造型机	

生产单元	生产工艺	生产设施	设施参数
公用单元	锅炉、软化水系统、储存系统、废水处理系统、辅助系统	储存系统（煤场、化学品库、油罐、气罐等）、锅炉（燃煤锅炉、燃油锅炉、燃气锅炉、生物质锅炉等）	型号、浴比、车速、布幅宽度、容积等

②　相同生产设施应分行填报，不应采取备注数量的方式。

③　主要生产工艺的产品（生丝、净毛、精干麻、纱、坯布、色纤、色纱、面料、家用纺织制成品、产业用纺织制成品、纺织服装、服饰品等）需要与厂内实际情况相符，如下拉菜单中不包括，可采用自定义的方式。

④　属于《规范》中必填的主要工艺、生产设施、设施参数如表 5-1 所列。其中，若设施有与产排污相关的多项参数，需填写多项参数，如浸染设施填写重量、浴比（1：X 形式在其他信息栏中填写），定形设施填写幅宽、车速等参数。

生产能力为主要产品设计产能，不包括国家或地方政府予以淘汰或取缔的产能；产品产能在不同工艺间注意衔接，需标明是否为承接前段工艺的产能，如有委外加工、半成品加工等产能的变化，需备注说明。

（3）主要原辅材料及燃料

①　表 5-2 所列原辅料为必填项，尤其注意生产用水不得遗漏，且注明其中的回用水量，辅料应按《规范》填写完整。

②　染料应按《规范》分类填写，若含有铬等重金属需注明含量。

③　坯布应填写原料材质，对含有涤纶原料坯布的应注明总锑的含量。

④　燃料中对于启动用燃油也应在此填报，且应包括含硫率、挥发分、热值等信息（不可填 0），天然气含硫率可在其他信息栏中填写含硫浓度（mg/m³）。

表 5-2　纺织印染排污单位原辅料必填项

生产单元	原料	辅料
洗毛单元	原毛、水、其他	烧碱、合成洗涤剂、氯化钠、硫酸钠、硫酸铵、有机溶剂、盐酸、漂白剂、双氧水、其他
麻脱胶单元	苎麻、亚麻、黄麻、大麻、红麻、罗布麻、水、其他	烧碱、硫酸、盐酸、双氧水、生物酶、给油剂、其他
缫丝单元	桑蚕茧、柞蚕茧、水、其他	渗透剂、抑制剂、解舒剂、其他
织造单元	天然纤维（棉、麻、丝、毛、石棉及其他）与化学纤维（再生纤维、合成纤维、无机纤维、其他）	浆料、表面活性剂、油剂、防腐剂、石蜡、其他
印染单元	散纤维、纱、织物、水、其他	染料（直接染料、活性染料、还原染料、硫化染料、酸性染料、分散染料、冰染染料、碱性染料、媒染染料、荧光染料、氧化染料、酞菁染料、缩聚染料、暂溶性染料）、颜料、糊料、酸剂（乙酸、苹果酸、酒石酸、琥珀酸、硫酸、盐酸）、碱剂（烧碱、纯碱、氨水）、氧化剂（二氧化氯、液氯、双氧水、次氯酸钠）、还原剂（二氧化硫、保险粉、元

127

生产单元	原料	辅料
印染单元	散纤维、纱、织物、水、其他	明粉）、生物酶、短纤维绒、离型纸、助剂（分散剂、精练剂、润湿剂、乳化剂、洗涤剂、渗透剂、均染剂、黏合剂、增白剂、消泡剂、增稠剂、皂洗剂、硬挺剂、固色剂及其他）、整理剂（柔软剂、抗菌防皱剂、防污整理剂、拒油整理剂、防紫外线整理剂、阻燃整理剂、防水整理剂、防皱整理剂、抗静电整理剂、稳定剂、增塑剂、发泡剂、促进剂、填充料、着色剂、防光硅氧剂、交联剂、防水解剂、增稠剂、引发剂及其他）、涂层剂［聚氯乙烯（PVC）胶、聚氨酯（PU）胶、聚丙烯酸酯（PA）胶、聚有机硅氧烷、橡胶乳液及其他］、溶剂（甲苯、二甲苯、二甲基甲酰胺、丁酮、苯乙烯、丙烯酸、乙酸乙酯、丙烯酸酯及其他）、感光胶（含铬感光胶、常规感光胶）、其他
成衣水洗单元	成衣、成品布、水、其他	酵素、柔软剂、渗透剂、膨松剂、冰醋酸、烧碱、双氧水、碳酸钠、漂白粉、其他
公用单元	—	废水、废气污染治理过程中添加的化学品（包括石灰、硫酸、盐酸、混凝剂、助凝剂等）

（4）废气产排污节点、污染物及污染治理设施信息

① "废气产排污节点、污染物及污染治理设施信息表"应按照《规范》将产排污环节填写完整。

② 纺织印染工业有组织排放废气应包括对应的生产设施和相应排放口，生产设施主要包括锅炉、印花设施（指圆网/平网设施的蒸化和高温焙烘、静电植绒、数码印花、转移印花等产生废气的重点工段）、定形设施、涂层设施，相应排放口主要包括上述生产设施（或其中某工段）的烟囱或排气筒。锅炉为主要排放口，印花设施、定形设施、涂层设施为一般排放口，《规范》中明确的内容不得丢项；定形机若采用天然气直燃形式，原则上按照一般排放口进行填报，污染物项目增加二氧化硫、氮氧化物。

③ 纺织印染工业废气无组织排放根据不同生产单元分别于厂界管控颗粒物、非甲烷总烃，含有污水处理设施的排污单位应增加臭气浓度、硫化氢、氨等污染物项目；对于有处理设施但无排放口（处理设施净化后排至车间内部）的产污环节，按无组织排放进行填报；对于有处理设施及排放口的产污环节，按照有组织排放口进行填报。

④ 由于汞及其化合物、林格曼黑度采用的是协同治理措施，因此其污染治理设施编号可填"/"，并在"污染治理设施其他信息"中备注"协同处理"；对使用天然气锅炉或设施的废气治理可行性技术可填"/"；对于产生有组织废气的设施，因采用特殊工艺或原料直接排放可实现达标的，提供相应的历史监测数据，废气治理可行性技术可填写"/"，但排放口必须纳入自行监测管理；对于未采用最佳可行技术的污染控制环节，应填写"否"，并提供相关证明材料。

（5）废水类别、污染物及污染治理设施信息

① "废水类别、污染物及污染治理设施信息表"应按照《规范》将产排污环节填写完整，统一排入全厂综合废水处理设施的，废水类别合并填报。纳入许可管理的废水排放口及污染物项目如《规范》中表3所列，六价铬在车间或生产设施废水排放口进行管

控，其余污染物项目于废水总排口管控。

② 六价铬仅适用于使用含铬染料或助剂、含有感光制网工艺的排污单位，动植物油仅适用于含缫丝、毛纺生产单元的排污单位，可吸附有机卤素与二氧化氯仅适用于麻纺、印染生产单元中含氯漂工艺的排污单位，苯胺类与硫化物仅适用于含印染生产单元的排污单位，总锑仅适用于含涤纶化纤碱减量工艺的排污单位，若不涉及相关工艺的污染物项目可不进行填报。

③ 初期雨水、生活污水、循环冷却水排污水等产排污环节不得漏填。

④ 单独排入城镇集中污水处理设施的生活污水仅说明排放去向，单独且直接排入水体的生活污水按主要排放口进行管理。

⑤ 污染治理设施工艺除喷水织机废水经一级＋二级处理可达到直接排放标准以外，其余类型的废水执行间接排放标准的需经一级＋二级处理，执行直接排放标准的需经一级＋二级＋深度处理；对于未采用最佳可行技术的废水治理措施，应填写"否"，并提供相关证明材料。

（6）大气排放口基本情况及废气污染物排放执行标准

① "废气污染物排放执行标准表"中，对于新增污染源，严格按《关于做好环境影响评价制度与排污许可制衔接相关工作的通知》（环办环评〔2017〕84 号）执行。

② 主要排放口废气污染物许可排放浓度限值按照《锅炉大气污染物排放标准》（GB 13271—2014）或要求更为严格的地方标准进行确定；一般排放口废气及厂界无组织废气浓度限值按《大气污染物综合排放标准》（GB 16297—1996）、《恶臭污染物排放标准》（GB 14554—1993）或要求更为严格的地方标准进行确定；对于执行 GB 14554—1993 的一般排放口，应按烟囱高度确定排放速率要求；对于执行 GB 16297—1996 的一般排放口，除确定许可排放浓度以外，还应按烟囱高度确定排放速率要求。

（7）大气污染物有组织排放

① "大气污染物有组织排放表"中，对于汞及其化合物、林格曼黑度等需申请许可排放浓度，无需申请许可排放量。

② 申请的许可排放量应按照《规范》要求取严。

③ 申请的许可排放量应与计算过程保持一致。

④ 计算过程中的参数选取严格按照《规范》要求进行，生物质锅炉基准烟气量按《动力工程师手册》计算或参照燃煤锅炉数值进行选择。

⑤ 对于执行 GB 16297—1996 的设施，除确定许可排放浓度以外，还应按烟囱高度确定排放速率要求。

（8）大气污染物无组织排放

① "大气污染物无组织排放表"中，无组织排放源的污染治理措施填写应符合实际，标准填写应明确。

② 对于国家和地方排放标准中无要求的无组织产污环节，如无特殊规定，不建议给出许可排放浓度、许可排放量等量化考核要求，仅说明控制措施即可。

（9）企业大气排放总许可量

① 纺织印染工业"全厂有组织排放总计"即为"有组织排放总计"，无组织排放不许可总量。

② 系统自动计算"全厂有组织排放总计"与"全厂无组织排放总计"之和，请根据排污单位全厂总量控制指标数据对"全厂合计"值进行核对与修改。

③ 全厂有组织排放总计、无组织排放总计、全厂合计均系统自动计算。无许可量要求的默认为"/"。

（10）废水直接排放口基本情况

"废水直接排放口基本情况表"需特别注意受纳自然水体信息填写是否正确。

（11）废水间接排放口基本情况

"废水间接排放口基本情况表"应写明受纳污水处理厂执行的外排浓度限值。

（12）雨水排放口

① 雨水排口单独编号，应填写企业内部编号，如无内部编号，则采用"YS+三位流水号数字"（如 YS001）进行编号。

② 填写雨水排放口地理位置时，对于直接排放至地表水体的排放口，指废水排出厂界处经纬度坐标。可手工填写经纬度，也可通过排污许可证管理信息平台中的 GIS 系统点选后自动生成经纬度。

（13）废水污染物排放执行标准

① 《纺织染整工业水污染物排放标准》（GB 4287）除标准文本外，还有修改单与公告各一则，尤其是苯胺、铬、锑的相关标准有所变动，切勿忽视。

② 若排污企业有环评批复限值的需在"其他信息"中注明。

③ 若企业产生不同行业污水并混排的，排放标准应取严。

（14）废水污染物排放

"废水污染物排放执行标准表"中，以下三种情况需增加申请总量的污染物种类：

① 受纳水体环境质量超标且列入 GB 4287、GB 8978、GB 28936、GB 28937、GB 28938 中的其他污染物；

② 《"十三五"生态环境保护规划》（国发〔2016〕65 号）中载明的总磷、总氮总量控制区域；

③ 地方生态环境主管部门另有规定的其他污染物。

（15）自行监测

① "自行监测及记录信息表"中，监测因子数量及最低监测频次应符合《排污单位自行监测技术指南　纺织印染工业》（HJ 879—2017）要求；锅炉排放口应符合《排污单位自行监测技术指南　火力发电及锅炉》（HJ 820—2017）的要求。

② 对于废气有组织一般排放口，若地方有现行监测要求，则按其要求填报。

③ 废水监测内容应填写"流量"。

④ 废气监测内容应填写：a. 主要排放口"烟气量、烟气流速、烟气温度、烟气含湿量"；b. 一般排放口"空气流速"；c. 厂界"温度、气压、风速、风向"。

（16）环境管理台账记录

"环境管理台账记录信息表"应按照《规范》要求填报环境管理台账记录内容和频次等要求，原则上记录形式应按照电子和纸质同时记录。具体内容包括基本信息、污染防治设施运行管理信息、监测记录信息、其他环境管理信息等。

① 基本信息，包括主要生产设施（如染缸、定形机）、锅炉、治理设施名称和工艺等排污许可证规定的各项排污单位基本信息的实际情况及与污染物排放相关的主要运行参数。

② 污染治理措施运行管理信息，包括所有污染治理设施的规格参数、污染排放情况、停运时段、主要药剂添加情况等。

③ 监测记录信息，包括手工监测的记录和自动监测运维记录信息，以及与监测记录相关的生产和污染治理设施运行状况记录信息等。

（17）许可排放量计算过程

① 许可排放量计算过程应清晰完整，且列出不同计算方法及取严过程。按照《规范》计算时，计算方法及参数选取应符合《规范》要求，并详细列出计算公式、各参数选取原则及选取值、计算结果。

② 应明确给出总量指标来源及具体数值、环评文件及其批复要求（环评文件及其批复中的排水量、排污量可作为计算依据）、最终按取严原则确定申请的许可排污量。对于间接排放废水的排污单位，应注意其已有化学需氧量、氨氮等总量控制要求是否为企业最终外排总量，注意与接管排放量区分，接管排放量与最终外排量之间不再取严；对于排污单位自愿采取更低排放要求申请许可排放浓度和许可排放量的（如排污单位自愿采用超低排放要求作为申请许可排放浓度和许可排放量的依据），应进行核实，并告知生态环境部门及排污单位利弊关系。

（18）生产工艺流程图与生产厂区总平面布置图

① 附图生产工艺流程图与生产厂区总平面布置图要清晰可见、图例明确，且不存在上下左右颠倒的情况。

② 生产工艺流程图应包括应包括主要生产设施（设备）、主要原料及燃料的流向、生产工艺流程等内容。

③ 生产厂区总平面布置图应包括主要工序、厂房、设备位置关系，尤其应注明厂区雨水、污水收集和运输走向、排放口等内容。

（19）附件

应提供承诺书、信息公开情况说明表及其他必要的说明材料，如未采用可行技术但具备达标排放能力的说明材料等。

5.3 相关环境管理要求审核

① 应按《规范》填写执行报告内容、频次等要求。纺织印染排污单位应提交年度执行报告、季度执行报告，其中季度执行报告应至少包括全年报告中的实际排放量报表、达标判定分析说明及治污设施异常情况汇总表，月度执行报告可根据地方管理要求确定是否提交。

② 应按照《企业事业单位环境信息公开办法》《排污许可证管理暂行规定》等现行文件的管理要求，填报信息公开方式、时间、内容等信息。

③ 生态环境部门可将对排污单位现行废气、废水管理要求，以及法律法规、技术规范中明确的污染防治措施运行维护管理要求写入"其他环境管理要求"中；对于污染治理设施、环境不满足《排污许可证申请与核发规范纺织印染工业》（HJ 861—2017）要求的，可将整改要求写入"改正措施"中并限定整改时限；若无地方法规要求，暂不建议写入关于噪声、固体废物、环境风险等方面的管理要求。

④ 生态环境部门应重点审核许可事项，如排放口的数量、类型，许可排放浓度执行的标准、许可排放量取值是否符合《规范》要求。管理要求要明确，且符合《规范》要求，为将来的监管执法提供依据。载明事项中存在的低级错误、逻辑不通的内容，需明确提出修改要求。

5.4 典型案例分析

5.4.1 案例信息

5.4.1.1 企业基本信息

×××印染有限公司位于××市××路××号，总占地面积×××平方米，总建筑面积×××平方米，申报项目基本情况主要包括捻线车间、染色车间、定形车间及公用单元仓库、食堂、浴室、锅炉、废水处理站、危险废物仓库等。项目行业类别归属于化纤织物染整精加工。项目总投资××××万元，其中环保投资×××万元，占比××%。项目主要生产多功能特种缝纫线、织带、物理长纤环保线（防钻毛线、消臭线等），其中织带年产 400t、色纱年产 1000t，合计年生产量为 1400t。

项目内设有食堂，厨房油烟经由一套净化系统风量为 3000m³/h 的设备净化处理后经

15m 的管道排出；项目中包括一台蒸汽量 6t/h 的燃气锅炉为整段工艺供热，年设计运行时长 8472h，天然气年设计使用量为 $1.39\times10^6\text{m}^3$，燃烧废气经 8m 管道排出；项目生产过程中有定形工段，生产设施为定形机和过胶机，主要用于织带的定形整理，该工段产生的非甲烷总烃和颗粒物污染物，经定形废气处理系统喷淋+静电吸附处理后，经 15m 管道排出；项目内设有污水处理设施，污水主要来源于纱线染色工段，设计处理量为 300t/d，年设计运行时长 8472h，其中污水处理站采用遮盖措施，污水处理工艺流程如图 5-1 所示。

图 5-1　污水处理站工艺流程

项目内设废水总排口一处，污水站处理后排水与生活污水经过总排口排入×××污水处理厂。

5.4.1.2　生产工艺流程

本项目纱线主要生产工艺流程如图 5-2 所示。

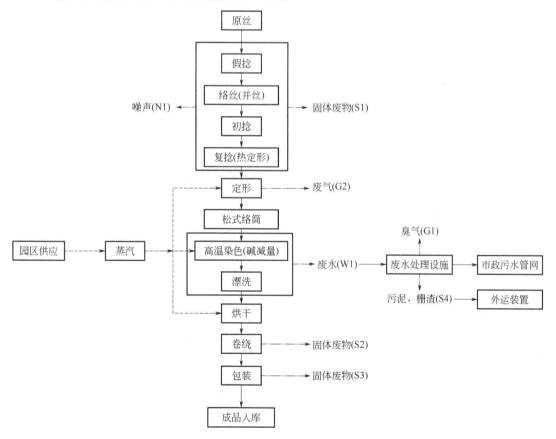

图 5-2　纱线主要生产工艺流程

本项目织带主要生产工艺流程如图 5-3 所示。

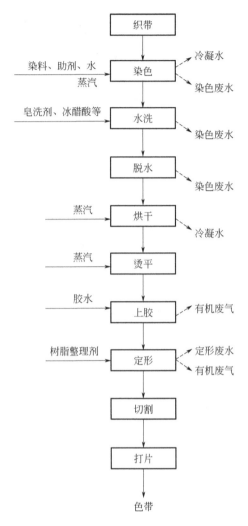

图 5-3 织带主要生产工艺流程

项目涉及多种产品，不同产品生产工艺略有调整。

5.4.1.3 产排污特点

（1）废水

① 废水类型：前处理——碱减量和精练废水、高温染色——染色废水、漂洗——染色废水；食堂——含油污水；办公室——生活污水。

② 废水污染物因子：化学需氧量、氨氮（NH₃-N）、总氮（以 N 计）、总磷（以 P 计）、苯胺类、pH 值、五日生化需氧量、色度、悬浮物、总锑、硫化物。

（2）废气

① 废气类型：定形整理——定形废气；废水处理——臭气；食堂——油烟废气；锅

炉——锅炉废气。

② 废气污染物因子：颗粒物、二氧化硫、氮氧化物、林格曼黑度、油烟、非甲烷总烃、臭气浓度、氨（氨气）、硫化氢。

（3）固体废物

固体废物类型：假捻、络丝、初捻、复捻——废材料；包装——废包装；废水处理——污泥；食堂——餐厨垃圾；工艺设备——废机油；办公室——生活垃圾；仓库——废染料/助剂包装。

5.4.2　案例企业申请表及审核要点

5.4.2.1　排污单位基本情况—排污单位基本信息

排污单位基本信息填报内容如表 5-3 所列。

表 5-3　排污单位基本信息表

单位名称	上海×××有限公司	注册地址	上海市××区××路××号
邮政编码	20××××××	生产经营场所地址	上海市××区××路××号
行业类别	化纤织物染整精加工	投产日期	2014-04-18
生产经营场所中心经度	121°××′××″	生产经营场所中心纬度	31°××′××″
组织机构代码	—	统一社会信用代码	××××××××××××××
技术负责人	张三	联系电话	130××××××××
所在地是否属于大气重点控制区域	是	所在地是否属于重金属污染特别排放限值实施区域	是
所在地是否属于总氮控制区域	是	所在地是否属于总磷控制区域	是
是否位于工业园区	是	所属工业园区名称	×××产业园
是否需要改正	否	排污许可证管理类别	重点管理
主要污染物类别	☑废气　☑废水		
主要污染物种类	☑颗粒物 ☑SO₂ ☑NO$_x$ ☑其他特征污染物（油烟、臭气）	☑CO$_2$ ☑氨氮 ☑其他特征污染物［悬浮物、五日生化需氧量、总氮（以 N 计）、总磷（以 P 计）、苯胺类、pH 值、色度、硫化物、总锑］	
大气污染物排放形式	☑有组织 ☑无组织	废水污染物排放规律	☑间断排放，排放期间流量稳定
是否有环评审批文件	是	环境影响评价审批文件文号（备案编号）	×环保许管[201×]×号

续表

是否有地方政府对违规项目的认定或备案文件	否	认定或备案文件文号	—
是否有主要污染物总量分配计划文件	否	总量分配计划文件文号	—

审核要点如下：

① "行业类别"需根据原材料进行正确选择，同时含有两个小类行业生产时选择上一级大类行业，涉及"成衣水洗"生产的企业应选择"C18 纺织服装、服饰业"。

② 对于分期投运的，投产时间应填写先期投运时间。

③ 大气重点控制区域指《关于执行大气污染物特别排放限值的公告》（公告 2013年第 14 号）中列明的 47 个市，应注意核实排污企业是否填报正确。

④ 总磷、总氮控制区域指《国务院关于印发"十三五"生态环境保护规划的通知》（国发〔2016〕65 号）以及生态环境部相关文件中确定的需要对总磷、总氮进行总量控制的区域，应注意核实排污企业是否填报正确。

⑤ 必须列出所有环评审批文件文号或备案编号。对于按照《国务院办公厅关于加强环境监管执法的通知》（国办发〔2014〕56 号）要求，经地方政府依法处理、整顿规范并符合要求的项目，必须列出证明符合要求的相关文件名和文号。注意核实企业是否列出所有环评和验收文件文号。

⑥ 对于有主要污染物总量控制指标计划的排污单位，应列出相关文件文号（或其他能够证明排污单位污染物排放总量控制指标的文件和法律文书），并列出上一年主要污染物总量指标。关于水污染物总量文件，需注意总量是否注明为排入水体外环境的总量，以及核发的外排水量。

5.4.2.2 排污单位基本情况—主要产品及产能

排污单位主要产品及产能信息填报内容如表 5-4 所列。

审核要点如下：

① 《规范》中所列的"主要工艺必填项"必须填报。若地方有更严格的管理要求，如强噪声源（纺织机械、空压机、风机等）、产生固体废物的主要工艺应按要求自行填报。

② 《规范》中所列的"生产设施必填项"必须填报。若地方有更严格的管理要求，产生强噪声、固体废物的生产设施应按要求自行填报。

③ 应注意核实"生产能力"项漏填或填报不规范的情况，此处应填报产品设计产能，不能填报实际产量。不同工段、工艺之间的设计产能需注意衔接，应标明是否为承接前段工艺的产能，如有委外加工、半成品加工等产能的变化，应备注说明。

④ 企业有多台相同生产设施的，需逐一填报和编号，不应采取备注数量的方式。生产设施参数，包括参数名称、设计值、计量单位。印染设施参数信息包括重量、容量、浴比、布幅宽度、速度、规模等，其中染色设施中浴比（在其他设施参数信息项内按 1：X 格式填写）为必填项；公用单元的设备参数包括风量、日处理量、燃料用量、蒸汽量、功率等。如下拉菜单中无目标选项，可采用自定义的方式进行填报。

表 5-4　主要产品及产能信息表

序号	主要生产单元名称	主要工艺名称	生产设施名称	生产设施编号	参数名称	设计值	计量单位	其他设施参数信息	其他设施信息	产品名称	产品设计产能	计量单位	设计年生产时间/h	其他产品信息	其他工艺信息
1	公用单元	食堂餐饮	厨房油烟净化设施	CY-01	风量	3000	m³/h		涉及油烟废气						
	公用单元	锅炉	燃气锅炉	GL-01	蒸汽量	6	t		涉及废气						
	公用单元	污水处理	污水除臭设施	WS-01	风量	5000	m³/h		涉及废水、废气、固体废物						
	公用单元	储存系统	固体废物仓库	RM-01	面积	150	m²								
2	印染单元	整理工艺	定形设施	DX-01	滚筒个数	5	个	滚筒式整烫定型机	涉及废气	色带	400	t/a	1200		
					滚筒长度	0.5	m								
					滚筒直径	0.3	m								
					宽度	0.06	m								
					传送速度	6	m/min								
3	印染单元	染色工艺	过胶机	GJ-01					涉及废气	色纱	1000	t/a	8472	下游进入染印单元干燥工艺	
			浸染色设施	JS-01	重量	40	kg	卧式染带机	涉及废水						
			浸染色设施	JS-02	重量	40	kg	卧式染带机	涉及废水						
			纱线染色设施	RS-01	浴比	1∶8	比例		涉及废水						
					重量	60	kg								
			纱线染色设施	RS-02	浴比	1∶8	比例		涉及废水						
					重量	60	kg								
			纱线染色设施	RS-03	浴比	1∶8	比例		涉及废水						
					重量	60	kg								

设备设施逐一填写、逐一编号

续表

序号	主要生产单元名称	主要工艺名称	生产设施名称	生产设施编号	参数名称	设计值	计量单位	其他设施参数信息	其他设施信息	产品名称	产品设计产能	计量单位	设计年生产时间/h	其他产品信息	其他工艺信息
4	印染单元	干燥	干燥机	GZ-01	重量	120	kg			色纱	1000	t/a	8472	下游进入织造单元	
			干燥机	GZ-02											
			脱水机	TS-01											
5	织造单元	捻线	倍捻机	BN-01	规模	108	锭	型号：3M3村田		色线	1000	t/a	8472	上游来自染印单元	
			倍捻机	BN-02	规模	108	锭	型号：3M3村田							
			倍捻机	BN-03	规模	108	锭	型号：3M3村田							
			高速并线机	BX-01	规模	56	锭	型号：YMD							
			卷绕机	JR-01	规模	4	锭	型号：HAKEBA	涉及噪声						
					声强	72	dB								
			卷绕机	JR-02	规模	4	锭	型号：HAKEBA	涉及噪声						
					声强	72	dB								
			卷绕机	JR-03	规模	4	锭	型号：HAKEBA	涉及噪声						
					声强	72	dB								

设备设施逐一填写、逐一编号

5.4.2.3　排污单位基本情况—主要原辅材料及燃料

主要原辅材料及燃料信息填报内容如表 5-5 所列。

表 5-5　主要原辅材料及燃料信息表

序号	生产单元	种类	名称	年设计使用量	年设计使用量计量单位	物质成分	成分占比	其他信息
					原料及辅料			
1	印染单元	辅料	分散黑（液）染料	11476	kg	—	—	含17%水、3%分散剂
		辅料	分散黑染料	7711	kg	—	—	—
		辅料	分散红染料	1070	kg	—	—	—
		辅料	分散黄染料	1635	kg	—	—	—
		辅料	分散蓝染料	2818	kg	—	—	—
		辅料	酸性黑染料	759	kg	铬	3%	—
		辅料	酸性红染料	96	kg	—	—	—
		辅料	酸性黄染料	178	kg	—	—	—
		辅料	酸性蓝染料	163	kg	—	—	—
		辅料	成品油剂	19031	kg	—	—	—
		辅料	碱剂—烧碱	20127	kg	—	—	—
		辅料	硫酸铵	1000	kg	—	—	—
		辅料	酸剂—乙酸	18145	kg	—	—	含62%水
		辅料	整理剂—防日晒剂	689	kg	—	—	—
		辅料	整理剂—交联剂	1985	kg	—	—	含50%水
		辅料	整理剂—抗静电整理剂	1217	kg	—	—	—
		辅料	整理剂—扩散剂	920	kg	—	—	—
		辅料	助剂—还原剂	21491	kg	—	—	—
		辅料	助剂—均染剂	33592	kg	—	—	—
		辅料	助剂—润湿剂	67625	kg	—	—	—
		辅料	助剂—洗涤剂	19633	kg	—	—	—
		辅料	助剂—洗缸剂	5236	kg	—	—	—
		辅料	助剂—消泡剂	1091	kg	—	—	—
		原料	纱	1000	t	锑	0.038	涤纶纱
		原料	水	90000	t	—	—	回用量10%
2	印染单元	辅料	分散蓝染料	2818	kg			

续表

序号	生产单元	种类	名称	年设计使用量	年设计使用量计量单位	物质成分	成分占比	其他信息
2	印染单元	辅料	酸性黑染料	759	kg	—	—	—
		辅料	胶水	50	kg	—	—	—
		辅料	整理剂—防皱整理剂	18	kg	—	—	—
		原料	织带	400	t	锑	0.025	涤纶织带
		原料	水	38000	t	—	—	回用量10%

燃料

序号	燃料名称	灰分/%	硫分/%	挥发分/%	热值/（MJ/kg、MJ/m³）	年设计使用量/（万t/a、万m³/a）	其他信息
1	天然气	—	—	—			含硫量：20mg/m³

审核要点如下：

① 原辅料应按《规范》填写完整，染料应按《规范》分类填写。

② 染料中若含有铬等重金属，需注明含量。

③ 涤纶化纤类原料需注明锑元素含量。

④ 原料中生产用水不得遗漏，且应注明其中的回用水量。

⑤ 燃煤及生物质燃料应填报灰分、硫分、挥发分、热值信息；燃油应填报硫分、挥发分、热值信息，燃料中对于启动用燃油也应在此填报；天然气应填报硫分、挥发分、热值信息，天然气的硫分可在其他信息栏中填写含硫浓度（mg/m³）；启动用燃油也应在此填报，且应包括硫分、挥发分、热值等信息，不能填"0"。

5.4.2.4 排污单位基本情况—生产工艺流程图及生产厂区总平面布置图

生产工艺流程如图5-2及图5-3所示，审核要点如下：

① 工艺流程清晰、有序，应至少包括主要生产设施（设备）、主要原辅燃料的流向、生产工艺流程等内容。

② 应注明原料流向、废水及废气产生环节。

生产厂区总平面布置如图5-4所示，审核要点如下：

① 应至少包括主体设施、公辅设施（锅炉、软化水等）、污水处理设施、污水总排放口、雨水总排放口等内容，同时注明厂区运输路线等。

② 可上传文件格式应为图片格式，包括 jpg/jpeg/gif/bmp/png，附件大小不能超过50 M，图片分辨率不能低于72dpi。

5.4.2.5 排污单位基本情况—产排污节点、污染物及污染治理设施

废气产排污节点、污染物及污染治理设施信息填报内容如表5-6所列，废水类别、污染物及污染治理设施信息填报如表5-7所列。

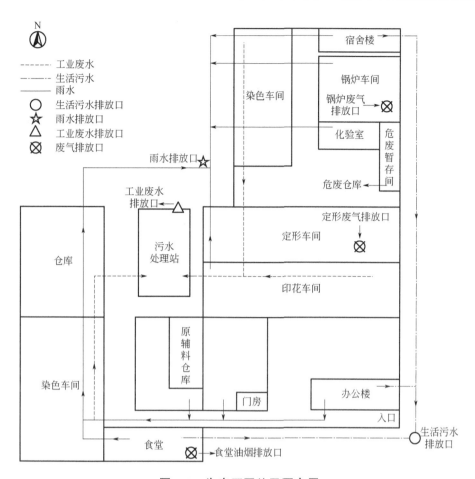

图 5-4　生产厂区总平面布置

表 5-6　废气产排污节点、污染物及污染治理设施信息表

| 序号 | 生产设施编号 | 生产设施名称 | 对应产污环节名称 | 污染物种类 | 排放形式 | 污染治理设施 | | | | | 有组织排放口编号 | 有组织排放口名称 | 排放口设置是否符合要求 | 排放口类型 | 其他信息 |
						污染治理设施编号	污染治理设施名称	污染治理设施工艺	是否为可行技术	污染治理设施其他信息					
1	CY-01	厨房油烟净化	厨房	油烟	有组织	TA001	油烟处理设施	静电除油烟	是	—	DA001	厨房排气筒	是	一般排放口	—
2	GL-01	燃气锅炉	锅炉	颗粒物、二氧化硫、氮氧化物、林格曼黑度	有组织	—	—	—	—	—	DA002	锅炉排气筒	是	主要排放口	—
3	DX-01	定形设施	定形工段	非甲烷总烃、颗粒物	有组织	TA002	定形废气处理设施	喷淋+静电	是	—	DA003	定形排气筒	是	一般排放口	—
4	GJ-01	过胶机	定形工段	非甲烷总烃、颗粒物	有组织	TA004	过胶废气处理设施	吸附	是	—	DA004	过胶排气筒	是	一般排放口	—

表 5-7 废水类别、污染物及污染治理设施信息表

序号	废水类别	产污环节	污染物种类	排放去向	排放规律	污染治理设施					排放口编号	排放口名称	排放口设置是否符合要求	排放口类型	其他信息
						污染治理设施编号	污染治理设施名称	污染治理设施工艺	是否为可行技术	污染治理设施其他信息					
1	印染废水、初期雨水、循环冷却水排污水	染色、整理、精练	化学需氧量、氨氮（NH$_3$-N）、总磷（以P计）、苯胺类、pH值、悬浮物、总锑、硫化物、五日生化需氧量、色度、可吸附有机卤化物	进入城市污水处理厂	间断排放，排放期间流量稳定	TW001	印染废水处理设施	一级处理设施—中和调节、一级处理设施—气浮、一级处理设施—混凝、二级处理设施—好氧生物处理法、二级处理设施—厌氧生物处理法、二级处理设施—沉淀池、深度处理设施—过滤、深度处理设施—高级氧化	是	设计处理量300 m³/d	DW001	总排放口	是	主要排放口	—
2	生活污水	食堂、办公室	化学需氧量、氨氮（NH$_3$-N）、总磷（以P计）、pH值、悬浮物、五日生化需氧量、色度	进入城市污水处理厂	连续排放，流量不稳定，但有周期性规律	—	—	—	—	—	DW002	生活污水排放口	是	一般排放口	—

审核要点如下。

（1）废气审核要点

① 应注意审核污染物种类是否完整、正确填报，"颗粒物"不应误写为"粉尘""烟尘""可吸入颗粒物"等。

② 排污企业废气排放口类型为有组织排放或无组织排放，应区分明确。纺织印染工业排污单位有组织排放源和污染物项目按《规范》中表4执行，锅炉、印花设施（蒸化、静电植绒、数码印花、转移印花等产生废气的重点工段）、定形设施、涂层设施工段按废气有组织排放管控。

③ 对于有组织废气，污染治理设施及工艺名称包括喷淋洗涤、吸附、生物净化、吸附-冷凝回收、吸附-催化燃烧。对于纺织印染工业排污单位中无组织废气的治理设施可分别填写收集与处理工艺，且在"污染治理设施其他信息"栏中注明收集方式，包括"局部密闭罩+收集""整体密闭罩+收集""大容积密闭罩+收集""车间密闭+收集"等。污染治理设施名称除上述工艺外，还包括布袋除尘、旋风除尘、静电除尘、生物法及其他工艺。餐饮油烟废气处理工艺为静电除油等。如采用不属于《规范》列明的"污染防治可行技术要求"中的技术，应提供应用证明、监测数据等相关证明材料。此外，若企业采用特殊工艺或原料，废气不经处理直接排放可实现达标的，应提供相应的历史监测数据，废气治理可行技术可填写"/"，但排放口必须纳入自行监测管理。

④ 排放口类型应注意审核是否填写正确，纺织印染工业排污单位排放的废气中，锅炉废气为主要排放口，其余的有组织废气均为一般排放口。

（2）废水审核要点

① 除工艺废水外，生活污水、初期雨水、循环冷却水排污水不应遗漏。若不同类别废水统一排入全厂综合废水处理设施的，可合并填报。

② 污染物种类参照《规范》中表3填写，同时需注意不同工艺设计的特征污染物不同，例如六价铬、二氧化氯、可吸附有机卤素等，不涉及相关工艺的不需填写。

③ 污染治理设施工艺除喷水织机废水经一级+二级处理可达到直接排放标准以外，排污企业废水排放执行间接排放标准的均需经一级+二级处理，执行直接排放标准的需经一级+二级+深度处理。对于未采用最佳可行技术的废水治理措施，在"是否为可行技术"一栏应填写"否"，并提供相关证明材料。

④ 单独排入城镇集中污水处理设施的生活污水仅说明排放去向，单独且直接排入水体的生活污水按主要排放口进行管理。

5.4.2.6　大气污染物排放信息—排放口

大气排放口基本情况填报内容如表5-8所列。

表5-8　大气排放口基本情况表

序号	排放口编号	污染物种类	排放口地理坐标		排气筒高度/m	排气筒出口内径/m	其他信息
			经度	纬度			
1	DA001	油烟	121°×′×× ″	31°×′×× ″	15	1	

序号	排放口编号	污染物种类	排放口地理坐标		排气筒高度/m	排气筒出口内径/m	其他信息
			经度	纬度			
2	DA002	颗粒物、二氧化硫、氮氧化物、林格曼黑度	121°×′××″	31°×′××″	8	0.4	
3	DA003	非甲烷总烃、颗粒物	121°×′××″	31°×′××″	15	0.4	
4	DA004	非甲烷总烃、颗粒物	121°×′××″	31°×′××″	15	0.4	

审核要点如下：

① 应注意核实排污企业废气有组织排放口是否填报完整。

② 应注意核实排气筒高度是否合规。

废气污染物排放执行标准情况填报如表 5-9 所列。

表 5-9　废气污染物排放执行标准表

序号	排放口编号	污染物种类	国家或地方污染物排放标准			环境影响评价批复要求	承诺更加严格排放限值	其他信息
			名称	浓度限值/（mg/m³）	速率限值/（kg/h）			
1	DA001	油烟	《饮食业油烟排放标准》（GB 18483—2001）	1	0.003	1.0 mg/m³	—	—
2	DA002	二氧化硫	《锅炉大气污染物排放标准》（GB 13271—2014）	200	—	—	—	—
3	DA002	氮氧化物	《锅炉大气污染物排放标准》（GB 13271—2014）	200	—	—	—	—
4	DA002	林格曼黑度	《锅炉大气污染物排放标准》（GB 13271—2014）	1	—	—	—	—
5	DA002	颗粒物	《锅炉大气污染物排放标准》（GB 13271—2014）	30	—	—	—	—
6	DA003	非甲烷总烃	《大气污染物综合排放标准》（GB 16297—1996）	120	10	—	—	—
7	DA003	颗粒物	《大气污染物综合排放标准》（GB 16297—1996）	120	3.5	—	—	—
8	DA004	非甲烷总烃	《大气污染物综合排放标准》（GB 16297—1996）	120	10	—	—	—
9	DA004	颗粒物	《大气污染物综合排放标准》（GB 16297—1996）	120	3.5	—	—	—

填报注意事项如下：

① 锅炉废气应执行《锅炉大气污染物排放标准》（GB 13271—2014）或要求更为严格的地方标准。例如，若企业位于上海市，主要排放口排放浓度限值从严执行上海市地方标准《锅炉大气污染物排放标准》（DB31/387—2018）。工艺废气应执行《大气污染物综合排放标准》（GB 16297—1996）或要求更为严格的地方标准。例如，若企业位于上海市，工艺废气一般排放口排放浓度限值从严执行上海市地方标准《大气污染物综合排

放标准》（DB31/ 933—2015）。排污单位的部分设施如采用燃气直燃加热，若燃烧废气单独排放，则颗粒物、二氧化硫、氮氧化物浓度按相关排放标准进行浓度许可及总量许可。

② 污染物排放速率限值需根据烟囱高度进行取值。

③ 排污企业环境影响评价若对废气排放浓度限值作出批复要求（2015 年 1 月 1 日起）应在此处进行填报。

5.4.2.7　大气污染物排放信息—有组织排放信息

大气污染物有组织排放填报内容如表 5-10 所列。

表 5-10　大气污染物有组织排放表

序号	排放口编号	污染物种类	申请许可排放浓度限值/（mg/m³）	申请许可排放速率限值/（kg/h）	申请年许可排放量限值/（t/a）					申请特殊排放浓度限值/（mg/m³）	申请特殊时段许可排放量限值
					第一年	第二年	第三年	第四年	第五年		
主要排放口											
1	DA002	林格曼黑度	1	—	—	—	—	—	—	—	—
2	DA002	氮氧化物	150	—	3.419	3.419	3.419			—	—
3	DA002	二氧化硫	20	—	3.419	3.419	3.419			—	—
4	DA002	颗粒物	20	—	0.512	0.512	0.512			—	—
主要排放口合计		颗粒物			0.512	0.512	0.512			—	—
		SO₂			3.419	3.419	3.419			—	—
		NOₓ			3.419	3.419	3.419			—	—
		VOCs			—	—	—			—	—
一般排放口											
1	DA001	油烟	1	0.003	—	—	—	—	—	—	—
2	DA003	非甲烷总烃	120	10	—	—	—	—	—	—	—
3	DA003	颗粒物	120	3.5	—	—	—	—	—	—	—
4	DA004	非甲烷总烃	120	10	—	—	—	—	—	—	—
5	DA004	颗粒物	120	3.5	—	—	—	—	—	—	—
一般排放口合计		颗粒物			—	—	—	—	—	—	—
		SO₂			—	—	—	—	—	—	—
		NOₓ			—	—	—	—	—	—	—
		VOCs			—	—	—	—	—	—	—
全厂有组织排放总计											
全厂有组织排放总计		颗粒物			0.512	0.512	0.512	—	—		—
		SO₂			3.419	3.419	3.419	—	—		—
		NOₓ			3.419	3.419	3.419	—	—		—
		VOCs			—	—	—				—

审核要点如下：

① 年许可排放量限值计算过程应清晰完整，且列出不同计算方法及取严过程。按照《规范》计算时，计算方法及参数选取符合《规范》要求，应详细列出计算公式、各参数选取原则及选取值、计算结果。应明确给出总量指标来源及具体数值、环评文件及其批复要求（环评文件及其批复中的排水量、排污量可作为计算依据）、最终按取严原则确定申请的许可排污量。

② 对于汞及其化合物、林格曼黑度等需申请许可排放浓度，无需申请许可排放量。

5.4.2.8 大气污染物排放信息—无组织排放信息

大气污染物无组织排放填报内容如表5-11所列。

表5-11 大气污染物无组织排放表

序号	无组织排放编号	产污环节	污染物种类	主要污染防治措施	国家或地方污染物排放标准		其他信息	年许可排放量限值/（t/a）					申请特殊时段许可排放量限值
					名称	浓度限值/（mg/m³）		第一年	第二年	第三年	第四年	第五年	
1	RM001	储运系统	颗粒物	减缓措施	《大气污染物综合排放标准》（GB 16297—1996）	1		—	—	—	—	—	
2	WS001	污水处理设施	氨（氨气）	—	《恶臭污染物排放标准》（GB 14554—1993）	1.5		—	—	—	—	—	
3	WS001	污水处理设施	臭气浓度	—	《恶臭污染物排放标准》（GB 14554—1993）	20（无量纲）		—	—	—	—	—	
4	WS001	污水处理设施	硫化氢	—	《恶臭污染物排放标准》（GB 14554—1993）	0.06		—	—	—	—	—	
全厂无组织排放总计													
全厂无组织排放总计	颗粒物							—	—	—	—	—	—
	SO₂							—	—	—	—	—	—
	NOₓ							—	—	—	—	—	—
	VOCs							—	—	—	—	—	—

审核要点如下：

① 应注意核实排污企业无组织排放环节是否已填报完整。

② 应注意核实各无组织产污环节对应污染物是否填全，防治措施是否填写明确。

③ 应注意核实无组织污染物排放执行的国家或地方排放标准及浓度限值是否正确、完整。

5.4.2.9 大气污染物排放信息—企业大气排放总许可量

企业大气排放总许可量为系统自动加和并生成，具体内容如表5-12所列。

表 5-12 企业大气排放总许可量

序号	污染物种类	第一年/（t/a）	第二年/（t/a）	第三年/（t/a）	第四年/（t/a）	第五年/（t/a）
1	颗粒物	0.512	0.512	0.512	—	—
2	SO$_2$	3.419	3.419	3.419	—	—
3	NO$_x$	3.419	3.419	3.419	—	—
4	VOCs	—	—	—	—	—

5.4.2.10 水污染物排放信息—排放口

（1）废水直接排放口

表 5-13 为废水直接排放至地表水体的情况统计，本案例企业为间接排放，故不填写此表。

表 5-13 废水直接排放口基本情况表

序号	排放口编号	排放口地理坐标		排放去向	排放规律	间歇排放时段	受纳自然水体信息		汇入受纳自然水体处地理坐标		其他信息
		经度	纬度				名称	受纳水体功能目标	经度	纬度	
						—					

（2）废水间接排放口

表 5-14 为废水间接排放口基本情况，其中污染物排放标准浓度限值为受纳污水处理厂执行的排放浓度标准。

表 5-14 废水间接排放口基本情况表

序号	排放口编号	排放口地理坐标		排放去向	排放规律	间歇排放时段	受纳污水处理厂信息		
		经度	纬度				名称	污染物种类	国家或地方污染物排放标准浓度限值/（mg/L）
1	DW001	121°×′×× ″	31°×′×× ″	进入城市污水处理厂	间断排放，排放期间流量稳定	24h	××污水处理厂	pH 值	6～9（无量纲）
	DW001	121°×′×× ″	31°×′×× ″	进入城市污水处理厂	间断排放，排放期间流量稳定	24h	××污水处理厂	色度	30 倍
	DW001	121°×′×× ″	31°×′×× ″	进入城市污水处理厂	间断排放，排放期间流量稳定	24h	××污水处理厂	化学需氧量	60
	DW001	121°×′×× ″	31°×′×× ″	进入城市污水处理厂	间断排放，排放期间流量稳定	24h	××污水处理厂	五日生化需氧量	20
	DW001	121°×′×× ″	31°×′×× ″	进入城市污水处理厂	间断排放，排放期间流量稳定	24h	××污水处理厂	悬浮物	20
	DW001	121°×′×× ″	31°×′×× ″	进入城市污水处理厂	间断排放，排放期间流量稳定	24h	××污水处理厂	氨氮（NH$_3$-N）	8
	DW001	121°×′×× ″	31°×′×× ″	进入城市污水处理厂	间断排放，排放期间流量稳定	24h	××污水处理厂	总氮（以N 计）	20

续表

序号	排放口编号	排放口地理坐标		排放去向	排放规律	间歇排放时段	受纳污水处理厂信息		
		经度	纬度				名称	污染物种类	国家或地方污染物排放标准浓度限值/（mg/L）
1	DW001	121°××′××″	31°××′××″	进入城市污水处理厂	间断排放，排放期间流量稳定	24h	××污水处理厂	总磷（以P计）	1
2	DW002	121°××′××″	31°××′××″	进入城市污水处理厂	连续排放，流量不稳定，但有周期性规律	24h	××污水处理厂	—	—

审核要点如下：

受纳污水厂信息可参照排污单位环评报告或咨询受纳污水厂及当地生态环境部门，执行的标准限值为受纳污水厂执行的污染物排放标准。此处排污企业易误填为企业执行的污染物排放标准。

（3）雨水排放口

表 5-15 为雨水排放口基本情况。

表 5-15 雨水排放口基本情况表

序号	排放口编号	排放口名称	排放口地理坐标		排放去向	排放规律	间歇排放时段	受纳自然水体信息		汇入受纳自然水体处地理坐标		其他信息
			经度	纬度				名称	受纳水体功能目标	经度	纬度	
1	DW003	雨水排口	121°××′	30°××′	进入城市下水道（再入江河、湖、库）	间断排放，排放期间流量不稳定且无规律，但不属于冲击型排放	雨期排放	××河	V类	121°26′	30°48′	

（4）废水污染物执行标准

表 5-16 为企业排放口执行的污染物排放浓度限值。

表 5-16 废水污染物排放执行标准表

序号	排放口编号	污染物种类	国家或地方污染物排放标准		其他信息
			名称	浓度限值/（mg/L）	
1	DW001	化学需氧量	《纺织染整工业水污染物排放标准》（GB 4287—2012）	80	—
2	DW001	苯胺类	《纺织染整工业水污染物排放标准》（GB 4287—2012）	1	—
3	DW001	悬浮物	《纺织染整工业水污染物排放标准》（GB 4287—2012）	50	—

续表

序号	排放口编号	污染物种类	国家或地方污染物排放标准		其他信息
			名称	浓度限值/（mg/L）	
4	DW001	硫化物	《纺织染整工业水污染物排放标准》（GB 4287—2012）	—	不得检出
5	DW001	pH 值	《纺织染整工业水污染物排放标准》（GB 4287—2012）	6～9（无量纲）	—
6	DW001	氨氮（NH₃-N）	《纺织染整工业水污染物排放标准》（GB 4287—2012）	10	—
7	DW001	总氮（以 N 计）	《纺织染整工业水污染物排放标准》（GB 4287—2012）	15	—
8	DW001	总磷（以 P 计）	《纺织染整工业水污染物排放标准》（GB 4287—2012）	0.5	—
9	DW001	色度	《纺织染整工业水污染物排放标准》（GB 4287—2012）	50倍	—
10	DW001	总锑	《纺织染整工业水污染物排放标准》（GB 4287—2012）	0.1	—
11	DW001	五日生化需氧量	《纺织染整工业水污染物排放标准》（GB 4287—2012）	20	—
12	DW002	总磷（以 P 计）	《污水综合排放标准》（GB 8978—1996）	0.5	—
13	DW002	五日生化需氧量	《污水综合排放标准》（GB 8978—1996）	20	—
14	DW002	色度	《污水综合排放标准》（GB 8978—1996）	50倍	—
15	DW002	氨氮（NH₃-N）	《污水综合排放标准》（GB 8978—1996）	15	—
16	DW002	化学需氧量	《污水综合排放标准》（GB 8978—1996）	100	—
17	DW002	悬浮物	《污水综合排放标准》（GB 8978—1996）	70	—
18	DW002	pH 值	《污水综合排放标准》（GB 8978—1996）	6～9（无量纲）	—

审核要点如下：

① 根据《规范》要求，纺织印染工业排污单位水污染物许可排放浓度限值按照行业标准或综合排放标准确定，地方有更严格的排放标准要求的，按照地方排放标准从严确定。此处需特别注意，《纺织染整工业水污染物排放标准》（GB 4287—2012）除标准文本外，还有修改单与公告各一则，尤其是苯胺、铬、锑的相关标准有所变动，企业填报时易误填。

② 若排污企业环评批复对废水污染物排放有浓度限值的要求，需在"其他信息"中注明；企业具有不同行业污水并混合排放的，排放标准应取严。

5.4.2.11　水污染物排放信息—申请排放信息

表 5-17 填报内容为废水污染物排放的申请排放浓度限值及申请年排放量限值。

表 5-17　废水污染物排放

序号	排放口编号	污染物种类	申请排放浓度限值/（mg/L）	申请年排放量限值/（t/a）					申请特殊时段排放量限值
				第一年	第二年	第三年	第四年	第五年	
主要排放口									
1	DW001	苯胺类	1	—	—	—	—	—	—
2	DW001	化学需氧量	80	8.0	8.0	8.0	—	—	—
3	DW001	色度	50 倍	—	—	—	—	—	—
4	DW001	五日生化需氧量	20	—	—	—	—	—	—
5	DW001	总磷（以 P 计）	0.5	0.05	0.05	0.05	—	—	—
6	DW001	pH 值	6～9（无量纲）	—	—	—	—	—	—
7	DW001	总锑	0.1	—	—	—	—	—	—
8	DW001	氨氮（NH$_3$-N）	10	1.0	1.0	1.0	—	—	—
9	DW001	总氮（以 N 计）	15	1.5	1.5	1.5	—	—	—
10	DW001	硫化物	—	—	—	—	—	—	—
11	DW001	悬浮物	50	—	—	—	—	—	—
主要排放口合计		总氮（以 N 计）		1.5	1.5	1.5	—	—	—
		总磷（以 P 计）		0.05	0.05	0.05	—	—	—
		CODcr		8.0	8.0	8.0	—	—	—
		氨氮		1.0	1.0	1.0	—	—	—
一般排放口									
1	DW002	总磷（以 P 计）	0.5	—	—	—	—	—	—
2	DW002	五日生化需氧量	20	—	—	—	—	—	—
3	DW002	化学需氧量	100	—	—	—	—	—	—
4	DW002	悬浮物	70	—	—	—	—	—	—
5	DW002	氨氮（NH$_3$-N）	15	—	—	—	—	—	—
6	DW002	色度	50 倍	—	—	—	—	—	—
7	DW002	pH 值	6～9（无量纲）	—	—	—	—	—	—
设施或车间废水排放口									
—									
全厂排放口源									
全厂排放口总计		总氮（以 N 计）		1.5	1.5	1.5	—	—	—
		总磷（以 P 计）		0.05	0.05	0.05	—	—	—
		CODcr		8.0	8.0	8.0	—	—	—
		氨氮		1.0	1.0	1.0	—	—	—

主要排放口备注信息
详细计算过程请见附件
一般排放口备注信息
—
设施或车间废水排放口备注信息
—
全厂排放口备注信息
—

审核要点如下：

① 对于在 2015 年 1 月 1 日之后获得环评批复的企业，应将批复中要求的浓度限值与标准浓度限值进行取严。

② "化学需氧量"和"氨氮"为必须申请年排放量许可的污染物指标，若存在以下情况应增加相应的总量控制指标：

a．受纳水体环境质量超标且列《纺织染整工业水污染物排放标准》（GB 4287—2012）、《污水综合排放标准》（GB 8978—1996）、《缫丝工业水污染物排放标准》（GB 28936—2012）、《毛纺工业水污染物排放标准》（GB 28937—2012）、《麻纺工业水污染物排放标准》（GB 28938—2012）中的其他污染物；

b．总磷、总氮总量控制区域；

c．地方生态环境主管部门另有规定的其他污染物。

5.4.2.12　噪声排放信息

噪声排放信息填报内容如表 5-18 所列。

表 5-18　噪声排放信息

噪声类别	生产时段		执行排放标准名称	厂界噪声排放限值		备注
	昼间	夜间		昼间（A）/dB	夜间（A）/dB	
稳态噪声	6:00～22:00	22:00～6:00	《工业企业厂界环境噪声排放标准》（GB 12348—2008）	65	55	东、南、北厂界
稳态噪声	6:00～22:00	22:00～6:00	《工业企业厂界环境噪声排放标准》（GB 12348—2008）	60	50	西厂界（消防站宿舍楼侧）
频发噪声	6:00～22:00	22:00～6:00	《工业企业厂界环境噪声排放标准》（GB 12348—2008）	—	10	厂界
偶发噪声	6:00～22:00	22:00～6:00	《工业企业厂界环境噪声排放标准》（GB 12348—2008）	—	15	厂界

审核要点如下：

位于交通主干道附近的排污单位应注意核实厂区执行的噪声排放标准。

5.4.2.13　固体废物排放信息

固体废物排放信息填报内容如表 5-19 所列。

表 5-19　固体废物排放信息

固体废物排放信息

序号	固体废物来源	固体废物名称	固体废物种类	固体废物类别	固体废物描述	固体废物产生量/(t/a)	处理方式	处理去向						其他信息
								自行贮存量	自行利用/(t/a)	自行处置/(t/a)	转移量/(t/a)		排放量/(t/a)
											委托利用量	委托处理量	
1	公用单元	污泥	其他固体废物（含半液态、液态废物）	一般工业固体废物	半固态	70.4	委托处置	0	0	0	0	70.4	0	
2	公用单元	生活垃圾	其他固体废物（含半液态、液态废物）	生活垃圾	固态	70	自行处置	0	0	70	0	0	0	
3	印染单元	染料及助剂包装	危险废物	危险废物	固态	0.2	委托处置	0	0	0	0	0.2	0	
4	织造单元	废机油	危险废物	危险废物	液态	2.8	自行利用、委托处置	0	0.8	0	0	2.0	0	
5	织造单元	一般包装	其他固体废物（含半液态、液态废物）	一般工业固体废物	固态	75	自行利用、自行处置	0	15	60	0	0	0	

委托利用、委托处置

序号	固体废物来源	固体废物名称	固体废物类别	委托单位名称	危险废物利用和处置单位危险废物经营许可证编号
1	公用单元	污泥	一般工业固体废物	××固废处置有限公司	××××××××
2	印染单元	染料及助剂包装	危险废物	××固废处置有限公司	××××××××
3	织造单元	废机油	危险废物	××固废处置有限公司	××××××××
4	织造单元	一般包装	一般工业固体废物	××固废处置有限公司	××××××××

自行处置

序号	固体废物来源	固体废物名称	固体废物类别	执行处置描述
1	公用单元	生活垃圾	其他固体废物（含半液态、液态废物）	按生活垃圾指定地点堆放

审核要点如下：

企业产生的固体废物应按照《固体废物鉴别标准 通则》（GB 34330—2017）及《国家危险废物名录》进行判定与分类。

5.4.2.14　环境管理要求—自行监测要求

自行监测及记录信息填报内容如表 5-20 所示。

表 5-20　自行监测及记录信息表

序号	污染源类别	排放口编号	监测内容	污染物名称	监测设施	自动监测是否联网	自动监测仪器名称	自动监测设施安装位置	自动监测设施是否符合安装、运行、维护等管理要求	手工监测采样方法及个数	手工监测频次	手工测定方法	其他信息
1	废水	DW001	流量	苯胺类	手工					瞬时采样，至少3个瞬时样	1次/季	《水质　苯胺类化合物的测定　N-（1-萘基）乙二胺偶氮分光光度法》（GB/T 11889—1989）	
2		DW001	流量	硫化物	手工					瞬时采样，至少3个瞬时样	1次/季	《水质　硫化物的测定　碘量法》（HJ/T 60—2000）	
3		DW001	流量	五日生化需氧量	手工					瞬时采样，至少3个瞬时样	1次/月	《水质　五日生化需氧量（BOD$_5$）的测定　稀释与接种法》（HJ 505—2009）	
4		DW001	流量	pH值	自动	是	—	—	是	瞬时采样，至少3个瞬时样	1次/班	《水质　pH值的测定　玻璃电极法》（GB/T 6920—1986）	自动监测期间，监测频次每天不少于4次，间隔不小于6h
5		DW001	流量	总锑	手工					混合采样，至少3个混合样	1次/半年	《水质　汞、砷、硒、铋和锑的测定　原子荧光法》（HJ 694—2014）	
6		DW001	流量	悬浮物	手工					瞬时采样，至少3个瞬时样	1次/周	《水质　悬浮物的测定　重量法》（GB/T 11901—1989）	
7		DW001	流量	化学需氧量	自动	是	—	—	是	瞬时采样，至少3个瞬时样	1次/班	《水质　化学需氧量的测定　重铬酸盐法》（HJ 828—2017）	自动监测期间，监测频次每天不少于4次，间隔不小于6h

续表

序号	污染源类别	排放口编号	监测内容	污染物名称	监测设施	自动监测是否联网	自动监测仪器名称	自动监测设施安装位置	自动监测设施是否符合安装、运行、维护等管理要求	手工监测采样方法及个数	手工监测频次	手工测定方法	其他信息
8	废水	DW001	流量	总磷（以 P 计）	手工					混合采样，至少3个混合样	1 次/日	《水质 总磷的测定 钼酸铵分光光度法》（GB/T 11893—1989）	
9		DW001	流量	总氮（以 N 计）	手工					混合采样，至少3个混合样	1 次/日	《水质 总氮的测定 碱性过硫酸钾消解紫外分光光度法》（HJ 636—2012）	
10		DW001	流量	色度	手工		—	—	是	混合采样，至少3个混合样	1 次/周	《水质 色度的测定》（GB/T 11903—1989）	
11		DW001	流量	氨氮（NH_3-N）	自动	是	—	—	是	混合采样，至少3个混合样	1 次/班	《水质 氨氮的测定 纳氏试剂分光光度法》（HJ 535—2009）	自动监测故障期间，监测频次每天不少于4次，间隔不小于 6h
12		DW002	流量	pH 值	手工					瞬时采样，至少3瞬时样	1 次/日	《水质 pH 值的测定 玻璃电极法》（GB/T 6920—1986）	—
13		DW002	流量	化学需氧量	手工					瞬时采样，至少3瞬时样	1 次/日	《水质 化学需氧量的测定 重铬酸盐法》（HJ 828—2017）	—
14		DW002	流量	氨氮（NH_3-N）	手工					混合采样，至少3个混合样	1 次/日	《水质 氨氮的测定 纳氏试剂分光光度法》（HJ 535—2009）	—
15		DW002	流量	总磷（以 P 计）	手工					混合采样，至少3个混合样	1 次/日	《水质 总磷的测定 钼酸铵分光光度法》（GB/T 11893—1989）	—

续表

序号	污染源类别	排放口编号	监测内容	污染物名称	监测设施	自动监测是否联网	自动监测仪器名称	自动监测设施安装位置	自动监测设施是否符合安装、运行、维护等管理要求	手工监测采样方法及个数	手工监测频次	手工测定方法	其他信息
16	废水	DW002	流量	悬浮物	手工					瞬时采样，至少3个瞬时样	1次/日	《水质悬浮物的测定重量法》（GB/T 11901—1989）	—
17	废水	DW002	流量	总氮（以N计）	手工					混合采样，至少3个混合样	1次/日	《水质总氮的测定碱性过硫酸钾消解紫外分光度法》（HJ 636—2012）	—
18		DW003	流量	化学需氧量	手工					瞬时采样，至少3个瞬时样	排放期间1次/日	《水质化学需氧量的测定重铬酸盐法》（HJ 828—2017）	
19	废气	DA001	温度、湿度	油烟	手工					非连续采样，至少3个	1次/年	《餐饮业油烟排放标准》（DB31/844—2014）	
20		DA002	烟气流速、烟气湿度、烟气含湿量、氧含量	氮氧化物	手工					非连续采样，至少3个	1次/月	《固定污染源废气氮氧化物的测定非分散红外吸收法》（HJ 692—2014）	
21		DA002	烟气流速、烟气湿度、烟气含湿量、氧含量	林格曼黑度	手工					非连续采样，至少3个	1次/月	《固定污染源排放烟气黑度的测定林格曼图法》（HJ/T 398—2007）	
22		DA002	烟气流速、烟气湿度、烟气含湿量、氧含量	二氧化硫	手工					非连续采样，至少3个	1次/月	《固定污染源废气二氧化硫的测定非分散红外吸收法》（HJ 629—2011）	
23		DA002	烟气流速、烟气湿度、烟气含湿量、氧含量	颗粒物	手工					非连续采样，至少3个	1次/月	《固定污染源废气中颗粒物测定和气态污染物采样方法》（GB/T 16157—1996）、《环境空气总悬浮颗粒物的测定重量法》（HJ 1263—2022）	

续表

序号	污染源类别	排放口编号	监测内容	污染物名称	监测设施	自动监测是否联网	自动监测仪器名称	自动监测设施安装位置	自动监测设施是否符合安装、运行、维护等管理要求	手工监测采样方法及个数	手工监测频次	手工测定方法	其他信息
24		DA003	温度、湿度、空气流速	非甲烷总烃	手工					非连续采样，至少3个	1次/季度	《固定污染源废气 总烃、甲烷和非甲烷总烃的测定 气相色谱法》（HJ 38—2017）	
25		DA003	温度、湿度、空气流速	颗粒物	手工					非连续采样，至少3个	1次/半年	《环境空气 总悬浮颗粒物的测定 重量法》（HJ 1263—2022）	
26		DA004	温度、湿度、空气流速	非甲烷总烃	手工					非连续采样，至少3个	1次/季度	《固定污染源废气 总烃、甲烷和非甲烷总烃的测定 气相色谱法》（HJ 38—2017）	
27		DA004	温度、湿度、空气流速	颗粒物	手工					非连续采样，至少3个	1次/半年	《环境空气 总悬浮颗粒物的测定 重量法》（HJ 1263—2022）	
28	废气	厂界	气压、风速、风向	颗粒物	手工					非连续采样，多个	1次/半年	《环境空气 总悬浮颗粒物的测定 重量法》（GB/T 15432—1995）	
29		厂界	气压、风速、风向	非甲烷总烃	手工					非连续采样，多个	1次/半年	《固定污染源废气 总烃、甲烷和非甲烷总烃的测定 气相色谱法》（HJ 38—2017）	—
30		厂界	气压、风速、风向	硫化氢	手工					非连续采样，多个	1次/半年	《空气质量 硫化氢、甲硫醇、甲硫醚和二甲二硫的测定 气相色谱法》（GB/T 14678—1993）	—
31		厂界	气压、风速、风向	臭气	手工					非连续采样，多个	1次/半年	《空气质量 恶臭的测定 三点比较式臭袋法》（GB/T 14675—1993）	
32		厂界	气压、风速、风向	氨（氨气）	手工					非连续采样，多个	1次/半年	《环境空气和废气 氨的测定 纳氏试剂分光光度法》（HJ 533—2009）	

审核要点如下：

① 排污企业易将"监测内容"误填为"污染因子"。一般有组织燃烧类废气的"监测内容"包括氧含量、烟气流速、烟气湿度、烟气温度、烟气含湿量、烟气量；非燃烧类废气的"监测内容"包括空气流速、温度、湿度等项目；无组织废气的"监测内容"包括温度、湿度、气压、风速、风向。废水的"监测内容"包括流量。

② 注意核实"自动监测""手工监测"是否符合《规范》要求。根据《规范》要求，排污企业废水总排放口需执行自动监测的指标有流量、pH 值、化学需氧量、氨氮。

③ "手工监测采样方法及个数"易填报错误，尤其需注意废水污染物"pH 值、COD、BOD$_5$、硫化物、有机物、悬浮物"指标的检测不能选用"混合采样"，故采取"单独采样"。具体监测方法参照《污水监测技术规范》（HJ 91.1）、《固定源废气检测技术规范》（HJ/T 397）。

④ 锅炉废气的污染物项目监测频率可按照《排污单位自行监测技术指南　火力发电及锅炉》（HJ 820），如 2015 年 1 月 1 日（含）之后取得环境影响评价文件批复的排污单位，应根据环境影响评价文件和批复要求同步完善；工艺废气监测项目及其最低监测频率按《排污单位自行监测技术指南　纺织印染工业》（HJ 879）执行。

⑤ 应注意核实手工测定方法是否选择正确。

⑥ 厂界无组织排放污染物的监测易遗漏，需注意核查。

5.4.2.15　环境管理要求—环境管理台账

环境管理台账信息填报内容如表 5-21 所列。

表 5-21　环境管理台账信息表

序号	设施类别	操作参数	记录内容	记录频次	记录形式	其他信息
1	生产设施	基本信息	（1）记录染色机的产品名称及产量、浴比、排水温度、原辅材料的使用量，计算生产负荷（即实际产量与产能之比）；（2）记录倍捻机、络筒机、捻线机等设备是否正常运行，及次品率；（3）记录废包装、残次品及固体废物的产生量	生产运行状况：每班记录 1 次；产品产量：每班记录 1 次；原辅料使用情况：每批记录 1 次	电子台账+纸质台账	台账保存期限不得少于三年
2	污染防治设施	监测记录信息	（1）除自动监测排水口的流量、pH 值、化学需氧量、氨氮外，还需监测进水 COD、总氮、温度等；（2）记录水泵、风机等开启的台数、正常运行情况	（1）废水排放口自动监测；（2）非正常工况信息按正常工况期记录频次记录，每工况期记录 1 次	电子台账+纸质台账	台账保存期限不得少于三年。非正常工况记录信息内容应记录非正常（停运）时刻、恢复（启动）时刻、事件原因、是否报告、所采取的措施
3	污染治理设施	污染治理措施运行管理信息	非正常（停运）时刻、恢复（启动）时刻、事件原因、是否报告、所采取的措施等	非正常工况信息按正常工况期记录频次记录，每工况期记录 1 次	电子台账+纸质台账	台账保存期限不得少于三年

续表

序号	设施类别	操作参数	记录内容	记录频次	记录形式	其他信息
4	污染防治设施	污染治理措施运行管理信息	（1）记录污水治理污染治理设施的构筑物规格参数，主要水泵、风机的参数； （2）主要药剂添加情况等； （3）污泥产生量； （4）是否有污水回用，如有应记录污水回用量	（1）污水治理污染治理设施的构筑物，主要水泵、风机发生变更时，应及时记录； （2）药剂添加情况、污泥产生量每班记录1次	电子台账+纸质台账	当污水处理设施发生重大变更、改造时，应及时上报生态环境主管部门
5	污染防治设施	其他环境管理信息	（1）记录食堂油烟治理设施的运行情况； （2）污水处理设施的厌氧、污泥池等环节的遮盖和臭气控制情况； （3）特殊时段生产设施运行管理信息和污染防治设施运行管理信息	（1）食堂油烟治理情况、污水处理设施臭气控制情况，每天记录一次； （2）特殊时段的台账记录频次原则上与正常生产记录频次一致，但需记录特殊时段开始和结束的情况	电子台账+纸质台账	台账保存期限不得少于三年

填报要点如下：

① 注意核实台账记录内容是否完整，包括生产设施和污染防治设施的相关信息。污染防治设施包括基本信息、运行管理信息、监测记录信息、其他环境管理信息（特殊时段、非正常工况）。

② 核实"记录频次"是否符合《规范》要求。

③ 核实"记录形式"是否选择"电子台账+纸质台账"。

④ 核实"其他信息"是否备注了台账保存期限。

5.4.2.16 地方生态环境主管部门增加的管理内容

根据地方生态环境主管部门管理内容填报。

5.4.2.17 相关附件

"守法承诺书"与"排污许可证申领信息公开情况说明表"为必须上传的附件，"生产工艺流程图"及"生产厂区总平面布置图"在填报系统的"排污单位基本情况—生产工艺流程图及生产厂区总平面布置图"部分上传，其余可根据实际情况选择性上传。

第 6 章
纺织印染工业排污许可证后执行与监管

排污许可证作为企事业单位生产运营期排污行为的唯一行政许可，明确了排污行为依法应当遵守的环境管理要求和承担的法律责任义务，同时也是企事业单位在生产运营期接受环境监管和生态环境部门实施监管的主要法律文书。生态环境部门基于企事业单位守法承诺，依法发放排污许可证，依证强化事中事后监管，对违法排污行为实施严厉打击。

6.1 证后执行与监管常见问题

6.1.1 废水排放合规性

6.1.1.1 排放口合规性

（1）检查内容

废水排放口基本情况，检查排放口位置和数量、污染物排放方式和排放去向等。

（2）检查重点

① 所有生产废水和生活污水的排放方式和排放口地理坐标、排放去向、排放规律、受纳自然水体及集中式污水处理单位信息。

② 单独排入城镇集中污水处理设施的生活污水仅检查排放去向。

（3）检查方法

以核发的排污许可证为基础，现场核实排放去向、排放规律、受纳自然水体信息与排污许可证许可事项的一致性，对排放口设置的规范性进行检查。

6.1.1.2 排放浓度与许可浓度一致性

（1）污染治理设施建设情况

1）检查重点

检查是否采用了污水治理设施，核实产排污环节对应的废水治理设施编号、名称，工艺是否为可行技术。

2）检查方法

① 以核发的排污许可证为基础，现场检查废水治理工艺与排污许可证登记事项的一致性。

② 对采用的废水污染治理工艺是否属于可行技术进行检查，利用可行技术判断企业是否具备符合规定的防治污染设施或污染物处理能力。在检查过程中发现废水治理措施不属于可行技术的，需在后续的执法中关注排污情况，重点对达标情况进行检查。

纺织印染行业废水污染防治可行技术参见《排污许可证申请与核发技术规范　纺织印染工业》（HJ 861—2017）附录 A "纺织印染工业废水污染防治可行技术参照表"及现有企业实际调查，其废水治理可行技术可参见表 6-1。

表 6-1　纺织印染工业废水污染防治可行技术参照表

类别	废水类型		可行技术	备注
含铬废水	感光制网废水		化学还原+絮凝沉淀法、电解还原法、离子交换法	含铬废水必须经过预处理满足限值要求后可排出车间或生产设施排放口
	含铬印染废水			
可资源回收生产废水（预处理）	洗毛废水		离心分离、膜分离、混凝气浮	可资源回收生产废水可直接排入全厂综合废水处理设施
	缫丝废水		酸析法、冷冻法、膜分离	
	丝光废水		蒸发器或直接套用	
	蜡染洗蜡废水		酸析法、气浮	
	退浆废水		膜分离、絮凝沉淀	
	碱减量废水		酸析法、盐析法	
全厂综合废水	工艺废水	喷水织机废水	一级处理：格栅、捞毛机、中和、混凝、气浮、沉淀；二级处理：水解酸化、厌氧生物法、好氧生物法；深度处理：曝气生物滤池、臭氧、芬顿氧化、滤池、离子交换、树脂过滤、膜分离、人工湿地、活性炭吸附	喷水织机废水经一级+二级处理可达到直接排放标准，其余类型的废水执行间接排放标准的需经一级+二级处理；执行直接排放标准的需经一级+二级+深度处理。每级处理工艺中技术至少选择一种
		成衣水洗废水		
		洗毛废水		
		缫丝废水		
		麻脱胶废水		
		印染废水		
	初期雨水			
	生活污水			
	循环冷却水排污水			

（2）污染治理措施运行情况

1）检查重点

各污染治理设施是否正常运行，以及运行和维护情况。

2）检查方法

① 在检查过程中对废水产生量及其与污水处理站进水量、排水量的一致性进行检查。现场检查污染治理设施相关运行记录，如进水量、排水量、进水浓度、用电量记录、药剂购买及使用消耗记录等；核对药剂的使用量；对废水处理量与耗电量的相关性进行检查。现场检查污染治理设施的维护记录。

在检查过程中发现废水产生量低于最低排水量，或与污水处理站进水量不一致的，污水处理站进水量与排水量不一致的，废水处理量与耗电量相关性曲线波动不在正常范围的，需要重点检查是否存在利用暗管、渗井、渗坑、灌注或者篡改、伪造监测数据，或者不正常运行防治污染设施等逃避监管的方式违法排放污染物。

② 对治理措施工艺参数或处理设备表观状态进行检查。在检查过程中发现废水治理措施工艺参数不相符或处理设备表观状态不正常的，在后续的执法中需对达标情况进行重点检查。废水污染治理设施运行经验参数参见表 6-2。

表 6-2　废水污染治理设施运行经验参数参照表

废水类型	可行技术		污染物去除率	备注
	主要处理单元	技术参数		
含铬废水	化学还原-絮凝沉淀	常用的还原剂 FeSO$_4$、NaHSO$_3$、Na$_2$S$_2$O$_5$、Na$_2$S$_2$O$_4$、Na$_2$S$_2$O$_3$ 等。	Cr^{6+}排放浓度可达到 0.5mg/L	
	电解还原法	pH<5	Cr^{6+}排放浓度可达到 0.5mg/L	
退浆废水	膜分离	采用超滤技术将退浆废水浓度浓缩至 10%以上	PVA 浆料回收率达 95%以上，COD 去除率达 80%以上	能耗相对较高，宜采用无机膜过滤
	交联盐析法	硫酸钠 8.0g/L、硼砂 1.20g/L、聚合氯化铝 1.0 g/L	PVA 浆料回收率达95%以上，COD 的去除率达 80%以上	
碱减量废水	酸析法	调节废水 pH 值至 2～4，通过精密滤网过滤	对苯二甲酸去除率达 70%～99%，COD 去除率达 50%～90%	
	混凝沉淀法	调节废水 pH 值至 2～5，投加混凝剂	对苯二甲酸去除率可达 95%以上，COD 去除率达 75%～90%	
印染综合废水	化学混凝	加药量为 100～400 mg/L，混凝反应时间 20～30 min	COD 去除率达 30%以上，BOD$_5$去除率一般为 20%～50%	
	气浮	水力停留时间 20～30min，药剂投加量一般为 50～100mg/L	SS 去除率为 70%～85%，COD 去除率为 50%～ 70%	
	水解酸化	容积负荷 0.7～1.5kgCOD/(m^3·d)，水力停留时间宜为 24～72h；棉、麻、毛印染废水停留时间不少于 36h	COD 去除率为 15%～40%，废水的 BOD$_5$/COD 提高，可生化性增强，色度去除率为 20%～50%	有效水深一般不小于 4m
	升流式厌氧污泥床（UASB）	中温条件下容积负荷 3～5kg COD/(m^3·d)，水力停留时间 12～24h，污泥浓度 20～40g/L	COD 去除率为 50%～60%，BOD$_5$去除率为 60%～80%，SS 去除率为 50%～70%	适用于 BOD$_5$/COD 相对较高的情况下，如浆料比例中淀粉浆料比例超过 50%
	强化循环厌氧反应器（SCAR）	容积负荷 5～8kgCOD/（m^3·d），水力停留时间 8～16h，污泥浓度 30～60g/L	COD 去除率为 60%～80%，BOD$_5$去除率为 60%～80%	需提供循环动力

续表

废水类型	可行技术		污染物去除率	备注
	主要处理单元	技术参数		
印染综合废水	厌氧折流板反应器（ABR）	容积负荷 3～5kgCOD/（m³·d），水力停留时间 16～24h，污泥浓度 12～36g/L	COD 去除率为 50%～70%，BOD₅ 去除率 50%～70%	适用于 BOD₅/COD 相对较高的情况下，如浆料比例中淀粉浆料比例超过 50%
	完全混合活性污泥法	水力停留时间宜为 12～36h，污泥浓度为 2～4g/L，污泥回流比 50%～100%，污泥负荷为 0.10～0.25kg BOD₅/（kgMLSS·d），溶解氧浓度宜≥2mg/L	COD 去除率 65%～88%，BOD₅去除率 80%～95%，色度去除率 50%～70%	
	生物接触氧化	水力停留时间宜为 12～36h，填料容积负荷宜为 0.4～0.8kgCOD/（m³ 填料·d），填料填充率宜为 50%～80%，溶解氧浓度宜≥2mg/L	COD 去除率在 45%～60%，BOD₅去除率在 70%～90%，色度去除率在 30%～50%	
	A/O 工艺	水力停留时间宜为 12～36h，A 池、O 池容积之比约为 1∶3，污泥浓度宜为 2.0～4.5kgMLSS/m³，污泥回流比宜为 50%～100%，污泥负荷宜为 0.05～0.15kg BOD₅/（kgMLSS·d），O 池溶解氧浓度宜≥2mg/L	COD 去除率在 45%～60%，对 BOD₅和 SS 的总去除率为 90%～95%，总氮的去除率为 70%以上，色度去除率为 50%～70%	处理高氮废水，水力停留时间宜大于 24h，A 段可适当投加补充碳源
	SBR 工艺	水力停留时间宜为 24～48h，污泥浓度宜为 3.0～4.5kgMLSS/m³，污泥负荷宜为 0.10～0.25kg BOD₅/（kgMLSS·d）	COD 去除率在 45%～60%，BOD₅和 SS 的总去除率为 90%～95%，总氮的去除率为 70%以上，色度去除率为 50%～70%	处理高氮废水，可增加缺氧搅拌停留时间，同时可适当投加补充碳源
	氧化沟工艺	水力停留时间宜为 24～48h，污泥浓度宜为 3.0～4.5kgMLSS/m³，污泥负荷宜为 0.10～0.4kg BOD₅/（kgMLSS·d），平均流速 0.3～0.5m/s	COD 去除率在 45%～60%，BOD₅和 SS 的总去除率为 90%～95%，总氮的去除率为 70%以上，色度去除率为 50%～70%	处理高氮废水，可采用具有脱氮功能的氧化沟工艺，增加缺氧段停留时间，同时可适当投加补充碳源
	MBR	水力停留时间宜为 12～36h，污泥浓度宜为 6.0～8.0kgMLSS/m³，污泥负荷宜为 0.10～0.2kg BOD₅/（kgMLSS·d），跨膜压力 0.01～0.04MPa	COD 去除率在 60%～80%，BOD₅和 SS 的总去除率为>95%，总氮的去除率为 50%以上，色度去除率为 50%～70%	适合应用于有中水回用或制备纯水需求的情形
	砂滤	滤速 4～10 m/h，工作压力小于 0.6MPa	浊度去除率>80%	
	曝气生物滤池	过滤速度：2～8m/h（反硝化时>10m/h），反冲洗空气速度：60～90m/h，固体负荷能力：4～7kg/BOD	COD 去除率、氨氮、总磷的可分别为 90%、80%、70%	
	化学脱色	常用的脱色剂有次氯酸钠或合成的化学脱色剂等，不宜使用含氯脱色剂	脱色效率可达到 70%～90%	
	臭氧氧化	臭氧浓度 20～50mg/L，停留时间 10～30min	脱色效率可达到 60%～85%	

续表

废水类型	可行技术		污染物去除率	备注
	主要处理单元	技术参数		
印染综合废水	Fenton 氧化	温度 20～40℃，H_2O_2 与 Fe^{2+} 摩尔比 95～290，pH 为 2.0～4.0 时，反应时间以 90～100min 为宜。	高效地使印染废水脱色、难处理有机物和毒性物质降解。COD 去除率为 80%以上，色度去除率可达 90%以上	
	膜分离	微滤操作压为 0.01～0.2 MPa，超滤压力为 0.1～1.0MPa，纳滤为 0.5～5MPa，反渗透 1.0～10 MPa	反渗透对总硬度、Na^+、氯化物、总碱度和 SO_4^{2-} 的平均去除率分别为 90%、95%、95%、95%和 90%以上，电导率降至 150μS/cm 以下	适合应用于有中水回用或制备纯水需求的情形
	活性炭吸附	固定床滤速一般采用 8～20m/h	COD 去除率达 93%～95%，BOD_5 去除率达 95%～96%，色度去除率 27.5%	
	人工湿地	水力负荷小于 0.2m³/（m²·d）	SS 出水值一般低于 10mg/L，BOD_5 去除率达 75%，色度去除率达 80%	

注：MLSS 为混合液悬浮固体。

（3）污染物排放浓度满足许可浓度要求情况

1）检查重点

各排放口的 COD、氨氮等污染物浓度是否低于许可排放浓度限值要求。

2）检查方法

排放浓度以资料检查为主，根据剔除异常值的自动监测数据、执法监测数据及企业自行开展的手工监测数据判断。手工监测数据与自动监测数据不一致的，以符合法定监测标准和监测方法的手工监测数据作为优先判断依据。对于有疑义或根据需要进行执法监测的，执法监测过程中的即时采样可以作为执法依据。

对于未要求采用自动监测的排放口或污染物，应以手工监测数据为准，同一时段有执法监测的，以执法监测数据为准。

6.1.1.3　实际排放量与许可排放量一致性检查

（1）检查内容

污染物实际排放量。

（2）检查重点

COD、氨氮的实际排放量是否满足年许可排放量要求。

（3）检查方法

实际排放量为正常和非正常排放量之和，核算方法包括实测法（分自动监测和手工监测）、物料衡算法、产排污系数法。

正常情况下应当采用自动监测的排放口和污染因子，根据符合监测规范的有效自动监测数据核算实际排放量。应当采用自动监测而未采用的排放口或污染因子，采用产污系数法核算化学需氧量、氨氮等污染物的实际排放量，根据产品产量和单位产品污染物产生量，按直接排放进行核算。

未要求采用自动监测的排放口或污染因子，按照优先顺序依次选取自动监测数据、执法和手工监测数据、产污系数法或物料衡算法进行核算。在采用手工和执法监测数据进行核算时，排污单位还应以产污系数或物料衡算法进行校核。监测数据应符合国家环境监测相关标准技术规范要求。

若同一时段的手工监测数据与执法监测数据不一致，以执法监测数据为准。非正常情况下，废水污染物在核算时段内的实际排放量采用产污系数法核算污染物排放量，且均按直接排放进行核算。

纺织印染工业排污单位如含有适用其他行业排污许可技术规范的生产设施，废水污染物的实际排放量采用实测法核算时，按以下算方法核算；采用产排污系数法核算时，实际排放量为涉及的各行业生产设施实际排放量之和。

1）正常情况

① 实测法。实测法是通过实际废水排放量及其所对应污染物排放浓度核算污染物排放量，适用于具有有效自动监测或手工监测数据的排污单位。

a．采用自动监测系统监测数据核算。获得有效自动监测数据的，可以采用自动监测数据核算污染物排放量。污染源自动监测系统及数据须符合 HJ 353、HJ 354、HJ 355、HJ 356、HJ 373、HJ 630、HJ 879、排污许可证等要求。

核算时段内某种污染物排放量采用式（6-1）计算。

$$D = \sum_{i=1}^{n} (C_i Q_i \times 10^{-6})\qquad(6\text{-}1)$$

式中　D——核算时段内某种污染物排放量，t；

　　　n——核算时段内连续自动监测周期数，量纲为一的量；

　　　C_i——废水中某种污染物第 i 次监测周期浓度值，mg/L；

　　　Q_i——第 i 次监测周期废水排放量，m^3。

b．采用手工监测数据核算。未安装自动监测系统或无有效自动监测数据时，采用执法监测、排污单位自行监测等手工监测数据进行核算。监测频次、监测期间生产工况、数据有效性等必须符合 HJ/T 91、HJ/T 92、HJ/T 373、HJ 630、HJ 879、排污许可证等要求。除执法监测外，其他所有手工监测时段的生产负荷应不低于本次监测与上一次监测周期内的平均生产负荷（平均生产负荷即企业该时段内实际生产量/该时段内设计生产量），并给出生产负荷对比结果。

核算时段内废水中某种污染物排放量采用式（6-2）计算。

$$D = \sum_{i=1}^{n} (\overline{C}_{Di} Q_i \times 10^{-6})\qquad(6\text{-}2)$$

式中　D——核算时段内某排放口废水中某种污染物排放量，t；

　　　n——核算时段内排水期间监测排放浓度对应时段数，量纲为一的量；

$\overline{C}_{Di}$ ——第 i 次监测某排放口废水中某种污染物日排放浓度均值，mg/L，可以将当日所有监测排放浓度的平均值作为当日排放浓度均值；

Q_i ——第 i 次监测对应时段内该排放口废水排放量，m³。

② 产污系数法

a．废水。废水产生量根据产污系数与产品产量，采用式（6-3）计算。

$$d_{废水} = C_{废水}W \qquad (6\text{-}3)$$

式中　$d_{废水}$ ——核算时段内废水产生量，t；

$C_{废水}$ ——单位产品工业废水量产污系数，t/t；

W ——核算时段内产品产量，t。

b．水污染物。水污染物产生量根据污染物产污系数及核算时段内的产品产量，采用式（6-4）计算。

$$d=CW\times10^{-6} \qquad (6\text{-}4)$$

式中　d ——核算时段内废水中某种污染物产生量，t；

C ——单位产品废水中某种污染物产污系数，g/t；

W ——核算时段内产品产量，t。

核算时段内废水中某种污染物排放量计算公式如式（6-5）：

$$D = d\left(1-\frac{\eta_{去除}}{100}\right)\left(1-\frac{\eta_{回用}}{100}\right) \qquad (6\text{-}5)$$

式中　D ——核算时段内废水中某种污染物排放量，t；

d ——核算时段内废水中某种污染物产生量，t；

$\eta_{去除}$ ——核算时段内污水处理设施对某种污染物的去除效率，%；

$\eta_{回用}$ ——核算时段内废水回用率，%。

2）非正常情况污染物排放量核算

废水处理设施非正常情况下的排水，如无法满足排放标准要求时，不应直接排入外环境，待废水处理设施恢复正常运行后方可排放。如因特殊原因造成污染治理设施未正常运行进而超标排放污染物的或偷排偷放污染物的，污染物按产污系数与未正常运行时段（或偷排偷放时段）的累计排水量核算实际排放量。

6.1.2　废气排放合规性

6.1.2.1　排放口（源）合规性

（1）检查内容

废气排放口基本情况，检查有组织排放口数量、排放口地理坐标、排气筒高度、出口内径、排放污染物种类等。

（2）检查重点

一般排放口印花设施、定形设施、涂层设施等排放污染物的种类、方式。

（3）检查方法

以核发的排污许可证为基础，现场核实排放口数量、排放口地理坐标、排气筒高度、出口内径、排放污染物种类与许可要求的一致性，对排放口设置的规范性进行检查。

纺织印染企业废气排放口及污染因子可参见表 6-3，排放口要求执行《排污口规范化整治技术要求》（环监〔1996〕470 号）。

表 6-3　废气排放口及污染因子参照表

生产设施	排放口	污染因子
一般排放口		
印花设施①	排气筒	甲苯、二甲苯、非甲烷总烃
定形设施		颗粒物、非甲烷总烃
涂层设施		甲苯、二甲苯、非甲烷总烃
废气无组织排放		
印染单元	厂界	颗粒物、非甲烷总烃
毛纺单元、麻纺单元、缫丝单元		颗粒物、臭气浓度、硫化氢
织造单元、成衣水洗单元		颗粒物
废水处理设施		臭气浓度、氨、硫化氢

① 指使用苯类有机溶剂的印花蒸化、静电植绒、转移印花等产生废气的重点工段。

6.1.2.2　排放浓度与许可浓度一致性

（1）污染治理措施建设情况检查

1）检查重点

检查是否采用了废气治理措施，核实产排污环节对应的废气污染治理设施编号、名称、工艺以及是否为可行技术。

2）检查方法

在检查过程中以核发的排污许可证为基础，现场检查印花设施、定形设施、涂层设施废气污染治理设施名称、工艺等与排污许可证登记事项的一致性。

对废气污染治理措施是否属于污染防治可行技术进行检查，利用可行技术判断企业是否具备符合规定的污染防治设施或污染物处理能力。在检查过程中发现废气污染治理措施不属于可行技术的，需在后续的执法中关注排污情况，重点对达标情况进行检查。

纺织印染行业废气污染防治可行技术参照《纺织工业污染防治可行技术指南》（HJ 1177—2021）。

（2）污染治理措施运行情况检查

1）检查重点

各废气污染治理设施是否正常运行，以及运行和维护情况。

2）检查方法

① 正常生产情况下通过车间异味情况，判定废气收集系统收集率是否符合规定的要求。重点检查定形废气收集管路是否存在以增设旁通，或者不正常运行污染防治设施等逃避监管的方式违法排放污染物。

② 对治理措施工艺参数或排气筒废气表观状态进行检查。在检查过程中发现废气治理设施工艺参数不相符或排气筒尾气排放不正常的，在后续的执法中需对达标情况进行重点检查。

③ 对于涂层废气治理设施，通过查阅溶剂进出料台账及物料衡算，判定废气处理设施运行是否属于正常。对于定形废气治理设施，通过查阅废气处理监控装置中的电表初步判定定形废气处理设施是否处于正常运行状态，通过查看静电装置控制柜显示的废气温度（一般低于 50℃），判定废气处理效果。

④ 检查废气处理设施运行参数的逻辑关系是否合理：通过查阅风机风量，结合废气产生设备的排气量，判定废气处理装置风量的匹配性，从而判定是否存在无组织排放现象。

⑤ 现场检查废气治理设施的运行维护记录。如喷淋水更换频次、用电量、药剂购买及使用记录、有机溶剂回收台账等。

（3）污染物排放浓度满足许可浓度要求检查

1）检查重点

各一般排放口颗粒物、甲苯、二甲苯、非甲烷总烃等污染物排放浓度是否低于许可限值要求。

2）检查方法

排放浓度以资料检查为主，根据剔除异常值的自动监测数据、执法监测数据及企业自行开展的手工监测数据判断。若同一时段的手工监测数据与自动监测数据不一致，以符合法定监测标准和监测方法的手工监测数据作为优先判断依据。对于有疑义或根据需要进行执法监测的，执法监测过程中的即时采样可以作为执法依据。

对于未要求采用自动监测的排放口或污染物，应以手工监测数据为准，同一时段有执法监测的，以执法监测数据为准。

6.1.3　环境管理合规性

6.1.3.1　自行监测落实情况

（1）检查内容

主要包括是否开展了自行监测，以及自行监测的点位、因子、频次是否符合排污许可证要求。

1）自动监测

主要检查以下内容与排污许可证载明内容的相符性：排放口编号、监测内容、污染物名称、自动监测设施是否符合安装运行、维护等管理要求。

2）手工自行监测

主要检查以下内容与排污许可证载明内容的相符性：排放口编号、监测内容、污染物名称、手工监测采样方法及个数、手工监测频次。

（2）检查方法

主要为资料检查，包括：自动监测、手工自行监测记录，环境管理台账，自动监测设施的比对、验收等文件。对于自动监测设施，可现场查看运行情况、药剂有效期等。

1）废水自动监控设施检查要点

① 采样单元。采样单元常见问题及检查方法见表 6-4。

表 6-4　采样单元常见问题及检查方法

序号	常见问题	影响	规范要求	检查方法
1	（1）采样探头安装位置不当。 （2）在堰槽采样探头附近排入浓度较低的水	（1）采样探头堵塞，引起数据异常波动。 （2）所取水样不具有代表性。 （3）人为作假，导致数据失真	（1）采用明渠流量计测量流量时，水质自动采样单元的采水口应设置在堰槽前方，合流后充分混合的场所，并尽量设在流量监测单元标准化计量堰（槽）取水口头部的流路中央。 （2）采水口朝向与水流的方向一致，减少采水部前端的堵塞。 （3）采水装置宜设置成可随水面的涨落而上下移动的形式（HJ 353—2019）	（1）观察采样探头安装位置是否设置在废水排放堰槽头部。如巴歇尔槽应安装在收缩段上游明渠。 （2）观察采样探头是否在取水口路流中央。 （3）在测量合流排水时，采样探头是否在合流后充分混合处。 （4）在采样探头上游一定距离处采样进行比对
2	采样管路未固定或采用软管采样，或通过外排管道绕过在线监控，直接将调节池内未经处理的废水排入污水管网，同时利用软管对污水外排池掺水稀释调节池内的污水浓度	采样时，采样探头可以大范围移动，采到的水样不具有代表性，并为作假提供了条件	水质自动采样单元的管材应采用优质的聚氯乙烯（PVC）、三丙聚丙烯（PPR）等不影响分析结果的硬管（HJ 353—2019）	现场观察采样管路材质和安装情况
3	采样管设置旁路，用自来水等低浓度水稀释水样，或擅自移动在线监测设施，如将在线监控水泵、pH电极从外排池中取出，放到企业自备的水桶中进行采样	人为作假，使数据偏低	水质自动采样单元的构造应保证将水样不变质地输送到各水质分析仪（HJ 353—2019）	（1）现场观察，检查采水系统管路中间是否有三通管连接。 （2）在排放口采样比对
4	采样管路人为加装中间水槽，故意向中间水槽内注入其他水样替代实际水样，或取样管路中安装了一个三通阀门，多接了一路水管，并用泥土和碎石将三通阀门掩盖	人为作假，导致数据失真	水质自动采样单元的构造应保证将水样不变质地输送到各水质分析仪（HJ 353—2019）	（1）现场观察是否设置中间水槽，如仪器要求设置，则需检查水槽是否有异常水样接入。 （2）查阅仪器说明书和验收材料，对照现场安装情况，检查是否违规设置中间水槽。 （3）采集排放口水样和中间水槽水样进行比对监测

续表

序号	常见问题	影响	规范要求	检查方法
5	采样泵设置不当	无法正常采样，导致分析仪器报警、数据异常或缺失	（1）采样泵应根据采样流量、水质自动采样单元的水头损失及水位差合理选择。（2）应使用寿命长、易维护的，并且对水质参数没有影响的采样泵，安装位置应便于采样泵的维护（HJ 355—2019）	（1）现场手动启动采样装置，观察采样是否正常。（2）查看仪器报警记录。（3）查看历史数据，是否存在缺失或异常
6	采样管路未采取防冻措施	采样管路冻裂或管路内结冰堵塞，无法采样	采样取水系统的构造应有必要的防冻和防腐设施（HJ 353—2019）	现场观察是否有防冻措施

② COD 分析仪。COD 分析仪常见问题及检查方法见表 6-5。

表 6-5　COD 分析仪常见问题及检查方法

序号	常见问题	影响	规范要求	检查方法
1	未定期更换试剂，导致试剂超过有效使用期或无试剂	系统无法正常工作，测量数据异常	每周至少一次检查各水污染源在线监测仪器标准溶液和试剂是否在有效使用期内，保证按相关要求定期更换标准溶液和试剂（HJ 355—2019）	（1）观察试剂瓶内是否有试剂。（2）观察试剂标签，明确试剂是否在有效期内。（3）观察重铬酸钾溶液与硫酸-硫酸银溶液的余量是否成比例（这两种溶液的取用量一般为 1：2 左右）
2	量程校正液实际浓度与仪器设定浓度不符	这是一种常用的作假手段，对测定数据的影响分两种情况：（1）如果量程校正液实际浓度低于仪器设定浓度，将使实际水样测定浓度接近等比例增高。这种情况一般在污水处理厂进口在线仪器上使用。（2）如果量程校正液实际浓度高于仪器设定浓度，将使实际水样测定浓度接近等比例降低。这种情况一般在排放口在线仪器上使用	—	（1）检查仪器设置的量程校正液浓度是否与试剂实际浓度一致。（2）采用国家标准样品进行比对试验，相对误差应不超过±10%。（3）将量程校正液带回实验室分析
3	蠕动泵管老化，未及时更换	导致取样不准确，测试结果不准确	其他维护按相关仪器说明书的要求进行仪器维护保养、易耗品的定期更换工作（HJ 355—2019）	（1）查阅运维记录，检查是否定期更换蠕动泵管（一般蠕动泵管每 3 个月至少需要更换一次）。（2）将蠕动泵管拆卸下来，观察其是否有裂纹、能否恢复原状。如拆卸后不能恢复原状、泵管表面有裂纹，则需要更换
4	（1）消解温度偏低。（2）消解时间不足	水样消解不完全，测定数据偏低	加热器加热后应在 10min 内达到设定的 165℃±2℃ 温度（HJ/T 399—2007）	（1）现场查看消解参数设置，一般消解温度不小于165℃，消解时间不小于15min。具体参数要求参考仪器说明书。（2）进行实际水样比对试验，应满足 HJ 355—2019 标准表 1 的性能要求

序号	常见问题	影响	规范要求	检查方法
5	消解单元漏液	消解压力、温度、试剂和样品的量均会受到影响，导致监测数据不准确	水污染源在线监测仪器：根据相应仪器操作维护说明，检查及更换易损耗件，检查关键零部件可靠性，如计量单元准确性、反应室密封性等，必要时进行更换（HJ 355—2019）	现场观察有无漏液痕迹
6	比色管未及时清洗，内壁有污染物	数据波动大或数据不变化	—	观察比色管壁是否有污渍
7	光源老化或故障	无法正常测量，导致数据异常	其他维护按相关仪器说明书的要求进行仪器维护保养、易耗品的定期更换工作（HJ 355—2019）	（1）查阅运维记录，检查是否定期更换光源（光管更换周期需参照仪器说明书）。 （2）手动测量，观察比色单元发光管是否发光
8	量程设置不当	（1）量程设置过低，实际水样浓度超过量程上限时，测量数据无效。 （2）量程设置过高，在测量实际水样浓度远低于测量量程时（如低于10%），可能导致测量误差过大，影响数据的准确性	在线监测仪器量程应根据现场实际水样排放浓度合理设置，量程上限应设置为现场执行的污染物排放标准限值的2～3倍	（1）查阅仪表历史数据，对照仪表设置的量程，观察是否经常超出量程或满量程显示。 （2）先用接近实际废水浓度的质控样进行测定，相对误差应不大于±10%。 （3）再用接近但低于量程的质控样进行测定，相对误差也应不大于±10%
9	采用修改仪器标准曲线的斜率和截距、设定数据上下限等方式，使仪表历史数据长期在一个较小范围内波动	人为作假，数据不真实	—	（1）对于排放口，用介于量程和排放标准之间的质控样进行测定，相对误差应不大于±10%。 （2）对于进水口，用低于日常显示数据（约为日常显示数据的50%）的质控样进行比对，相对误差应不大于±10%

③ 氨氮分析仪。COD$_{Cr}$分析仪的一些常见问题，在氨氮分析仪上同样存在。氨氮分析仪的一些特有问题及检查方法见表 6-6。

表 6-6　氨氮分析仪特有问题及检查方法

序号	常见问题	影响	规范要求	检查方法
1	比色池污染	降低测量精度	—	现场观察比色池有无漏液痕迹、比色池是否清洁

④ 流量计。流量计常见问题及检查方法见表 6-7。

表 6-7　流量计常见问题及检查方法

序号	常见问题	影响	规范要求	检查方法
1	使用超声波明渠流量计时，堰槽不规范	流量测定不准确	（1）堰槽上游顺直段长度应大于水面宽度的5～10倍。 （2）堰槽下游出口无淹没流。	对照堰槽规格表，用尺子现场测量，核实是否一致

续表

序号	常见问题	影响	规范要求	检查方法
1	使用超声波明渠流量计时，堰槽不规范	流量测定不准确	（3）计量堰槽符合明渠堰槽流量计规程 JJG 711—1990 中标明的技术要求（JJG 711—1990）	对照堰槽规格表，用尺子现场测量，核实是否一致
2	使用超声波明渠流量计时，流量计安装不规范（如流量计探头未固定，可移动；探头和校正棒与液面不垂直；安装位置过高或过低）	测量数据不准确	（1）探头安装在计量堰槽规定的水位观测断面中心线上。（2）仪器零点水位与堰槽计量零点一致。（3）探头安装牢固，不易移动（JJG 711—1990）	（1）现场观察流量计安装情况，应满足规范要求。（2）使用直尺直接测量液位，用流量公式计算实际流量，允许误差不超过 5%
3	使用超声波明渠流量计时，流量计上传数据人为作假	流量计上传数据和实际测量数据不一致	—	采用遮挡法（用遮挡物在流量计探头正下方上下移动），观察流量计数值与数采仪是否同步变化
4	使用超声波明渠流量计时，参数设置不正确	参数设置与实际堰槽尺寸不符，会导致流量测定不准确	—	查阅参数设置，主要包括堰槽型号、喉道宽、液位三个参数是否和现场实际尺寸一致。此外，对于某些需要手动输入流量公式的仪器，还需检查流量公式是否正确
5	使用电磁管式流量计时，测量流体不满管	不满足电磁流量计测定要求，测定结果不准确	—	观察电磁流量计安装位置是否设置了 U 形管段等保证流体满管的措施

2）废气自动监控设施检查要点

① 分析单元检查要点。分析单元常见问题及检查方法见表 6-8。

表 6-8　分析单元常见问题及检查方法

序号	常见问题	影响	规范要求	检查方法
1	仪器未及时进行校准或校验	测量误差增大，降低仪器准确度，严重时仪器精度无法满足标准要求	具有自动校准功能的颗粒物 CEMS 和气态污染物 CEMS 每 24h 至少自动校准一次仪器零点和量程；无自动校准功能的颗粒物 CEMS 每 15d 至少校准一次仪器的零点和量程；无自动校准功能的直接测量法气态污染物 CEMS 每 15d 至少校准一次仪器的零点和量程；无自动校准功能的抽取式气态污染物 CEMS 每 7d 至少校准一次仪器零点和量程；抽取式气态污染物 CEMS 每 3 个月至少进行一次全系统的校准；具有自动校准功能的流速 CMS 每 24h 至少进行一次零点校准，无自动校准功能的流速 CMS 每 30d 至少进行一次零点校准（HJ 75—2017）	同时测试并记录零点漂移和量程漂移，满足 HJ 75—2017 表 4 要求
2	量程设置过高或过低	（1）量程设置过高，在测量的烟气实际浓度远低于测量量程时（如低于 20%），可能导致测	—	（1）查阅仪表历史数据，观察污染物实际排放浓度范围。（2）通常，实际排放浓度应该在量程的 20%～80% 范

序号	常见问题	影响	规范要求	检查方法
2	量程设置过高或过低	量误差过大，影响数据的准确性。 （2）量程设置过低，烟气实际浓度超过量程上限时，测量数据无效，排放情况无法得到有效监控	—	围内。 （3）如实际排放浓度低于量程的20%，通入与实际排放浓度接近的标准气体进行测定，相对误差应不超过±5%。 （4）观察历史数据中是否经常发生超出仪器量程范围的数据
3	采用修改测量仪器标准曲线的斜率和截距、不正确设置校准系数、设定数据上下限等方式，对测定数据进行修饰	人为作假，数据不真实	—	分别用低、中、高浓度的标准气体进行全系统检验，误差不超过±5%
4	标气实际浓度与仪器设定的标气浓度不一致	（1）如果标气实际浓度低于仪器设定浓度，将使实际测定浓度接近等比例增高。 （2）如果标气实际浓度高于仪器设定浓度，将使实际测定浓度接近等比例降低	—	（1）使用自备标准气体进行测定，相对误差应不超过±5%。 （2）使用快速测定仪或将现场标气带回实验室测定，其浓度应与仪器设定的标气浓度一致

② 定形废气监控装置检查要点。定形机废气实时监控系统是一套对定形机及定形机静电处理系统进行工况监控的监控设备，主要连接定形机和静电处理设备两个工作电源。

如果定形机开启，正常情况下系统都会监测到定形机工作电流和静电工作电流；如果企业在定形机生产过程中没有开启静电除尘设备，平台就会显示红色报警，并自动发送短信给执法人员。

现场运行端的检查常见问题及检查方法见表6-9。

表6-9 现场运行端常见问题及检查方法

序号	常见问题	影响	规范要求	检查方法
1	采样点位设置不合理	（1）不能真实反映定形机的运行情况。 （2）所取定形机运行的电流不具有代表性。 （3）人为作假，导致数据失真	（1）静电电流传感器安装位置规定设置在定形机废气静电处理装置的静电控制单元。 （2）定形机运行电流传感器应设置在能表征定形机正常运行工况的位置	（1）观察定形机静电传感器的安装位置能否真实反映静电装置的真实情况，通过对处置装置的电流档位加减档，查看输出电流是否变化，且逻辑与实际情况相符。 （2）观察定形机运行电流传感器安装位置是否能表征定形机正常运行状况，能明显判断开关机状态。 （3）观察是否有人为作假的情况，如设置信号发生器等情况

序号	常见问题	影响	规范要求	检查方法
2	监测房内定形机工况控制器非正常运行	不能确保数据正确上传	定形机工况控制器各功能正常运行	（1）现场观察，触摸屏或者键鼠是否能正常使用，有无死机现象。 （2）查看仪器报警记录。 （3）查看历史数据是否缺失或异常
3	核查现场电流传感器量程是否和平台配置量程一致	不能真实反映定形机的运行情况	量程应与实际标注情况相符	（1）将平台电流显示数据与现场实际显示数据进行比较，检查工具为钳形电流表（交流电流档测量），核实检测结果与平台数据是否一致。 （2）现场核查电流传感器是否正常运行（可以进行以下操作：a.切断电流传感器电源，平台上显示相应定形机或者静电处理设施是否为关机状态；b.关闭定形机或者静电处理设施，平台上相应电流是否为"0A"，平台同时显示为关机状态；c.关闭正常运行定形机的静电处理设施，平台上是否显示红色报警，并发送短信至各相关联系人；d.检查传感器电流和定形机运行电流、静电处理设施运行电流是否一致，用钳形电流表测量其准确性）
4	定形机运行电流小于0.8A或者平台显示关机	不能真实反映定形机的运行情况	—	（1）检查是否为电流传感器损坏，无输出。 （2）检查采集模块（AD4017）的模块通道是否损坏

③涂层、印花等使用有机溶剂工段废气处理装置检查要点。在涂层工艺中大量使用有机溶剂甲苯及DMF，对于产生的高浓度DMF废气先采用水喷淋方法回收，然后对未溶于水的含甲苯的有机废气，目前常采用的方法主要为活性炭吸附及脱附冷凝回收有机溶剂甲苯废气。涂层废气回收/处理现场运行端常见问题及检查方法见表6-10。

表6-10　涂层废气回收/处理现场运行端常见问题及检查方法

序号	常见问题	影响	检查方法
1	DMF吸收塔温度过高	影响DMF吸收效果	测试进塔气流温度或吸收液温度
2	DMF吸收塔级数不够	（1）影响后续吸附-分离效果。（2）影响活性炭使用寿命	手工监测DMF吸收塔出口浓度，建议控制小于100mg/m³
3	活性炭吸附装置空塔气速过高	仅能起到回收效果，无法做到达标排放	（1）现场查看设备断面尺寸。（2）现场查看活性炭种类及装填厚度
4	脱附时间不够	活性炭再生不彻底	（1）调用工艺操作手册。（2）现场查看再生流程
5	活性炭脱附冷凝后气体直接排放	浓度较高，影响整体达标排放	（1）调用工艺流程图。（2）现场查看管道走向

序号	常见问题	影响	检查方法
6	DMF 水溶液交由无资质单位处置	带来环境风险	（1）检查处置合同。 （2）检查台账

④ 污水处理站臭气治理装置检查要点。污水处理站臭气治理装置常见问题及检查方法如表 6-11 所列。

表 6-11　污水处理站臭气治理装置常见问题及检查方法

常见问题	影响	规范要求	检查方法
废气收集风机未开启、吸收塔循环泵未开启、吸收液 pH 值不符合要求等	影响臭气治理效果	吸收液液位一般控制在池容积的 60% 以上，酸吸收液 pH 值一般控制在 5 以下，碱吸收液 pH 值一般控制在 9 以上	用 pH 试纸检查吸收液 pH 值及观察现场检测设备运行情况

6.1.3.2　环境管理台账落实情况

（1）检查内容

主要包括是否有环境管理台账、环境管理台账是否符合相关规范要求。主要检查生产设施的基本信息、污染防治设施的基本信息、监测记录信息、运行管理信息和其他环境管理信息等的记录内容、记录频次和记录形式。

（2）检查方法

查阅环境管理台账，比对排污许可证要求检查台账记录的及时性、完整性、真实性。涉及专业技术的，可委托第三方技术机构对排污单位的环境管理台账记录进行审核。

6.1.3.3　执行报告落实情况

（1）检查内容

执行报告上报频次和主要内容是否满足排污许可证要求。

（2）检查方法

查阅排污单位执行报告文件及上报记录。涉及专业技术领域的，可委托第三方技术机构对排污单位的执行报告内容进行审核。

6.1.3.4　信息公开落实情况

（1）检查内容

主要包括是否开展了信息公开、信息公开是否符合相关规范要求。主要检查信息公开的公开方式、时间节点、公开内容与排污许可证要求的相符性。

（2）检查方法

主要包括资料检查和现场检查，其中资料检查为查阅网站截图、照片或其他信息公开记录，现场检查为现场查看信息亭、电子屏幕、公示栏等场所。

6.2　企业现场检查

6.2.1　现场检查资料准备

现场执法检查前需了解企业基本情况，并对照企业排污许可证填写企业基本信息表，标明被检查企业的单位名称、注册地址、生产经营场所地址和行业类别，根据企业实际情况勾选主要生产工艺,填写生产线或生产设备数量、规格以及产能,具体见表6-12。

表 6-12　企业基本情况表

单位名称				注册地址		
生产经营场所地址				行业类别		
实际主要加工产品及产能	加工产品	产能		加工产品	产能	
	洗毛			染色		
	麻脱胶			印花		
	缫丝			涂层		
	喷水织造			成衣水洗		
	……			……		
实际主要生产设备或生产线（产污设备）	设备名称	数量	规格或容量	设备名称	数量	规格或容量
	前处理设备			洗毛生产线		
	染色设备			麻脱胶生产线		
	印花设备			缫丝生产线		
	后整理设备			服装水洗生产线		
	实际设备与许可设备是否一致　　是 □　　否 □					
供热	燃煤锅炉 □　　燃气锅炉 □　　集中供热 □					
给水	自备水处理设施□　直接由水厂供应□					
排污	直接排放 □　　间接排放 □					
环保设施	污水处理设计规模及数量					
	废气治理设施规模及数量					
主要生产工艺	洗毛 □　麻脱胶 □　缫丝 □　喷水织造 □　印花 □ 浸染 □　轧染 □　成衣水洗 □　涂层□　后整理 □					

6.2.2　废水治理设施合规性检查

（1）废水排放口检查

对照排污许可证，核实废水实际排放口与许可排放口的一致性。检查是否有通过未经许可的排放口排放污染物的行为、废水排放口是否满足《排污口规范化整治技术要求》时，可参考并填写废水排放口检查表，具体见表 6-13。

表 6-13　废水排放口检查表

项目	排污许可证排放去向	实际排放去向	是否一致	排放口规范设置	备注
废水			是□　否□	是□　否□	

（2）废水治理措施检查

以核发的排污许可证为基础，现场检查废水污染治理设施名称、工艺等与排污许可证登记事项的一致性，检查是否为可行技术，可参考并填写废水治理措施检查表，具体见表 6-14。

表 6-14　废水治理措施检查表

项目	处理工段	排污许可证措施	实际治理措施	是否一致	是否为可行技术	备注
污水处理工艺	预处理			是□　否□	是□　否□	
	一级处理			是□　否□	是□　否□	
	二级处理			是□　否□	是□　否□	
	深度处理			是□　否□	是□　否□	

（3）污染物排放浓度与许可浓度一致性检查

1）常规因子达标情况检查

纺织印染企业各废水排放口污染物的排放浓度达标是指任一有效日均值均满足许可排放浓度要求。各项废水污染物有效日均值采用自动监测、执法监测、企业自行开展的手工监测三种方法分类进行确定。对于监测数据存在超标的，需在后续的执法中重点关注。

常规因子自动监测达标情况检查见表 6-15，执法监测达标情况检查见表 6-16，手工自行监测达标情况检查见表 6-17。

表 6-15　常规因子自动监测达标情况检查表

监测手段	时间段	因子	达标率/%	最大值/（mg/L）	是否达标	备注
自动监测		流量			是□　否□	
		COD			是□　否□	
		pH 值			是□　否□	
		氨氮			是□　否□	
		总氮[①]			是□　否□	
		总磷[①]			是□　否□	
		采用自动监测的其他因子			是□　否□	

① 结合本区域及流域水环境质量管控要求而定。

表 6-16　常规因子执法监测达标情况检查表

监测手段	时间段	因子	监测次数	超标次数	是否达标	备注
执法监测		pH 值			是□　否□	
		色度			是□　否□	
		化学需氧量			是□　否□	
		悬浮物			是□　否□	
		生化需氧量			是□　否□	
		氨氮			是□　否□	
		总氮			是□　否□	
		总磷			是□　否□	
		苯胺类			是□　否□	
		硫化物			是□　否□	

表 6-17　常规因子手工自行监测达标情况检查表

监测手段	时间段	因子	监测次数	超标次数	是否达标	备注
手工自行监测		pH 值			是□　否□	
		色度			是□　否□	
		化学需氧量			是□　否□	
		悬浮物			是□　否□	
		生化需氧量			是□　否□	
		氨氮			是□　否□	
		总氮			是□　否□	
		总磷			是□　否□	
		苯胺类			是□　否□	
		硫化物			是□　否□	

2）特征因子达标情况检查

对于涤纶印染加工的排污单位需对废水排放口锑排放情况进行监控；对于采用次氯酸钠漂白工艺的，需对废水排放口可吸附有机卤素（AOX）排放情况进行监控；对于采用含铬染料及助剂进行染色、使用含铬感光剂进行印花制网的排污单位需对车间废水排放口六价铬排放情况进行监控；毛纺、缫丝行业排污单位需对废水总排放口动植物油排放情况进行监控。对于监测数据存在超标的，需在后续的执法中重点关注。特征因子达标情况检查见表 6-18。

表 6-18　特征因子达标情况检查表

监测手段	时间段	因子	监测次数	超标次数	是否达标	备注
执法监测、手工自行监测		二氧化氯			是□　否□	
		可吸附有机卤素（AOX）			是□　否□	

续表

监测手段	时间段	因子	监测次数	超标次数	是否达标	备注
执法监测、手工自行监测		六价铬			是☐ 否☐	
		动植物油			是☐ 否☐	
		锑			是☐ 否☐	

6.2.3 废气治理设施合规性检查

6.2.3.1 有组织废气污染防治合规性检查

（1）废气排放口检查

对照排污许可证，核实废气实际排放口与许可排放口的一致性，检查是否有通过未经许可的排放口排放污染物的行为、废气有组织排放口是否满足《排污口规范化整治技术要求》时，可参考并填写有组织废气排放口检查表，具体见表6-19。

表6-19　有组织废气排放口检查表

污染源	采样孔规范设置	采样监测平台规范设置	排气口规范设置	是否合规	备注
印花设施①	是☐ 否☐	是☐ 否☐	是☐ 否☐	是☐ 否☐	
定形设施	是☐ 否☐	是☐ 否☐	是☐ 否☐	是☐ 否☐	
涂层设施	是☐ 否☐	是☐ 否☐	是☐ 否☐	是☐ 否☐	

① 使用有机溶剂生产印花织物的工段。

（2）废气治理措施检查

以核发的排污许可证为基础，现场检查废气治理设施名称、工艺等与排污许可证登记事项的一致性，以及是否为可行技术，可参考并填写有组织废气治理措施检查表，具体见表6-20。

表6-20　有组织废气治理措施检查表

污染源	污染因子	排污许可证载明治理措施	实际治理措施	是否一致	是否为可行技术	备注
印花设施废气	非甲烷总烃			是☐ 否☐	是☐ 否☐	
	甲苯、二甲苯			是☐ 否☐	是☐ 否☐	
定形设施废气	颗粒物			是☐ 否☐	是☐ 否☐	
	非甲烷总烃			是☐ 否☐	是☐ 否☐	
涂层设施废气	非甲烷总烃			是☐ 否☐	是☐ 否☐	
	甲苯、二甲苯			是☐ 否☐	是☐ 否☐	

（3）污染治理措施运行合规性检查

检查印花设施、定形设施、涂层设施废气污染治理措施运行情况时，可参考并填写检查表 6-21。

表 6-21 印花设施、定形设施、涂层设施废气污染治理措施运行情况检查表

污染源	净化效率/%		是否符合设计要求	是否定期更换吸收液或吸附材料或催化剂等	是否有维护台账记录	是否合规	备注
	设计	实际					
印花设施废气①			是□ 否□	是□ 否□	是□ 否□	是□ 否□	
定形设施废气			是□ 否□	是□ 否□	是□ 否□	是□ 否□	
涂层设施废气			是□ 否□	是□ 否□	是□ 否□	是□ 否□	

① 使用有机溶剂生产印花织物的工段。

（4）污染物排放浓度与许可浓度的一致性检查

有组织废气达标情况检查表具体见表 6-22。

表 6-22 有组织废气达标情况检查表

污染源	污染因子	自动监测实时数据是否达标	自动监测历史数据是否达标	手工监测数据是否达标	执法监测数据是否达标	备注
印花设施废气①	非甲烷总烃	是□ 否□	是□ 否□	是□ 否□	是□ 否□	
	甲苯、二甲苯	是□ 否□	是□ 否□	是□ 否□	是□ 否□	
定形设施废气	颗粒物	是□ 否□	是□ 否□	是□ 否□	是□ 否□	
	非甲烷总烃	是□ 否□	是□ 否□	是□ 否□	是□ 否□	
涂层设施废气	非甲烷总烃	是□ 否□	是□ 否□	是□ 否□	是□ 否□	
	甲苯、二甲苯	是□ 否□	是□ 否□	是□ 否□	是□ 否□	

① 使用有机溶剂生产印花织物的工段。

6.2.3.2 无组织废气污染防治合规性检查

检查无组织废气污染防治时，可参考并填写表 6-23。

表 6-23 无组织废气污染防治检查表

序号	无组织废气排放节点	排污许可证载明治理措施	实际治理措施	是否合规	备注
1	印染单元			是□ 否□	
2	毛纺单元、麻纺单元、缫丝单元			是□ 否□	
3	成衣水洗单元			是□ 否□	
4	废水处理设施			是□ 否□	
5	公用工程设施			是□ 否□	
达标情况					
判定依据				是否达标	备注
现有监测数据				是□ 否□	

6.2.3.3 非正常工况合规性检查

检查台账，判断印花设施、定形设施、涂层设施等各废气污染源启动、停机时间是否满足相关要求时，可参考并填写非正常工况检查表，具体见表6-24。

表6-24 非正常工况检查表

污染源	非正常工况要求	是否符合	备注
印花设施	风机启动和停机时间不超过1h	是□ 否□	
定形设施	风机启动和停机时间不超过1h	是□ 否□	
涂层设施	风机启动和停机时间不超过1h	是□ 否□	

6.2.4 环境管理执行情况合规性检查

自行监测执行情况、环境管理台账记录情况、执行报告上报情况以及信息公开情况等环境管理执行现场检查时，可参考表6-25～表6-28。

（1）自行监测执行情况检查

如表6-25所列。

表6-25 自行监测执行情况执行现场检查表

序号	自行监测内容	排污许可证要求	实际执行	是否合规	备注
1	监测点位			是□ 否□	
2	监测指标			是□ 否□	
3	监测频次			是□ 否□	

（2）环境管理台账记录情况检查

如表6-26所列。

表6-26 环境管理台账记录情况执行现场检查表

序号	环境管理台账记录内容	排污许可证要求	实际执行	是否合规	备注
1	记录内容			是□ 否□	
2	记录频次			是□ 否□	
3	记录形式			是□ 否□	
4	台账保存时间			是□ 否□	

（3）执行报告上报情况检查

如表6-27所列。

表 6-27　执行报告上报情况执行现场检查表

序号	执行报告内容	排污许可证要求	实际执行	是否合规	备注
1	上报内容			是□　　否□	
2	上报频次			是□　　否□	

（4）信息公开情况检查

如表 6-28 所列。

表 6-28　信息公开情况执行现场检查表

序号	信息公开要求	排污许可证要求	实际执行	是否合规	备注
1	公开方式			是□　　否□	
2	时间节点			是□　　否□	
3	公开内容			是□　　否□	

6.2.5　其他检查

6.2.5.1　固体废物处理处置合规性

（1）核查内容

主要核查固体废物采取的暂存、处理处置措施与竣工环境保护验收文件要求的一致性；固体废物管理台账、委托处置单位资质、委托合同、危险废物转运联单。

（2）核查方法

主要包括资料检查和现场检查。

资料检查主要包括固体废物管理台账、委托处置单位资质、委托合同、危险废物转运联单。

现场检查主要为核查固体废物暂存及厂内处理处置措施与《一般工业固体废物贮存、处置污染控制标准》《危险废物贮存污染控制标准》要求的相符性。

6.2.5.2　固体废物污染源现场检查

（1）固体废物贮存与处理处置检查

检查固体废物贮存设施或场所、临时性固体废物贮存或堆放场所，是否采取防扬散、防流失、防渗漏或者其他防止污染环境的措施。

（2）固体废物转移检查

对于发生固体废物转移情况的，检查固体废物转移手续是否完备。对于转移固体废物出省、自治区、直辖市行政区域贮存、处置的，检查是否由移出地的省、自治区、直辖市人民政府生态环境主管部门商经接受地的省、自治区、直辖市人民政府生态环境主管部门同意。

（3）固体废物管理台账检查

查看固体废物管理台账，包括固体废物的种类、产生量、贮存和转移处置记录等。

（4）危险废物的贮存、处理处置、转移检查

根据职责范围，执法人员可单独或配合其他环境执法机构对危险废物的贮存、处理处置、转移情况进行检查。具体检查内容按照生态环境部《关于印发〈危险废物规范化管理指标体系〉的通知》（环办〔2015〕99号）的规定执行。

6.2.5.3　环境风险防控措施现场检查

（1）环境应急预案

应制定突发环境事件应急预案，并在当地生态环境部门备案，预案应具备可操作性，并及时修订；按照预案要求配备相应的应急物资与设施（设备）；定期进行环境事故应急演练，以提高应急反应能力。

（2）防控措施

在雨水及污水排放口分别设置切断装置；按规定要求建设应急池、应急阀门、储罐围堰等，作为事故状态下的储存与调控手段，将污染物控制在厂区内，防止重大事故泄漏物料和污染消防水造成的环境污染。

6.3　纺织印染工业典型违法行为分析

6.3.1　违反排污许可证规定排放污染物

6.3.1.1　未取得排污许可证排放大气污染物

（1）可能存在的违法行为

① 未取得排污许可证排放大气污染物。
② 持伪造、过期、失效的排污许可证排污。
③ 排污许可证已被撤销、注销、收回后仍然排放大气污染物。

（2）违法认定的法律依据

违反《中华人民共和国环境保护法》第四十五条第二款"实行排污许可管理的企业事业单位和其他生产经营者应当按照排污许可证的要求排放污染物；未取得排污许可证的，不得排放污染物。"

违反《中华人民共和国大气污染防治法》第十九条"排放工业废气或者本法第七十

八条规定名录中所列有毒有害大气污染物的企业事业单位、集中供热设施的燃煤热源生产运营单位以及其他依法实行排污许可管理的单位，应当取得排污许可证。"

（3）处罚依据

根据《中华人民共和国环境保护法》第六十三条"企业事业单位和其他生产经营者有下列行为之一，尚不构成犯罪的，除依照有关法律法规规定予以处罚外，由县级以上人民政府环境保护主管部门或者其他有关部门将案件移送公安机关，对其直接负责的主管人员和其他直接责任人员，处十日以上十五日以下拘留；情节较轻的，处五日以上十日以下拘留：（二）违反法律规定，未取得排污许可证排放污染物，被责令停止排污，拒不执行的。"

根据《中华人民共和国大气污染防治法》第九十九条"违反本法规定，有下列行为之一的，由县级以上人民政府生态环境主管部门责令改正或者限制生产、停产整治，并处十万元以上一百万元以下的罚款；情节严重的，报经有批准权的人民政府批准，责令停业、关闭：（一）未依法取得排污许可证排放大气污染物的。"

6.3.1.2　未取得排污许可证排放水污染物

（1）可能存在的违法行为

① 未取得排污许可证排放水污染物。
② 持伪造、过期、失效的排污许可证排污。
③ 排污许可证已被撤销、注销、收回后仍然排放水污染物。

（2）违法认定的法律依据

违反《中华人民共和国环境保护法》第四十五条第二款"实行排污许可管理的企业事业单位和其他生产经营者应当按照排污许可证的要求排放污染物；未取得排污许可证的，不得排放污染物。"

违反《中华人民共和国水污染防治法》第二十一条"直接或者间接向水体排放工业废水和医疗污水以及其他按照规定应当取得排污许可证方可排放的废水、污水的企业事业单位和其他生产经营者，应当取得排污许可证；城镇污水集中处理设施的运营单位，也应当取得排污许可证。排污许可证应当明确排放水污染物的种类、浓度、总量和排放去向等要求。排污许可的具体办法由国务院规定。禁止企业事业单位和其他生产经营者无排污许可证或者违反排污许可证的规定向水体排放前款规定的废水、污水。"

（3）处罚依据

根据《中华人民共和国环境保护法》第六十三条"企业事业单位和其他生产经营者有下列行为之一，尚不构成犯罪的，除依照有关法律法规规定予以处罚外，由县级以上人民政府环境保护主管部门或者其他有关部门将案件移送公安机关，对其直接负责的主管人员和其他直接责任人员，处十日以上十五日以下拘留；情节较轻的，处五日以上十日以下拘留：（二）违反法律规定，未取得排污许可证排放污染物，被责令停止排污，拒不执行的。"

根据《中华人民共和国水污染防治法》第八十三条"违反本法规定，有下列行为之一的，由县级以上人民政府环境保护主管部门责令改正或者责令限制生产、停产整治，并处十万元以上一百万元以下的罚款；情节严重的，报经有批准权的人民政府批准，责令停业、关闭：（一）未依法取得排污许可证排放水污染物的。"

根据《环境保护主管部门实施查封、扣押办法》第四条"排污者有下列情形之一的，环境保护主管部门依法实施查封、扣押：（二）在饮用水水源一级保护区、自然保护区核心区违反法律法规规定排放、倾倒、处置污染物的，环境保护主管部门可以实施查封、扣押；已造成严重污染的，环境保护主管部门应当实施查封、扣押。"

6.3.1.3 未采取有效无组织排污控制措施

（1）未采取措施控制恶臭无组织排放

1）可能存在的违法行为

① 污水处理厂恶臭气体未按照环评批复要求设置恶臭收集和处理装置。

② 煤炭、脱硫剂、粉煤灰等物料装卸未采取密闭或者喷淋等方式控制扬尘排放。

③ 煤炭、脱硫剂、粉煤灰等物料运输未采取密闭的防尘措施。

④ 对不能密闭的易产生扬尘的物料，未设置不低于堆放物高度的严密围挡，或者未采取有效覆盖措施。

⑤ 建筑施工或者贮存易产生扬尘的物料未采取有效措施防治扬尘污染的，受到罚款处罚，被责令改正，拒不改正。

2）违法认定的法律依据

违反了《中华人民共和国大气污染防治法》第八十条"企业事业单位和其他生产经营者在生产经营活动中产生恶臭气体的，应当科学选址，设置合理的防护距离，并安装净化装置或者采取其他措施，防止排放恶臭气体。"

3）处罚依据

根据《中华人民共和国大气污染防治法》第一百一十七条"违反本法规定，有下列行为之一的，由县级以上人民政府生态环境等主管部门按照职责责令改正，处一万元以上十万元以下的罚款；拒不改正的，责令停工整治或者停业整治：（八）未采取措施防止排放恶臭气体的。"

（2）未采取措施控制有机废气无组织排放

1）可能存在的违法行为

印花、涂层及定形废气未按照环评批复要求设置废气收集和处理装置。

2）违法认定的法律依据

违反了《中华人民共和国大气污染防治法》第四十五条"产生含挥发性有机物废气的生产和服务活动，应当在密闭空间或者设备中进行，并按照规定安装、使用污染防治设施；无法密闭的，应当采取措施减少废气排放。"

3）处罚依据

根据《中华人民共和国大气污染防治法》第一百零八条"违反本法规定，有下列行为之一的，由县级以上人民政府生态环境主管部门责令改正，处二万元以上二十万元以下的罚款；拒不改正的，责令停产整治：（一）产生含挥发性有机物废气的生产和服务活动，未在密闭空间或者设备中进行，未按照规定安装、使用污染防治设施，或者未采取减少废气排放措施的。"

4）执法要点及检查方法

印花、涂层及定形废气是否按环评或批复要求处理有机废气污染物。

6.3.1.4　超过标准及总量控制要求排放废水污染物

（1）可能存在的违法行为

① 使用含铬染料及助剂的染色车间、含铬感光剂的印花制网车间废水排放口六价铬超标排放。

② 废水总排放口水污染物超标排放。

③ 废水总排放口 COD、氨氮等许可排放量因子超许可排放量。

（2）违法认定的法律依据

违反《中华人民共和国水污染防治法》第十条"排放水污染物，不得超过国家或者地方规定的水污染物排放标准和重点水污染物排放总量控制指标。"

违反《环境保护主管部门实施按日连续处罚办法》第十条"环境保护主管部门应当在送达责令改正违法行为决定书之日起三十日内，以暗查方式组织对排污者违法排放污染物行为的改正情况实施复查。"和第十二条第一款"环境保护主管部门复查时发现排污者拒不改正违法排放污染物行为的，可以对其实施按日连续处罚。"

（3）处罚依据

根据《中华人民共和国环境保护法》第六十条"企业事业单位和其他生产经营者超过污染物排放标准或者超过重点污染物排放总量控制指标排放污染物的，县级以上人民政府环境保护主管部门可以责令其采取限制生产、停产整治等措施；情节严重的，报经有批准权的人民政府批准，责令停业、关闭。"

根据《中华人民共和国水污染防治法》第八十三条"违反本法规定，有下列行为之一的，由县级以上人民政府环境保护主管部门责令改正或者责令限制生产、停产整治，并处十万元以上一百万元以下的罚款；情节严重的，报经有批准权的人民政府批准，责令停业、关闭：（二）超过水污染物排放标准或者超过重点水污染物排放总量控制指标排放水污染物的。"

根据《环境保护主管部门实施限制生产、停产整治办法》第五条"排污者超过污染物排放标准或者超过重点污染物日最高允许排放总量控制指标的，环境保护主管部门可以责令其采取限制生产措施。"第六条"排污者有下列情形之一的，环境保护主管部门可以责令其采取停产整治措施：（一）通过暗管、渗井、渗坑、灌注或者篡改、伪造监测数据，或者不正常运行防治污染设施等逃避监管的方式排放污染物，超过污染物排放标准的；（三）超过重点污染物排放总量年度控制指标排放污染物的；（四）被责令限制生产后仍然超过污染物排放标准排放污染物的；（五）因突发事件造成污染物排放超过排放标准或者重点污染物排放总量控制指标的。"

根据《环境保护主管部门实施按日连续处罚办法》第十七条"按日连续处罚的计罚日数为责令改正违法行为决定书送达排污者之日的次日起，至环境保护主管部门复查发现违法排放污染物行为之日止。再次复查仍拒不改正的，计罚日数累计执行。"第十九条第一款"按日连续处罚每日的罚款数额，为原处罚决定书确定的罚款数额。"和第二款"按照按日连续处罚规则决定的罚款数额，为原处罚决定书确定的罚款数额乘以计罚日数。"

6.3.1.5 超过标准及总量控制要求排放废气污染物

（1）可能存在的违法行为

① 印花设施、定形设施、涂层设施废气超过排污许可证许可的排放浓度。

② 无组织排放浓度超过排污许可证许可的排放浓度限值。

③ 超过大气污染物排放标准或者超过重点大气污染物排放总量控制指标排放大气污染物的，受到罚款处罚，被责令改正，拒不改正。

（2）违法认定的法律依据

违反《中华人民共和国大气污染防治法》第十八条"企业事业单位和其他生产经营者建设对大气环境有影响的项目，应当依法进行环境影响评价、公开环境影响评价文件；向大气排放污染物的，应当符合大气污染物排放标准，遵守重点大气污染物排放总量控制要求。"

违反《环境保护主管部门实施按日连续处罚办法》第十条"环境保护主管部门应当在送达责令改正违法行为决定书之日起三十日内，以暗查方式组织对排污者违法排放污染物行为的改正情况实施复查。"和第十二条第一款"环境保护主管部门复查时发现排污者拒不改正违法排放污染物行为的，可以对其实施按日连续处罚。"

（3）处罚依据

根据《中华人民共和国环境保护法》第六十条"企业事业单位和其他生产经营者超过污染物排放标准或者超过重点污染物排放总量控制指标排放污染物的，县级以上人民政府环境保护主管部门可以责令其采取限制生产、停产整治等措施；情节严重的，报经有批准权的人民政府批准，责令停业、关闭。"

根据《中华人民共和国大气污染防治法》第九十九条"违反本法规定，有下列行为之一的，由县级以上人民政府生态环境主管部门责令改正或者限制生产、停产整治，并处十万元以上一百万元以下的罚款；情节严重的，报经有批准权的人民政府批准，责令停业、关闭：（二）超过大气污染物排放标准或者超过重点大气污染物排放总量控制指标排放大气污染物的。"第一百二十三条"违反本法规定，企业事业单位和其他生产经营者有下列行为之一，受到罚款处罚，被责令改正，拒不改正的，依法作出处罚决定的行政机关可以自责令改正之日的次日起，按照原处罚数额按日连续处罚；（二）超过大气污染物排放标准或者超过重点大气污染物排放总量控制指标排放大气污染物的。"

根据《环境保护主管部门实施限制生产、停产整治办法》第五条"排污者超过污染物排放标准或者超过重点污染物日最高允许排放总量控制指标的，环境保护主管部门可以责令其采取限制生产措施。"第六条"排污者有下列情形之一的，环境保护主管部门可以责令其采取停产整治措施：（一）通过暗管、渗井、渗坑、灌注或者篡改、伪造监测数据，或者不正常运行防治污染设施等逃避监管的方式排放污染物，超过污染物排放标准的；（三）超过重点污染物排放总量年度控制指标排放污染物的；（四）被责令限制生产后仍然超过污染物排放标准排放污染物的；（五）因突发事件造成污染物排放超过排放标准或者重点污染物排放总量控制指标的。"

根据《环境保护主管部门实施按日连续处罚办法》第五条"排污者有下列行为之一，受到罚款处罚，被责令改正，拒不改正的，依法作出罚款处罚决定的环境保护主管部门可以实施按日连续处罚：（一）超过国家或者地方规定的污染物排放标准，或者超过重点污染物排放总量控制指标排放污染物的。"

6.3.2　拒绝生态环境部门检查

（1）可能存在的违法行为

在环境执法人员依据法律法规出示执法证件并表明来意后，仍采取拖延、围堵、滞留执法人员等方式拒绝、阻挠生态环境主管部门或者其他依照本法规定行使监督管理权的部门的监督检查。

（2）违法认定的法律依据

违反《中华人民共和国水污染防治法》第三十条"环境保护主管部门和其他依照本法规定行使监督管理权的部门，有权对管辖范围内的排污单位进行现场检查，被检查的单位应当如实反映情况，提供必要的资料。检查机关有义务为被检查的单位保守在检查中获取的商业秘密。"

违反《中华人民共和国大气污染防治法》第二十九条"生态环境主管部门及其环境执法机构和其他负有大气环境保护监督管理职责的部门，有权通过现场监测、自动监测、遥感监测、远红外摄像等方式，对排放大气污染物的企业事业单位和其他生产经营者进行监督检查。被检查者应当如实反映情况，提供必要的资料。实施检查的部门、机构及其工作人员应当为被检查者保守商业秘密。"

（3）处罚依据

根据《中华人民共和国水污染防治法》第八十一条"以拖延、围堵、滞留执法人员等方式拒绝、阻挠环境保护主管部门或者其他依照本法规定行使监督管理权的部门的监督检查，或者在接受监督检查时弄虚作假的，由县级以上人民政府环境保护主管部门或者其他依照本法规定行使监督管理权的部门责令改正，处二万元以上二十万元以下的罚款。"

根据《中华人民共和国大气污染防治法》第九十八条"违反本法规定，以拒绝进入现场等方式拒不接受生态环境主管部门及其环境执法机构或者其他负有大气环境保护监督管理职责的部门的监督检查，或者在接受监督检查时弄虚作假的，由县级以上人民政府生态环境主管部门或者其他负有大气环境保护监督管理职责的部门责令改正，处二万元以上二十万元以下的罚款；构成违反治安管理行为的，由公安机关依法予以处罚。"

6.3.3　在生态环境部门检查时弄虚作假

（1）可能存在的违法行为

企业提供虚假的环境管理台账、监测记录等。

（2）违法认定的法律依据

违反《中华人民共和国水污染防治法》第三十条"环境保护主管部门和其他依照本法规定行使监督管理权的部门，有权对管辖范围内的排污单位进行现场检查，被检查的单位应当如实反映情况，提供必要的资料。检查机关有义务为被检查的单位保守在检查中获取的商业秘密。"

违反《中华人民共和国大气污染防治法》第二十九条"生态环境保护主管部门及其环境执法机构和其他负有大气环境保护监督管理职责的部门，有权通过现场监测、自动监测、遥感监测、远红外摄像等方式，对排放大气污染物的企业事业单位和其他生产经营者进行监督检查。被检查者应当如实反映情况，提供必要的资料。实施检查的部门、机构及其工作人员应当为被检查者保守商业秘密。"

（3）处罚依据

根据《中华人民共和国水污染防治法》第八十一条"以拖延、围堵、滞留执法人员等方式拒绝、阻挠环境保护主管部门或者其他依照本法规定行使监督管理权的部门的监督检查，或者在接受监督检查时弄虚作假的，由县级以上人民政府环境保护主管部门或者其他依照本法规定行使监督管理权的部门责令改正，处二万元以上二十万元以下的罚款。"

根据《中华人民共和国大气污染防治法》第九十八条"违反本法规定，以拒绝进入现场等方式拒不接受生态环境主管部门及其环境执法机构或者其他负有大气环境保护监督管理职责的部门的监督检查，或者在接受监督检查时弄虚作假的，由县级以上人民政府生态环境主管部门或者其他负有大气环境保护监督管理职责的部门责令改正，处二万元以上二十万元以下的罚款；构成违反治安管理行为的，由公安机关依法予以处罚。"

6.3.4　违反排污口设置规定

6.3.4.1　不按规定设置废气排放口

（1）可能存在的违法行为

印花设施、定形设施、涂层设施以及其他废气排放源不按规定设置废气排放口。

（2）违法认定的法律依据

违反《中华人民共和国大气污染防治法》第二十条"企业事业单位和其他生产经营者向大气排放污染物的，应当依照法律法规和国务院生态环境主管部门的规定设置大气污染物排放口。"

（3）处罚依据

根据《中华人民共和国大气污染防治法》第一百条"违反本法规定，有下列行为之一的，由县级以上人民政府生态环境主管部门责令改正，处二万元以上二十万元以下的罚款；拒不改正的，责令停产整治：（五）未按照规定设置大气污染物排放口的。"

6.3.4.2　不按规定设置废水排放口

（1）可能存在的违法行为

① 不按规定设置废水总排放口。

② 不按规定在采用含铬染料及助剂的染色车间、使用含铬助剂的印花制网车间设置车间废水排放口。

（2）违法认定的法律依据

违反《中华人民共和国水污染防治法》第二十二条"向水体排放污染物的企业事业单位和其他生产经营者，应当按照法律、行政法规和国务院环境保护主管部门的规定设置排污口；在江河、湖泊设置排污口的，还应当遵守国务院水行政主管部门的规定。"

（3）处罚依据

根据《中华人民共和国水污染防治法》第八十四条"在饮用水水源保护区内设置排污口的，由县级以上地方人民政府责令限期拆除，处十万元以上五十万元以下的罚款；逾期不拆除的，强制拆除，所需费用由违法者承担，处五十万元以上一百万元以下的罚款，并可以责令停产整治。除前款规定外，违反法律、行政法规和国务院环境保护主管部门的规定设置排污口的，由县级以上地方人民政府环境保护主管部门责令限期拆除，处二万元以上十万元以下的罚款；逾期不拆除的，强制拆除，所需费用由违法者承担，处十万元以上五十万元以下的罚款；情节严重的，可以责令停产整治。未经水行政主管部门或者流域管理机构同意，在江河、湖泊新建、改建、扩建排污口的，由县级以上人民政府水行政主管部门或者流域管理机构依据职权，依照前款规定采取措施、给予处罚。"

6.3.4.3 擅自闲置和改动监测监控设备

（1）可能存在的违法行为

① 违反国家规定，对污染源监控系统进行删除、修改、增加、干扰，或者对污染源监控系统中存储、处理、传输的数据和应用程序进行删除、修改、增加，造成污染源监控系统不能正常运行的；

② 破坏、损毁监控仪器站房、通信线路、信息采集传输设备、视频设备、电力设备、空调、风机、采样泵及其他监控设施的，以及破坏、损毁监控设施采样管线、监控仪器和仪表的；

③ 稀释排放的污染物故意干扰监测数据的；

④ 其他致使监测、监控设施不能正常运行的情形。

（2）违法认定的法律依据

违反《中华人民共和国环境保护法》第四十二条第四款"严禁通过暗管、渗井、渗坑、灌注或者篡改、伪造监测数据，或者不正常运行防治污染设施等逃避监管的方式违法排放污染物。"

违反《中华人民共和国水污染防治法》第三十九条"禁止利用渗井、渗坑、裂隙、溶洞，私设暗管，篡改、伪造监测数据，或者不正常运行水污染防治设施等逃避监管的方式排放水污染物。"

违反《中华人民共和国大气污染防治法》第二十条第二款"禁止通过偷排、篡改或者伪造监测数据、以逃避现场检查为目的的临时停产、非紧急情况下开启应急排放通道、不正常运行大气污染防治设施等逃避监管的方式排放大气污染物。"

（3）处罚依据

根据《中华人民共和国环境保护法》第六十三条"企业事业单位和其他生产经营者有下列行为之一，尚不构成犯罪的，除依照有关法律法规规定予以处罚外，由县级以上人民政府环境保护主管部门或者其他有关部门将案件移送公安机关，对其直接负责的主管人员和其他直接责任人员，处十日以上十五日以下拘留；情节较轻的，处五日以上十日以下拘留：（三）通过暗管、渗井、渗坑、灌注或者篡改、伪造监测数据，或者不正常运行防治污染设施等逃避监管的方式违法排放污染物的。"

根据《中华人民共和国水污染防治法》第八十三条"违反本法规定，有下列行为之一的，由县级以上人民政府环境保护主管部门责令改正或者责令限制生产、停产整治，并处十万元以上一百万元以下的罚款；情节严重的，报经有批准权的人民政府批准，责令停业、关闭：（三）利用渗井、渗坑、裂隙、溶洞，私设暗管，篡改、伪造监测数据，或者不正常运行水污染防治设施等逃避监管的方式排放水污染物的。"

根据《中华人民共和国大气污染防治法》第九十九条"违反本法规定，有下列行为之一的，由县级以上人民政府生态环境主管部门责令改正或者限制生产、停产整治，并处十万元以上一百万元以下的罚款；情节严重的，报经有批准权的人民政府批准，责令停业、关闭：（三）通过逃避监管的方式排放大气污染物的。"

根据《中华人民共和国大气污染防治法》第一百条 "违反本法规定，有下列行为之一的，由县级以上人民政府生态环境主管部门责令改正，处二万元以上二十万元以下的罚款；拒不改正的，责令停产整治：（一）侵占、损毁或者擅自移动、改变大气环境质量监测设施或者大气污染物排放自动监测设备的；（二）未按照规定对所排放的工业废气和有毒有害大气污染物进行监测并保存原始监测记录的；（三）未按照规定安装、使用大气污染物排放自动监测设备或者未按照规定与生态环境主管部门的监控设备联网，并保证监测设备正常运行的。"

6.3.5　不正常运行污染治理设施

（1）可能存在的违法行为

① 将部分或全部污水或者其他污染物不经过处理设施，直接排入环境。

② 通过私设暗管或者其他隐蔽排放的方式，将污水或者其他污染物不经处理而排入环境。

③ 非紧急情况下开启污染物处理设施的应急排放阀门，将部分或全部污水或者其他污染物直接排入环境。

④ 将未经处理的污水或者其他污染物从污染物处理设施的中间工序引出直接排入环境。

⑤ 将部分污染物处理设施短期或者长期停止运行。

⑥ 违反操作规程使用污染物处理设施，致使处理设施不能正常发挥处理作用。

⑦ 污染物处理设施发生故障后，排污单位不及时或者不按规程进行检查和维修，致使处理设施不能正常发挥处理作用。

⑧ 违反污染物处理设施正常运行所需的条件，致使处理设施不能正常运行的其他情形。

（2）违法认定的法律依据

违反《中华人民共和国环境保护法》第四十二条第四款 "严禁通过暗管、渗井、渗坑、灌注或者篡改、伪造监测数据，或者不正常运行防治污染设施等逃避监管的方式违法排放污染物。"

违反《中华人民共和国水污染防治法》第三十九条 "禁止利用渗井、渗坑、裂隙、溶洞，私设暗管，篡改、伪造监测数据，或者不正常运行水污染防治设施等逃避监管的方式排放水污染物。"

违反《中华人民共和国大气污染防治法》第二十条第二款 "禁止通过偷排、篡改或者伪造监测数据、以逃避现场检查为目的的临时停产、非紧急情况下开启应急排放通道、不正常运行大气污染防治设施等逃避监管的方式排放大气污染物。"

（3）处罚依据

根据《中华人民共和国环境保护法》第六十三条"企业事业单位和其他生产经营者有下列行为之一，尚不构成犯罪的，除依照有关法律法规规定予以处罚外，由县级以上人民政府环境保护主管部门或者其他有关部门将案件移送公安机关，对其直接负责的主管人员和其他直接责任人员，处十日以上十五日以下拘留；情节较轻的，处五日以上十日以下拘留：（三）通过暗管、渗井、渗坑、灌注或者篡改、伪造监测数据，或者不正常运行防治污染设施等逃避监管的方式违法排放污染物的。"

根据《中华人民共和国水污染防治法》第八十三条"违反本法规定，有下列行为之一的，由县级以上人民政府环境保护主管部门责令改正或者责令限制生产、停产整治，并处十万元以上一百万元以下的罚款；情节严重的，报经有批准权的人民政府批准，责令停业、关闭：（三）利用渗井、渗坑、裂隙、溶洞，私设暗管，篡改、伪造监测数据，或者不正常运行水污染防治设施等逃避监管的方式排放水污染物的。"

根据《中华人民共和国大气污染防治法》第九十九条"违反本法规定，有下列行为之一的，由县级以上人民政府生态环境主管部门责令改正或者限制生产、停产整治，并处十万元以上一百万元以下的罚款；情节严重的，报经有批准权的人民政府批准，责令停业、关闭：（三）通过逃避监管的方式排放大气污染物的。"

根据《环境保护主管部门实施查封、扣押办法》第四条"排污者有下列情形之一的，环境保护主管部门依法实施查封、扣押：（四）通过暗管、渗井、渗坑、灌注或者篡改、伪造监测数据，或者不正常运行防治污染设施等逃避监管的方式违反法律法规规定排放污染物的，环境保护主管部门应当实施查封、扣押。"

根据《环境保护主管部门实施限制生产、停产整治办法》第六条"排污者有下列情形之一的，环境保护主管部门可以责令其采取停产整治措施：（一）通过暗管、渗井、渗坑、灌注或者篡改、伪造监测数据，或者不正常运行防治污染设施等逃避监管的方式排放污染物，超过污染物排放标准的。"

6.3.6　擅自拆除、闲置、关闭污染处理设施、场所

（1）可能存在的违法行为

擅自拆除、闲置、关闭污染处理设施、场所，包括废水、废气、固体废物、噪声等处理设施或措施。

（2）违法认定的法律依据

违反《中华人民共和国环境保护法》第四十一条"建设项目中防治污染的设施，应当与主体工程同时设计、同时施工、同时投产使用。防治污染的设施应当符合经批准的环境影响评价文件的要求，不得擅自拆除或者闲置。"第四十二条第四款"严禁通过暗管、渗井、渗坑、灌注或者篡改、伪造监测数据，或者不正常运行防治污染设施等逃避监管

的方式违法排放污染物。"

违反《中华人民共和国水污染防治法》第三十九条"禁止利用渗井、渗坑、裂隙、溶洞，私设暗管，篡改、伪造监测数据，或者不正常运行水污染防治设施等逃避监管的方式排放水污染物。"

违反《中华人民共和国大气污染防治法》第二十条第二款"禁止通过偷排、篡改或者伪造监测数据、以逃避现场检查为目的的临时停产、非紧急情况下开启应急排放通道、不正常运行大气污染防治设施等逃避监管的方式排放大气污染物。"

（3）处罚依据

根据《中华人民共和国环境保护法》第六十三条"企业事业单位和其他生产经营者有下列行为之一，尚不构成犯罪的，除依照有关法律法规规定予以处罚外，由县级以上人民政府环境保护主管部门或者其他有关部门将案件移送公安机关，对其直接负责的主管人员和其他直接责任人员，处十日以上十五日以下拘留；情节较轻的，处五日以上十日以下拘留：（三）通过暗管、渗井、渗坑、灌注或者篡改、伪造监测数据，或者不正常运行防治污染设施等逃避监管的方式违法排放污染物的。"

根据《中华人民共和国水污染防治法》第八十三条"违反本法规定，有下列行为之一的，由县级以上人民政府环境保护主管部门责令改正或者责令限制生产、停产整治，并处十万元以上一百万元以下的罚款；情节严重的，报经有批准权的人民政府批准，责令停业、关闭：（三）利用渗井、渗坑、裂隙、溶洞，私设暗管，篡改、伪造监测数据，或者不正常运行水污染防治设施等逃避监管的方式排放水污染物的。"

根据《中华人民共和国大气污染防治法》第九十九条"违反本法规定，有下列行为之一的，由县级以上人民政府生态环境主管部门责令改正或者限制生产、停产整治，并处十万元以上一百万元以下的罚款；情节严重的，报经有批准权的人民政府批准，责令停业、关闭：（三）通过逃避监管的方式排放大气污染物的。"

6.3.7　在禁止建设区域内违法建设

（1）可能存在的违法行为

① 在江河、湖泊、运河、渠道、水库最高水位线以下的滩地和岸坡堆放、存贮固体废弃物和其他污染物。

② 在饮用水水源保护区内设置排污口。

③ 在饮用水水源一级保护区内建设与供水设施和保护水源无关的建设项目。

④ 在饮用水水源二级保护区内建设排放污染物的建设项目。

⑤ 在饮用水水源准保护区内新建、扩建对水体污染严重的建设项目；改建建设项目，增加排污量。

⑥ 在禁燃区内，新建、扩建燃用高污染燃料的设施；已建成的，未在城市人民政府规定的期限内改用天然气、页岩气、液化石油气、电或者其他清洁能源。

⑦ 在自然保护区、风景名胜区、饮用水水源保护区、基本农田保护区和其他需要特别保护的区域内建设工业固体废物集中贮存、处置的设施、场所。

（2）违法认定的法律依据

违反《中华人民共和国水污染防治法》第三十八条"禁止在江河、湖泊、运河、渠道、水库最高水位线以下的滩地和岸坡堆放、存贮固体废弃物和其他污染物。"第六十四条"在饮用水水源保护区内，禁止设置排污口。"第六十五条"禁止在饮用水水源一级保护区内新建、改建、扩建与供水设施和保护水源无关的建设项目；已建成的与供水设施和保护水源无关的建设项目，由县级以上人民政府责令拆除或者关闭。"第六十六条"禁止在饮用水水源二级保护区内新建、改建、扩建排放污染物的建设项目；已建成的排放污染物的建设项目，由县级以上人民政府责令拆除或者关闭。"第六十七条"禁止在饮用水水源准保护区内新建、扩建对水体污染严重的建设项目；改建建设项目，不得增加排污量。"

违反《中华人民共和国大气污染防治法》第三十八条第二款"在禁燃区内，禁止销售、燃用高污染燃料；禁止新建、扩建燃用高污染燃料的设施，已建成的，应当在城市人民政府规定的期限内改用天然气、页岩气、液化石油气、电或者其他清洁能源。"

违反《中华人民共和国固体废物污染环境防治法》第二十条"禁止任何单位或者个人向江河、湖泊、运河、渠道、水库及其最高水位线以下的滩地和岸坡等法律法规规定其他的地点倾倒、堆放、贮存固体废物。"第二十一条"在生态保护红线区域、永久基本农田集中区域和其他需要特别保护的区域内，禁止建设工业固体废物、危险废物集中贮存、利用、处置的设施、场所和生活垃圾填埋场。"

（3）处罚依据

根据《中华人民共和国水污染防治法》第八十四条"在饮用水水源保护区内设置排污口的，由县级以上地方人民政府责令限期拆除，处十万元以上五十万元以下的罚款；逾期不拆除的，强制拆除，所需费用由违法者承担，处五十万元以上一百万元以下的罚款，并可以责令停产整治。除前款规定外，违反法律、行政法规和国务院环境保护主管部门的规定设置排污口的，由县级以上地方人民政府环境保护主管部门责令限期拆除，处二万元以上十万元以下的罚款；逾期不拆除的，强制拆除，所需费用由违法者承担，处十万元以上五十万元以下的罚款；情节严重的，可以责令停产整治。未经水行政主管部门或者流域管理机构同意，在江河、湖泊新建、改建、扩建排污口的，由县级以上人民政府水行政主管部门或者流域管理机构依据职权，依照前款规定采取措施、给予处罚。"

第八十五条"有下列行为之一的，由县级以上地方人民政府环境保护主管部门责令停止违法行为，限期采取治理措施，消除污染，处以罚款；逾期不采取治理措施的，环境保护主管部门可以指定有治理能力的单位代为治理，所需费用由违法者承担：（四）向水体排放、倾倒工业废渣、城镇垃圾或者其他废弃物，或者在江河、湖泊、运河、渠道、水库最高水位线以下的滩地、岸坡堆放、存贮固体废弃物或者其他污染物的。处二万元以上二十万元以下的罚款。"

根据《中华人民共和国固体废物污染环境防治法》第一百二十条"违反本法规定，有下列行为之一，尚不构成犯罪的，由公安机关对法定代表人、主要负责人、直接负责的主管人员和其他责任人员处十日以上十五日以下的拘留；情节较轻的，处五日以上十日以下的拘留：（二）在生态保护红线区域、永久基本农田集中区域和其他需要特别保护的区域内，建设工业固体废物、危险废物集中贮存、利用、处置的设施、场所和生活垃圾填埋场的。"

6.3.8　违反规定造成污染事故

（1）可能存在的违法行为

污染物排放或生产安全事故等因素，导致污染物等有毒有害物质进入大气、水体、土壤等环境介质，突然造成环境质量下降，危及公众身体健康和财产安全，或造成生态环境破坏，或造成重大社会影响，主要包括大气污染、水体污染、土壤污染等突发性环境污染事件。

（2）处罚依据

根据《中华人民共和国环境保护法》第二十五条"企业事业单位和其他生产经营者违反法律法规规定排放污染物，造成或者可能造成严重污染的，县级以上人民政府环境保护主管部门和其他负有环境保护监督管理职责的部门，可以查封、扣押造成污染物排放的设施、设备。"

根据《中华人民共和国水污染防治法》第九十四条"企业事业单位违反本法规定，造成水污染事故的，除依法承担赔偿责任外，由县级以上人民政府环境保护主管部门依照本条第二款的规定处以罚款，责令限期采取治理措施，消除污染；未按照要求采取治理措施或者不具备治理能力的，由环境保护主管部门指定有治理能力的单位代为治理，所需费用由违法者承担；对造成重大或者特大水污染事故的，还可以报经有批准权的人民政府批准，责令关闭；对直接负责的主管人员和其他直接责任人员可以处上一年度从本单位取得的收入百分之五十以下的罚款；有《中华人民共和国环境保护法》第六十三条规定的违法排放水污染物等行为之一，尚不构成犯罪的，由公安机关对直接负责的主管人员和其他直接责任人员处十日以上十五日以下的拘留；情节较轻的，处五日以上十日以下的拘留。对造成一般或者较大水污染事故的，按照水污染事故造成的直接损失的百分之二十计算罚款；对造成重大或者特大水污染事故的，按照水污染事故造成的直接损失的百分之三十计算罚款。"

根据《中华人民共和国大气污染防治法》第一百二十二条"违反本法规定，造成大气污染事故的，由县级以上人民政府生态环境主管部门依照本条第二款的规定处以罚款；对直接负责的主管人员和其他直接责任人员可以处上一年度从本企业事业单位取得收入百分之五十以下的罚款。对造成一般或者较大大气污染事故的，按照污染事故造成直接损失的一倍以上三倍以下计算罚款；对造成重大或者特大大气污染事故的，按照污染事故造成的直接损失的三倍以上五倍以下计算罚款。"

根据《中华人民共和国固体废物污染环境防治法》第一百一十八条"违反本法规定，造成固体废物污染环境事故的，除依法承担赔偿责任外，由生态环境主管部门依照本条第二款的规定处以罚款，责令限期采取治理措施；造成重大或者特大固体废物污染环境事故的，还可以报经有批准权的人民政府批准，责令关闭。造成一般或者较大固体废物污染环境事故的，按照事故造成的直接经济损失的一倍以上三倍以下计算罚款；造成重大或者特大固体废物污染环境事故的，按照事故造成的直接经济损失的三倍以上五倍以下计算罚款，并对法定代表人、主要负责人、直接负责的主管人员和其他责任人员处上一年度从本单位取得的收入百分之五十以下的罚款。"

根据《环境保护主管部门实施查封、扣押办法》第四条"排污者有下列情形之一的，环境保护主管部门依法实施查封、扣押：（五）较大、重大和特别重大突发环境事件发生后，未按照要求执行停产、停排措施，继续违反法律法规规定排放污染物的，环境保护主管部门应当实施查封、扣押。"

6.3.9 违反其他法律法规及环境管理制度规定

6.3.9.1 未开展自行监测

（1）可能存在的违法行为

未按规定开展自行监测。

（2）违法认定的法律依据

违反《中华人民共和国水污染防治法》第二十三条"实行排污许可管理的企业事业单位和其他生产经营者应当按照国家有关规定和监测规范，对所排放的水污染物自行监测，并保存原始监测记录。重点排污单位还应当安装水污染物排放自动监测设备，与环境保护主管部门的监控设备联网，并保证监测设备正常运行。"

违反《中华人民共和国大气污染防治法》第二十四条"企业事业单位和其他生产经营者应当按照国家有关规定和监测规范，对其排放的工业废气和本法第七十八条规定名录中所列有毒有害大气污染物进行监测，并保存原始监测记录。其中，重点排污单位应当安装、使用大气污染物排放自动监测设备，与生态环境主管部门的监控设备联网，保证监测设备正常运行并依法公开排放信息。"

（3）处罚依据

根据《中华人民共和国水污染防治法》第八十二条"违反本法规定，有下列行为之一的，由县级以上人民政府环境保护主管部门责令限期改正，处二万元以上二十万元以下的罚款；逾期不改正的，责令停产整治：（一）未按照规定对所排放的水污染物自行监测，或者未保存原始监测记录的；（二）未按照规定安装水污染物排放自动监测设备，未按照规定与环境保护主管部门的监控设备联网，或者未保证监测设备正常运行的。"

根据《中华人民共和国大气污染防治法》第一百条"违反本法规定，有下列行为之一的，由县级以上人民政府生态环境主管部门责令改正，处二万元以上二十万元以下的罚款；拒不改正的，责令停产整治：（二）未按照规定对所排放的工业废气和有毒有害大气污染物进行监测并保存原始监测记录的；（三）未按照规定安装、使用大气污染物排放自动监测设备或者未按照规定与生态环境主管部门的监控设备联网，并保证监测设备正常运行的。"

6.3.9.2　未按规定公开环境信息

（1）可能存在的违法行为

未按规定公开环境信息。

（2）违法认定的法律依据

违反《中华人民共和国环境保护法》第五十五条"重点排污单位应当如实向社会公开其主要污染物的名称、排放方式、排放浓度和总量、超标排放情况，以及防治污染设施的建设和运行情况，接受社会监督。"

（3）处罚依据

根据《中华人民共和国环境保护法》第六十二条"违反本法规定，重点排污单位不公开或者不如实公开环境信息的，由县级以上地方人民政府环境保护主管部门责令公开，处以罚款，并予以公告。"

6.3.9.3　违反环境应急管理要求

（1）可能存在的违法行为

违反环境应急管理要求。

（2）违法认定的法律依据

违反《中华人民共和国环境保护法》第四十七条第三款"企业事业单位应当按照国家有关规定制定突发环境事件应急预案，报环境保护主管部门和有关部门备案。在发生或者可能发生突发环境事件时，企业事业单位应当立即采取措施处理，及时通报可能受到危害的单位和居民，并向环境保护主管部门和有关部门报告。"

违反《中华人民共和国水污染防治法》第七十七条"可能发生水污染事故的企业事业单位，应当制定有关水污染事故的应急方案，做好应急准备，并定期进行演练。生产、储存危险化学品的企业事业单位，应当采取措施，防止在处理安全生产事故过程中产生的可能严重污染水体的消防废水、废液直接排入水体。"

第七十八条"企业事业单位发生事故或者其他突发性事件，造成或者可能造成水污染事故的，应当立即启动本单位的应急方案，采取隔离等应急措施，防止水污染物进入水体，并向事故发生地的县级以上地方人民政府或者环境保护主管部门报告。环境保护主管部门接到报告后，应当及时向本级人民政府报告，并抄送有关部门。"

（3）处罚依据

根据《中华人民共和国水污染防治法》第九十三条"企业事业单位有下列行为之一的，由县级以上人民政府环境保护主管部门责令改正；情节严重的，处二万元以上十万元以下的罚款：（一）不按照规定制定水污染事故的应急方案的；（二）水污染事故发生后，未及时启动水污染事故的应急方案，采取有关应急措施的。"

根据《突发环境事件应急管理办法》第三十七条"企业事业单位违反本办法规定，导致发生突发环境事件，《中华人民共和国突发事件应对法》《中华人民共和国水污染防治法》《中华人民共和国大气污染防治法》《中华人民共和国固体废物污染环境防治法》等法律法规已有相关处罚规定的，依照有关法律法规执行。较大、重大和特别重大突发环境事件发生后，企业事业单位未按要求执行停产、停排措施，继续违反法律法规规定排放污染物的，环境保护主管部门应当依法对造成污染物排放的设施、设备实施查封、扣押。"第三十八条"企业事业单位有下列情形之一的，由县级以上环境保护主管部门责令改正，可以处一万元以上三万元以下罚款：（一）未按规定开展突发环境事件风险评估工作，确定风险等级的；（二）未按规定开展环境安全隐患排查治理工作，建立隐患排查治理档案的；（三）未按规定将突发环境事件应急预案备案的；（四）未按规定开展突发环境事件应急培训，如实记录培训情况的；（五）未按规定储备必要的环境应急装备和物资；（六）未按规定公开突发环境事件相关信息的。"

6.3.9.4 违反环境污染有关刑事法律规定的法律责任

涉及严重污染环境的情形，按照《中华人民共和国刑法》和《最高人民法院、最高人民检察院关于办理环境污染刑事案件适用法律若干问题的解释》（法释〔2016〕29号）有关规定执行。

第7章
纺织印染工业污染防治可行技术

7.1 污染预防技术

7.1.1 真空渗透煮茧技术

该技术适用于丝绸纺织制丝过程的煮茧工序。该技术采用机外真空渗透与机内煮熟技术对蒸汽和水温按照适煮工艺进行配置，可减少蚕茧丝胶溶失率，煮茧废水 COD_{Cr} 浓度可降低 20% 左右。

7.1.2 羊毛脂组合回收技术

该技术适用于毛纺织生产中的洗毛工序。将洗毛废水中的羊毛脂加以提取，降低水污染物浓度，同时实现羊毛脂回收。羊毛脂的提取方法包括离心法、溶剂萃取法和超滤法，采用组合技术可实现更高的羊毛脂回收率，离心法与溶剂萃取法联合使用可达到 60%～70% 的羊毛脂回收率，离心法与超滤法联合使用可达到 90% 以上的羊毛脂回收率。

7.1.3 生物-化学联合脱胶技术

该技术适用于苎麻、薴麻等原麻的脱胶生产。通过生物法去除部分果胶，减轻后续化学脱胶的负荷，失重率、残胶率均明显改善，化学药剂使用量减少 30% 以上，废水 COD_{Cr} 浓度可降低 30%～50%。

7.1.4 染整污染预防技术

7.1.4.1 前处理工段

（1）生物酶前处理技术

该技术适用于纯棉和涤棉混纺织物的前处理。该技术利用多功能生物酶的高选择性和渗透性，去除纤维棉籽壳和蜡质等杂质，可减少碱使用量。

（2）冷轧堆前处理技术

该技术适用于棉、麻、化纤及混纺机织物的前处理。该技术通过一次性投加不同复合型的退浆剂和煮练剂，将前处理工段合并完成，再经漂洗完成前处理，可减少新鲜水用量 30%～60%。

7.1.4.2 染色工段

（1）小浴比间歇式染色技术

1）气流/气液染色技术

该技术适用于坯布染色工序。气流染色技术将高速气流和染液分别注入喷嘴后形成雾状微细液滴喷向织物，使得染液与织物充分接触达到均匀染色的目的，染液循环频率高。气液染色技术以气流牵引织物循环，通过组合式染液喷嘴促使染液与被染织物充分接触进而实现染色的目的。气流/气液染色技术的织物浴比为 1：（2.5～4.0），染色废水产生量比传统溢流染色减少 50% 以上。

2）匀流溢流染色技术

该技术适用于坯布染色工序。该技术采用匀流染色机，在染机主缸底部增加横向循环泵，加速染液间的交换速度和频次。该技术浴比为 1：（4.0～5.0），染色废水产生量减少 30% 以上。

3）无导布轮喷射染色技术

该技术适用于天然或合成纤维、超细纤维、弹性纱和新合纤维等材料的坯布染色工序。该技术通过染色机的染液匀染装置、布槽变载调节装置等，使织物循环运转采用液体喷射带动，无需主动导布轮带动织物，可减少织物折印和布面擦伤，染色重现性高，织物表面质量高，减少电力和冷却水消耗 20% 以上。

（2）活性染料冷轧堆染色技术

该技术适用于坯布染色工序。该技术在低温下通过浸轧染液和碱液，使染液吸附在织物纤维表面，再经打卷堆置完成染料的吸附、扩散和固色，通过水洗完成上染。该技术流程短、能耗低、设备简单，废水产生量减少 60% 以上，固色率比常规轧蒸法提高 15%～25%。

（3）涂料染色技术

该技术适用于各种纤维材料的坯布和成衣染色工序。该技术是将不溶于水的颜料借助黏合剂固着在织物上的染色工艺，分为涂料轧染和涂料浸染。该技术色谱选择广、能耗低，废水产生量减少 15%～30%。

（4）数码直喷印花技术

该技术适用于分散染料、活性染料、酸性染料和颜料等墨水印花，数码直喷印花法是直接在已上浆的半成品纺织物上进行直接喷印的工艺。该技术在喷印过程中染料上染率高、无染色残液产生。

7.1.4.3　整理工段

（1）泡沫整理技术

该技术适用于织物整理。该技术是将整理液发泡后施加于织物表面并透入织物内部的一种整理加工方式，耗水量下降 50%～70%，整理剂消耗量降低 5%～10%，烘燥环节节能 40%以上。

（2）液氨整理技术

该技术适用于棉织物整理工序。该技术将烘干后的织物在液氨整理机内浸轧液氨，使织物浸氨匀透并瞬时吸氨。浸轧液氨后的梭织布再进入反应室内与氨充分反应，同时蒸发织物上的余氨。液氨丝光可实现液氨的循环利用，不产生废碱液和丝光废水。

（3）水性聚氨酯涂层整理技术

该技术适用于织物整理工序。该技术以水为分散介质，生产过程一般不产生有机废气。

7.2　污染治理技术

7.2.1　废水治理技术

7.2.1.1　物化处理技术

物化处理是指通过物化处理工艺去除废水中的部分污染物。纺织工业废水的物化处理技术包括格栅/筛网、调节、气浮、混凝和沉淀等操作单元或过程。

（1）格栅/筛网

该技术适用于含纺织纤维较多的纺织废水处理。格栅宜选择栅间距离 1.5～10mm，筛网宜选择孔径 20～100 目，宜选用机械方式运行。

（2）调节

该技术适用于纺织工业废水的水质、水量调节，同时兼具中和、降温功能。在分质处理情况下，需分别设置不同调节池对不同性质和浓度的废水进行独立收集。调节池的水力停留时间宜大于 8h，可采用穿孔管曝气、推流器或搅拌器形式改善水质混合效果。碱性废水一般使用硫酸调节 pH，后续生化工艺若采用水解酸化或厌氧工艺，宜用盐酸调节。酸性废水 pH 调节宜用氢氧化钠。调节池废水温度宜小于 45℃，后续生化工艺如有脱氮工艺，应小于38℃。废水降温可采用冷却塔、热交换等方法。废水中含有挥发性有机溶剂的情况下，不宜采用冷却塔降温。

（3）混凝

该技术适用于纺织工业废水中悬浮颗粒或荷电胶粒的脱稳、聚集和凝聚，实现污染物与水的分离，适用于纺织工业废水中纤维、油脂、分散染料、悬浮颗粒等污染物的去除。混凝处理过程常用的混凝剂有铁盐、铝盐和聚合盐类，絮凝剂常用聚丙烯酰胺。混凝的设计与管理应符合 HJ 2006 要求。

（4）气浮

该技术适用于纺织工业废水中相对密度较小的悬浮颗粒的去除，例如纤维、油脂等。气浮形式宜采用加压溶气气浮和浅层气浮，分离区表面负荷分别为 $4.0\sim6.0m^3/(m^2\cdot h)$ 和 $3.0\sim5.0m^3/(m^2\cdot h)$，水力停留时间分别为 10～20min 和 12～16min。气浮工艺的设计与管理应符合 HJ 2007 要求。

（5）沉淀

该技术适用于纺织工业废水中相对密度较大悬浮物的去除。生物处理系统出水的生化沉淀池表面负荷宜在 $0.5\sim1.0m^3/(m^2\cdot h)$，水力停留时间宜在 3～5h；物化沉淀池表面负荷宜在 $0.8\sim1.2m^3/(m^2\cdot h)$，水力停留时间宜在 2～4h。物化沉淀池可通过增设斜板或者斜管的方式提高沉淀效率与表面负荷，表面负荷宜小于 $8m^3/(m^2\cdot h)$。

7.2.1.2 生物处理技术

生物处理技术指通过生物降解的方式来实现有机物降解和脱氮，主要包括厌氧生物技术、好氧生物技术和生物脱氮技术。

（1）厌氧生物技术

1）水解酸化

该技术适用于纺织工业中有机废水的处理，可对纤维素、浆料、染料、脂肪类、蛋白质类等有机高分子或大分子有机物进行降解，将二氧化氯等物质还原。废水可生化性较差的情况下，水解酸化的水力停留时间宜大于24h，COD_{Cr} 去除率一般为10%～20%，废水的可生化性可提高 20%～40%。水解酸化反应器的设计与管理应符合 HJ 2047 要求。

2）厌氧生物反应器

该技术适用于绢纺废水、洗毛废水及以淀粉浆料为主的退浆废水等高浓度有机废水，利用一定结构形式的生物反应器进行含有机物废水的厌氧代谢处理。纺织工业中常用的厌氧反应器形式有升流式厌氧污泥床反应器（UASB）、厌氧折流板反应器（ABR）和内循环厌氧反应器（IC），纺织工业废水厌氧反应器的水力停留时间宜大于 12h，COD_{Cr} 去除率一般为 40%～60%。UASB 的设计与管理应符合 HJ 2013 的要求。

（2）好氧生物技术

该技术适用于纺织工业废水中有机污染物和硫化物的去除，指在有氧条件下利用微生物降解有机物和氨氮等污染物的过程，主要包括完全混合活性污泥法和生物膜法。好氧生物膜法的设计与运行管理应符合 HJ 2009 的要求。采用膜生物反应器（MBR）技术的，MBR 的设计与管理应符合 HJ 2010 的要求。

（3）生物脱氮技术

纺织工业废水脱氮宜采用缺氧与好氧结合的生物处理技术。缺氧系统脱氮设计负荷宜小于 $0.25kgTN/（m^3 \cdot d）$，pH 值应控制在 7～8 之间，废水 C/N 值小于 5 的情况下需补充反硝化碳源。纺织工业废水生物脱氮一般采用以下技术。

1）序批式活性污泥法（SBR）

该技术是按照间歇曝气方式来运行的活性污泥废水处理技术，与传统完全混合式废水处理工艺不同，实现了时间上的推流操作方式，具有灵活的操作空间。该工艺及其改进工艺可通过好氧、缺氧状态的交替运行实现生物脱氮功能。SBR 的设计与运行管理应符合 HJ 577 的要求。

2）好氧/缺氧法（A/O）

该技术在活性污泥系统的好氧段进行硝化反应，在缺氧段实现反硝化脱氮。好氧段溶解氧应维持在 2mg/L 以上，缺氧段溶解氧应维持在 0.5mg/L 以下，pH 值应控制在 7～8 之间。缺氧与好氧水力停留时间宜控制在 1:3 左右，缺氧生物系统负荷宜小于 $0.25kgTN/（m^3 \cdot d）$，在 C/N 值小于 5 的情况下宜补充反硝化碳源。

7.2.1.3　深度处理技术

深度处理指对生物处理出水进一步净化的处理过程，主要对纺织工业废水中的苯胺类、AOX 等特征污染物进一步降解，从而降低废水的生物毒性。一般宜先采用混凝工艺进行预处理，以减少深度处理过程的有机负荷。纺织工业废水深度处理一般采用以下几种技术。

（1）曝气生物滤池

该技术适用于好氧生物处理系统出水的深度处理，对低浓度有机物进行分离和降解。曝气生物滤池宜采用气、水联合反冲洗，反冲洗空气强度 10～15L/（m² • s），反冲洗水强度 4～6L/（m² • s）。曝气生物滤池的进水 COD_{Cr} 浓度应小于 200mg/L，水力负荷 2～10m³/（m² • h）。生物滤池的设计与管理应符合 HJ 2014 要求。

（2）臭氧氧化

该技术适用于改善染整废水可生化性或脱色，宜在弱碱性条件下（pH=8～9）进行，反应时间一般为 0.5～2h，色度去除率一般为 30%～80%。

（3）芬顿氧化

该技术适用于纺织工业废水中难降解有机物的处理和改善废水的可生化性。该技术利用亚铁离子作为催化剂，在酸性条件下利用羟基自由基的强氧化作用，将难生物降解有机物分解生成小分子有机物或者矿化。反应时间一般为 0.5～2 h，pH 值为 3～5，COD_{Cr} 去除效率为 40%～90%。

（4）膜分离

该技术适用于纺织工业废水脱盐及再生回用，通常包括微滤、超滤、纳滤和反渗透。废水进入膜系统前一般需进行砂滤和精密过滤等预处理。膜分离工艺的设计与管理应符合 HJ 579 要求。

7.2.2　废气治理技术

7.2.2.1　颗粒物治理技术

（1）过滤除尘

该技术适用于纺织织造产生的纤维颗粒物治理和染整工段烧毛产生的烟尘治理，是利用过滤材料分离气体中固体颗粒物的工艺，常用的包括袋式除尘和滤筒除尘。

纤维尘去除宜采用滤袋技术，过滤风速 0.7～1.2m/min，过滤效率达到 99% 以上；烧毛烟气宜采用覆膜滤袋或滤筒技术，过滤风速 0.5～1.0m/min，阻力小于 950Pa，过滤效率达到 90% 以上。过滤除尘后颗粒物排放浓度小于 10mg/m³。

（2）喷淋洗涤

该技术适用于热定形废气、植绒废气预处理，常用的喷淋洗涤装置有旋流洗涤塔和填料洗涤塔。该技术通过喷淋洗涤实现废气降温，有害气体、纤维尘和油污被水雾捕集，废气中的水溶性挥发性有机物（VOCs）通过相似相溶原理被去除。

（3）静电处理

该技术适用于定形机废气处理，是利用静电场使颗粒物形成荷电粒子，在电场作用下向集尘极定向移动进而被捕获实现废气净化。热定形废气温度为 100～180℃，宜采用水/气或气/气热交换降温预处理，并回收部分热能，确保静电处理效率。静电装置极板间距宜为 200～300mm，风速 0.3～0.7m/s，染整油烟去除效率一般为 70%～90%。

7.2.2.2　挥发性有机物（VOCs）处理技术

（1）吸附

该技术利用颗粒活性炭、活性炭纤维或分子筛等材料吸附去除废气中的 VOCs，适用于大风量、低湿度和各种浓度有机废气的净化处理。印花、涂层、复合等工序中产生的挥发性溶剂可采用活性炭吸附处理。吸附饱和活性炭可通过热脱附进行再生，对溶剂进行回收利用或燃烧处理。吸附装置的设计与管理应符合 HJ 2026 的要求。

（2）喷淋吸收

该技术适用于涂层废气处理，利用低挥发性溶剂对 VOCs 进行吸收，再根据两者物理化学性质的不同进行分离。涂层废气中含有丁酮、二甲基甲酰胺（DMF）等水溶性溶剂，可以水为溶剂进行喷淋吸收，结合精馏工艺可实现溶剂回收利用。

（3）生物处理

该技术适用于水溶性高、易生化降解的有机废气处理，利用微生物的代谢作用将 VOCs 进行分解。常用的生物处理技术有生物滤池和生物滴滤床。

7.2.3 固体废物综合利用及处理与处置技术

7.2.3.1 资源化利用技术

① 丝绸纺织生产中的蚕蛹可作为饲料和肥料的生产原料。

② 洗毛生产加工过程中可提取羊毛脂，作为护肤品、医用膏药、皮革护理油和机械防锈油等生产原料。

③ 原料处理、织造、染整、服装加工过程产生的次废品、边角料可作为废旧纺织品回收，通过纤维再生加工实现资源循环利用。

7.2.3.2 处理与处置技术

（1）填埋与焚烧

企业产生的泥砂、废茎秆、废油脂、纤维粉尘和废水处理设施产生的污泥可进行填埋或焚烧处理，厂区内的存储和管理方法应满足 GB 18599—2020 要求。

（2）安全处置

《国家危险废物名录（2021 年版）》中所列的染料和涂料废物、废酸、废碱、废矿物油和含矿物油废物、废有机溶剂与含有机溶剂废物、沾染染料和有机溶剂等危险废物的废弃包装物和容器、废气处理废活性炭等，以及被鉴定为危险废物的固体废物，应委托有资质的单位进行安全处置，应满足 HJ 2025、GB 18597—2023 和《危险废物转移联单管理办法》等文件的要求。

7.2.4 噪声污染控制技术

噪声污染控制通常从声源、传播途径和受体防护三方面进行。尽量选用低噪声设备，采用消声、隔声、减振等措施从声源上控制噪声产生。采用隔声、吸声及绿化等措施在传播途径上降低噪声。在噪声强度较大的生产区域，采取加强个人防护措施，通过佩戴耳塞、耳罩来减少噪声对工人的伤害。噪声控制设计应符合 GB

50425—2019 和 GB 50477 的要求。

（1）平面布置

在布置格局上，将噪声较大的车间放置在厂区中间位置，远离厂界和噪声敏感点。加强厂区绿化，在主车间和厂区周围种植绿化隔离带。

（2）生产车间

在设备选型上选择低噪声的纺纱设备、织机和染整设备。对织机、空调风机和锅炉的鼓、引风机等强振动设备，可采用隔振、减振措施降低固体传播的振动性噪声。

（3）空压机房

选用低噪声空压机以消除脉冲噪声，吸气口处安装组合式消声过滤器以降低吸气噪声，声源噪声级降低 10dB（A）以上；空压机房均设隔声门窗，隔声量提高 5dB（A）以上；机房四周墙壁及天花板选用玻璃纤维作为吸声材料，减少反射声，降噪量 4dB（A）以上。

（4）废水处理站

废水处理站主要噪声源包括水泵和风机等设备。泵房机组可通过金属弹簧、橡胶减振器等进行隔振、减振措施，降低噪声 3～5dB（A）。风机应选用低噪声风机，对振动较大的风机机组采用隔振、减振措施，对中大型风机配置专用风机房。

7.3 环境管理措施

7.3.1 环境管理制度

① 企业应按照 HJ 879、HJ 944 的要求严格执行自行监测制度及环境管理台账制度。

② 若排污单位属于土壤污染重点监管单位的，应依据相关法律法规和标准的要求，建立土壤污染隐患排查制度，开展自行监测。

③ 排污单位应建立完善的应急预案制度，健全化学品管理制度。污水处理区域内设置必要的事故池，对余热利用系统进行维护，对环保设施检修等过程进行有效的管理与管控。

④ 染整行业企业应实施低排水印染工艺改造，废水回用率应达到行业规范要求。

⑤ 企业必须进行雨污分流。

7.3.2 污染治理设施管理

① 废水中含有棉毛短绒、纤维较多时应采用具有清洗功能的滤网设备，含细砂和

短纤维的废水应设置除砂和过滤设备。

②　采用化学脱色处理废水时，不宜选用含氯脱色剂。

③　废水处理中产生的栅渣、污泥等需做好收集处理处置，防止二次污染。

④　定期对废水处理的构筑物、设备、电气及自控仪表进行检查维护，确保处理设施稳定运行。

⑤　定期对废气处理设施进行检查维护，及时清理废气管道、滤网、喷淋系统和静电处理设备中沉积的纤维和油垢。强化高压静电设施的日常检查，排除火灾隐患。

7.3.3　无组织排放控制措施

纺织工业的无组织废气控制与管理应符合 GB 37822—2019、GB 50425—2019、GB 50477—2017 和 GBZ/T 212 的相关要求。

①　对于纺织生产中的清梳，染整生产中的配料、准备、检验，废水处理的厌氧池、污泥浓缩和处理等废气无组织排放的环节，应配备废气捕集装置（如局部密闭罩、整体密闭罩、大容积密闭罩和车间密闭）和滤尘设施。

②　对于挥发性有机溶剂、恶臭等无组织废气产生点，应采取密闭措施。有机溶剂储存和装卸单元应配置气相平衡管或接入废气处理设施。对于异味明显的废水处理单元，应加盖密闭，并配备废气收集处理设施。

③　改进纺织纤维、染整化学品的储运和投加方式可有效减少粉尘、颗粒物、VOCs 等污染物的产生。

④　对于露天储煤场、粉状物料储运系统，企业应采用防风抑尘网、喷淋、洒水或苫盖等抑尘措施。煤粉、石灰石粉等粉状物料需采用筒仓等封闭式料库存储，其他易起尘的物料应遮盖存储。

7.4　污染防治可行技术

7.4.1　废水污染防治可行技术

根据废水水质特点选择相应的处理技术，处理后水质应满足国家及地方污染物排放标准、排污许可证、环评文件及其审批意见。在经济技术可行的前提下，企业应最大限度提高废水的重复利用率和回用率。

7.4.1.1　丝绢纺织废水污染防治可行技术

丝绢纺织废水物化处理一般需采用细筛网对蚕丝纤维和皮屑进行过滤。采用水解酸化技术时，容积负荷一般为 1.0～3.0kgCOD/（m³·d）；采用生物厌氧反应器时，容积负荷一般为 2.0～6.0kgCOD/（m³·d）。后续生物处理应采用具有脱氮功能的 SBR、A/O 等工艺，水力停留时间一般为 12～24h。采用混凝处理时，宜选用具有除磷功能的化学药剂。丝绢纺织废水污染防治可行技术见表 7-1，可达到 GB 28936—2012 的要求。

表 7-1 丝绸纺织废水污染防治可行技术

序号	污染预防技术	污染治理技术	污染物排放浓度水平/（mg/L）							可达目标
			COD_{Cr}	BOD_5	SS	氨氮	TN	TP	动植物油	
1	真空渗透煮茧工艺	①格栅/筛网-调节池+②厌氧生物-生物脱氮	120～180	30～40	50～90	15～35	25～45	0.8～1.2	2～3	间接排放
2		①格栅/筛网-调节池+②混凝-沉淀或气浮+③厌氧生物-生物脱氮	40～50	10～18	20～30	5～6	10～15	0.2～0.5	1～3	直接排放
3		①格栅/筛网-调节池+②混凝-沉淀或气浮+③厌氧生物-生物脱氮+④深度处理	30～40	10～15	6～10	3～5	5～8	0.2～0.5	0.5～1	特别排放

7.4.1.2 麻脱胶废水污染防治可行技术

麻脱胶废水调节池一般需采用混合搅拌措施以强化中和效果。亚麻、大麻（汉麻）等脱胶废水采用水解酸化工艺，容积负荷一般为 1.0～3.0kgCOD/（m³·d）；采用厌氧生物反应器时，容积负荷为 2.0～6.0kgCOD/（m³·d）。苎麻、黄麻等脱胶废水的水解酸化工艺，容积负荷一般为 0.8～1.5kgCOD/（m³·d）。好氧生物工艺应采用具有脱氮功能的 SBR、A/O 等工艺，水力停留时间一般为 16～36h。深度处理宜采用臭氧氧化或芬顿氧化工艺。麻脱胶废水污染防治可行技术见表 7-2，可达到 GB 28938—2012 的要求。

表 7-2 麻脱胶废水污染防治可行技术

序号	污染预防技术	污染治理技术	污染物排放浓度水平/（mg/L）							可达目标
			COD_{Cr}	BOD_5	SS	氨氮	TN	TP	AOX	
1	生物-化学联合脱胶技术	①格栅-调节池+②混凝-沉淀或气浮+③厌氧生物-好氧生物	150～180	30～40	50～90	15～20	25～30	0.8～1.2	6～10	间接排放
2		①格栅-调节池+②混凝-沉淀或气浮+③厌氧生物-好氧生物+④混凝-沉淀或气浮+⑤深度处理	60～80	10～18	20～30	5～6	10～15	0.2～0.5	5～8	直接排放
3		①格栅-调节池+②混凝-沉淀或气浮+③厌氧生物-好氧生物+④混凝-沉淀或气浮+⑤臭氧氧化或芬顿氧化+曝气生物滤池	40～60	8～15	10～20	3～5	5～10	0.2～0.5	4～6	特别排放

7.4.1.3 洗毛废水污染防治可行技术

洗毛废水一般需要采用细筛网、捞毛机对散毛纤维进行过滤。采用混凝处理时，宜选用具有破乳功能的化学药剂。生物处理采用水解酸化工艺时，容积负荷为 4.0～8.0kgCOD/（m³·d）；采用厌氧反应器时，容积负荷为 5.0～15.0kgCOD/（m³·d）。后续生物处理应采用具有脱氮功能的 SBR、A/O 等工艺，水力停留时间 12～24h。深度处理宜采用生物滤池。洗毛废水污染防治可行技术见表 7-3，可达到 GB 28937—2012 的要求。

表 7-3　洗毛废水污染防治可行技术

序号	污染预防技术	污染治理技术	污染物排放浓度水平/（mg/L）							可达目标
			COD$_{Cr}$	BOD$_5$	SS	氨氮	TN	TP	动植物油	
1	羊毛脂组合回收技术	①格栅/筛网-调节池+②混凝-气浮+③厌氧生物-生物脱氮	150～180	30～40	50～90	15～20	25～30	0.8～1.2	5～10	间接排放
2		①格栅/筛网-调节池+②混凝-气浮+③厌氧生物-生物脱氮+④深度处理	60～80	10～20	20～30	5～6	10～15	0.2～0.5	3～5	直接排放
3		①格栅/筛网-调节池+②混凝-气浮+③厌氧生物-生物脱氮+④臭氧氧化或芬顿氧化+曝气生物滤池	45～60	10～15	15～20	5～8	5～10	0.2～0.5	1～3	特别排放

7.4.1.4　化纤织造废水污染防治可行技术

化纤织造废水一般需采用细格栅或筛网对化学纤维进行过滤预处理。废水通过混凝处理时，宜选用具有破乳功能的化学药剂并采用气浮分离。好氧生物工艺宜采用生物膜法，水力停留时间一般为 8～16 h。以涤纶为原料的化纤长丝喷水织机废水一般含有总锑，宜通过投加硫酸亚铁或聚铁混凝剂去除。涤纶水刺非织造废水中的总锑处理可参照喷水织机废水。化纤织造废水污染防治可行技术见表 7-4，可达到 GB 8978—1996、GB 18918—2002 的要求。

表 7-4　化纤织造废水污染防治可行技术

序号	污染治理技术	污染物排放浓度水平/（mg/L）							可达目标
		COD$_{Cr}$	BOD$_5$	SS	氨氮	TN	TP	石油类	
1	①格栅/筛网-调节池+②混凝-气浮	100～120	30～40	30～50	15～18	25～28	0.8～1.2	10～15	三级排放
2	①格栅/筛网-调节池+②混凝-气浮+③好氧生物	60～75	10～18	20～30	5～6	10～15	0.2～0.4	3～5	二级排放
3	①格栅/筛网-调节池+②混凝-气浮+③好氧生物+④混凝-气浮或沉淀	40～60	8～15	8～20	3～5	8～10	0.2～0.4	0.5～3	一级排放

7.4.1.5　染整废水污染防治可行技术

染整加工中各工序产生污染物种类和浓度差异明显，宜对不同工序产生的高浓度和难处理废水进行单独收集，经分质预处理后再混合处理。染整废水污染防治可行技术见表 7-5，可达到 GB 4287—2012 的要求。

（1）分质预处理

① 精练、染色、印花等工序产生的高浓度有机废水，宜单独收集后采用混凝处理。

表 7-5 染整废水污染防治可行技术

序号	适用范围	污染预防技术	污染治理技术	污染物排放浓度水平/（mg/L）								可达目标
				CODcr	BOD5	SS	氨氮	总氮	总磷	苯胺类	色度/倍	
1	棉、麻及混纺机织物染整	生物酶前处理技术/冷轧堆前处理技术；小浴比间歇式染色技术/活性染	①格栅/筛网-调节池+②混凝-沉淀/气浮+③水解酸化-好氧生物	350～450	80～120	50～90	10～15	15～25	1.0～1.5	0.5～1.0	50～80	间接排放
2			①分质预处理+②格栅/筛网-调节池+③混凝-沉淀/气浮+④水解酸化-好氧生物	120～200	30～50	50～90	10～15	15～25	1.0～1.5	0.5～1.0	50～80	间接排放
3	棉、麻及混纺机织物染整	料冷轧堆染色技术/涂料染色技术/数码直喷印花技术；泡沫整理技术/液氨整理技术	①分质预处理+②格栅/筛网-调节池-③混凝-沉淀/气浮+④水解酸化-好氧生物+⑤混凝-沉淀/气浮+⑥深度处理	50～80	12～20	20～30	5～6	8～15	0.2～0.5	0.5～1.0	30～50	直接排放
4			①分质预处理+②格栅/筛网-调节池-③混凝-沉淀/气浮+④水解酸化-好氧生物+⑤混凝-沉淀/气浮+⑥臭氧氧化或芬顿氧化+曝气生物滤池	40～60	10～15	10～20	4～8	6～15	0.2～0.5	0.5～1.0	20～30	特别排放
5	丝和毛机织物染整、化纤机织物染整	冷轧堆前处理技术；小浴比间歇式染色技术/数码直喷印花技术；泡沫整理技术	①格栅/筛网-调节池+②混凝-沉淀/气浮+③水解酸化-好氧生物	300～450	80～120	50～90	10～15	15～30	1.0～1.5	0.5～1.0	50～80	间接排放
6			①分质预处理+②格栅/筛网-调节池+③混凝沉淀或气浮+④水解酸化-好氧生物+⑤混凝-沉淀/气浮	120～150	30～50	50～90	10～15	15～30	1.0～1.5	0.5～1.0	50～80	间接排放
7			①分质预处理+②格栅/筛网-调节池+③混凝沉淀或气浮+④水解酸化-好氧生物+⑤混凝-沉淀/气浮+⑥深度处理	40～80	12～20	20～30	5～6	8～15	0.2～0.5	0.5～1.0	30～50	直接排放
8			①分质预处理+②格栅/筛网-调节池+③混凝沉淀或气浮+④水解酸化-好氧生物+⑤混凝-沉淀/气浮+⑥臭氧氧化或芬顿氧化+曝气生物滤池	30～60	10～15	10～20	4～8	6～15	0.2～0.5	0.5～1.0	20～30	特别排放
9	针织物、纱线、散纤维染整	小浴比间歇式染色技术	①格栅/筛网-调节池+②混凝-沉淀或气浮+③水解酸化-好氧生物	300～450	80～120	50～90	10～15	15～30	1.0～1.5	0.5～1.0	50～80	间接排放
10			①格栅/筛网-调节池+②混凝-沉淀或气浮+③水解酸化-好氧生物+④混凝-沉淀	120～150	30～45	50～90	10～15	15～30	1.0～1.5	0.5～1.0	50～80	间接排放

续表

序号	适用范围	污染预防技术	污染治理技术	污染物排放浓度水平/（mg/L）								可达目标
				COD$_{Cr}$	BOD$_5$	SS	氨氮	总氮	总磷	苯胺类	色度/倍	
11	小浴比间歇式染色技术		①格栅/筛网-调节池+②混凝-沉淀/气浮+③水解酸化-好氧生物+④深度处理	40～80	12～15	20-30	5～6	8～15	0.2～0.5	0.5～1.0	30～50	直接排放
12	针织物、纱线、散纤维染整	小浴比间歇式染色技术	①格栅/筛网-调节池+②混凝-沉淀/气浮+③水解酸化-好氧生物+④臭氧氧化或芬顿氧化+曝气生物滤池	30～60	10～15	10～20	4～8	6～12	0.2～0.5	0.5～1.0	20～30	特别排放

②　退浆废水一般含有高浓度浆料，如聚乙烯醇（PVA）、改性淀粉、丙烯酸类、聚酯类浆料等。含 PVA 浆料的退浆废水宜单独收集后通过盐析工艺进行分离。

③　碱减量废水一般含有高浓度聚酯聚合物，宜单独收集后加酸调节 pH 值至 3～4 进行酸析处理将聚合物析出。

④　含磷酸盐助剂的生产废水，宜单独收集后投加具有除磷功能的混凝药剂去除总磷。

⑤　涤纶化纤染整废水一般含有总锑，宜通过投加硫酸亚铁或聚铁混凝剂去除。

⑥　毛纺及印花制网工序中产生的含六价铬废水需单独收集，在酸性条件下投加亚硫酸氢钠等还原剂将六价铬还原，再加碱生成氢氧化铬沉淀去除。

⑦　蜡染工艺中的机械洗蜡废水宜采用气浮处理，分离出的松香蜡可回用于生产，气浮出水可回用于洗蜡车间；皂化脱蜡废水宜采用加酸破乳，通过气浮进行分离，分离出的松香蜡经脱水可回用于生产。

（2）生物处理

①　染整废水可生化性较低，一般采用水解酸化进行厌氧生物处理，水解酸化的容积负荷为 0.5～2.0kgCOD/（m^3·d）。退浆废水以淀粉浆料为主的情况下，可采用厌氧生物反应器收集处理，容积负荷为 5.0～15.0kgCOD/（m^3·d）。

②　染整废水经过水解酸化或厌氧生物处理后，后续应采用好氧生物工艺处理。活性印花或蜡染废水一般总氮浓度高，宜采用 A/O、SBR 等生物脱氮工艺。

（3）深度处理

①　染整废水深度处理前宜采用混凝进行预处理，降低深度处理过程的有机负荷和杂质影响。对总磷指标有更严格要求的情况下，宜采用投加具有除磷功能的混凝药剂去除总磷。

②　染整废水深度处理生物处理工艺宜选用曝气生物滤池技术，强氧化宜选用臭氧氧化和芬顿氧化工艺。

③　根据用水水质要求，宜选择相应的膜分离工艺。废水的再生利用设计与管理应满足 GB 50335—2016 的要求。

7.4.1.6　纺织工业污水集中处理可行技术

　　纺织工业企业向纺织工业污水集中处理设施排放水污染物必须执行间接排放标准，经预处理达到 GB 4287—2012、GB 28936—2012、GB 28937—2012、GB 28938—2012 规定的间接排放标准后可排入纺织工业污水集中处理设施。纺织工业污水集中处理可行技术见表 7-6，可达到 GB 4287—2012、GB 8978—1996 的要求。

表 7-6　纺织工业污水集中处理可行技术

序号	适用范围	污染治理技术	污染物排放浓度水平/（mg/L）							可达目标
			COD_{Cr}	BOD_5	SS	氨氮	总氮	总磷	色度/倍	
1	按间接排放标准纳管的专门纺织工业污水集中处理设施	①格栅/筛网-调节池+②水解酸化-好氧生物+③混凝-沉淀+④臭氧氧化或芬顿氧化+曝气生物滤池	40～80	8～15	5～20	4～8	8～15	0.2～0.5	20～30	直接排放

7.4.2　废气污染防治可行技术

　　纺织工业废气排放应满足 HJ 861、GB 14554—1993、GB 16297—1996 和 GB 37822—2019 的要求。纺织工业产生有组织排放废气的环节主要包括棉纺织行业的开棉、梳棉、纺纱工序，麻纺织行业的拣麻、剥麻、梳麻工序，毛纺织行业的选毛、开毛、梳毛工序，染整行业的烧毛、磨毛、拉毛工序。使用有机溶剂的环节包括印花、植绒、复合、层压和涂层工序，产生染整油烟的环节为热定形工序，产生臭气的环节包括丝绸纺织行业的制绵工序、麻纺织行业的生物脱胶工序、毛纺织行业的开毛工序和企业内部废水处理系统。纺织工业废气污染防治可行技术见表 7-7。

表 7-7　纺织工业废气污染防治可行技术

序号	使用工序	主要污染项目	污染治理技术	污染物排放浓度水平（标态）/（mg/m³）
1	开棉、梳棉、纺纱、拣麻、剥麻、梳麻、选毛、开毛、梳毛、烧毛、磨毛、拉毛	颗粒物	过滤除尘	颗粒物：5～10
2	印花、植绒、复合、层压	颗粒物、VOCs	喷淋洗涤+吸附	颗粒物：5～10；非甲烷总烃：12～36
			静电处理+吸附	颗粒物：5～10；非甲烷总烃：12～36
3	热定形	染整油烟	（多级）喷淋洗涤	染整油烟：10～20
			冷却+静电处理	染整油烟：10～15
			喷淋洗涤+静电处理	染整油烟：6～10
4	涂层	VOCs	喷淋吸收+吸附	非甲烷总烃：40～60
5	制绵、生物脱胶、开毛、废水处理系统	氨气、硫化氢、臭气浓度	喷淋吸收	氨气：0.1～0.2；硫化氢：0.01～0.02；臭气浓度：10～20（无量纲）
			生物处理	氨气：0.1～0.15；硫化氢：0.01～0.015；臭气浓度：10～20（无量纲）

7.4.3　固体废物污染防治可行技术

固体废物污染防治可行技术见表 7-8。

表 7-8　固体废物污染防治可行技术

类别	固体废物	可行技术
一般工业固体废物	纺织边角料、废包装材料等	收集后资源化利用
	废茎秆、泥砂、废油脂、废水处理污泥、纤维粉尘	交由相关单位进行无害化处置，如填埋、焚烧等
危险废物	染料和涂料废物、废酸、废碱、废矿物油和含矿物油废物、废有机溶剂与含有机溶剂废物、沾染染料和有机溶剂等危险废物的废弃包装物和容器、烟气及 VOCs 处理废活性炭等以及被鉴定为危险废物的固体废物	委托有资质的单位处理

7.4.4　噪声污染防治可行技术

噪声污染防治可行技术见表 7-9。

表 7-9　噪声污染防治可行技术

序号	噪声源	可行技术	降噪水平
1	生产设备噪声	厂房隔声	降噪量 20 dB（A）左右
		隔声罩	降噪量 20 dB（A）左右
		隔振、减振	降噪量 10 dB（A）左右
2	空压机噪声	减振、消声器	消声量 20 dB（A）左右
3	风机噪声	消声器	消声量 25 dB（A）左右
4	泵类噪声	隔声罩	降噪量 20 dB（A）左右

附录

附录 1　重点管理排污许可证副本模板

排污许可证申请表（试行）

（首次申请）

单位名称：上海××印染有限公司

注册地址：上海市××区××街道××路××号

行业类别：化纤织物染整精加工

生产经营场所地址：上海市××区××街道××路××号

组织机构代码：×××××××××××××××××

统一社会信用代码：×××××××××××××××××

法定代表人：×××

技术负责人：×××

固定电话：×××-×××××××

移动电话：××××××××××

申请日期：20××年×月×日

一、排污单位基本情况

表 1 排污单位基本信息

单位名称	上海××印染有限公司	注册地址	上海市××区××路××号
邮政编码	20×××××	生产经营场所地址	上海市××区××路××号
行业类别	化纤织物染整精加工	投产日期	2014-04-18
生产经营场所中心经度	121°××′××″	生产经营场所中心纬度	31°××′××″
组织机构代码	—	统一社会信用代码	××××××××××××××××
技术负责人	张三	联系电话	130×××××××
所在地是否属于大气重点控制区域	是	所在地是否属于重金属污染物特别排放限值实施区域	是
所在地是否属于总氮控制区域	是	所在地是否属于总磷控制区域	是
是否位于工业园区	是	所属工业园区名称	×××产业园
是否需要改正	否	排污许可证管理类别	重点管理
主要污染物类别	☑废气 ☑废水		
主要污染物种类	☑颗粒物 ☑SO$_2$ ☑NO$_x$ ☑其他特征污染物（油烟、臭气）	☑CO$_2$ ☑氨氮 ☑其他特征污染物［悬浮物、五日生化需氧量、总氮（以 N 计）、总磷（以 P 计）、苯胺类、pH 值、色度、硫化物、总锑］	
大气污染物排放形式	☑有组织 ☑无组织	废水污染物排放规律	☑间断排放，排放期间流量稳定
是否有环评审批文见	是	环境影响评价审批文见文号（备案编号）	×环保许管〔201×〕×号
是否有地方政府对违规项目的认定或备案文件	否	认定或备案文件文号	—
是否有主要污染物总量分配计划文件	否	总量分配计划文件文号	—

二、排污单位登记信息

（一）主要产品及产能

表 2　主要产品及产能信息表

序号	主要生产单元名称	主要工艺名称	生产设施名称	生产设施编号	参数名称	设计值	计量单位	其他设施参数信息	其他设施信息	产品名称	产品设计产能	计量单位	设计年生产时间/h	其他产品信息	其他工艺信息
1	公用单元	食堂餐饮	厨房油烟净化设施	CY-01	风量	3000	m³/h		涉及油烟废气						
	公用单元	锅炉	燃气锅炉	GL-01	蒸汽量	6	t		涉及废气						
	公用单元	污水处理	污水除臭设施	WS-01	风量	5000	m³/h		涉及废水、废气、固体废物						
	公用单元	储存系统	固体废物仓库	RM-01	面积	150	m²								
2	印染单元	整理工艺	定型设施	DX-01	滚筒个数	5	个	滚筒式整烫定型机	涉及废水、废气	色带	400	t/a	1200	下游进入印染单元干燥工艺	
					滚筒长度	0.5	m								
					滚筒直径	0.3	m								
			过胶机	GJ-01	宽度	0.06	m		涉及废气						
					传送速度	6	m/min								
3	印染单元	染色工艺	浸染色设施	JS-01	重量	40	kg	卧式染带机	涉及废水	色纱	1000	t/a	8472		
			浸染色设施	JS-02	重量	40	kg	卧式染带机	涉及废水						

续表

序号	主要生产单元名称	主要工艺名称	生产设施名称	生产设施编号	参数名称	设计值	计量单位	其他设施参数信息	其他设施信息	产品名称	产品设计产能	计量单位	设计年生产时间/h	其他产品信息	其他工艺信息
3	印染单元	染色工艺	纱线染色设施	RS-01	浴比	—	比例	1：8	涉及废水	色纱	1000	t/a	8472	下游进入印染单元干燥工艺	
					重量	60	kg								
			纱线染色设施	RS-02	浴比	—	比例	1：8							
					重量	60	kg		涉及废水						
			纱线染色设施	RS-03	浴比	—	比例	1：8							
					重量	60	kg		涉及废水						
4	印染单元	干燥	干燥机	GZ-01	重量	120	kg	设备设施逐一填写、逐一编号		色纱	1000	t/a	8472	下游进入织造单元	
			干燥机	GZ-02											
			脱水机	TS-01											
5	织造单元	捻线	倍捻机	BN-01	规模	108	锭	型号：3M3 村田		色线	1000	t/a	8472	上游来自印染单元	
			倍捻机	BN-02	规模	108	锭	型号：3M3 村田							
			倍捻机	BN-03	规模	108	锭	型号：3M3 村田							
			高速手线机	BX-22	规模	56	锭	型号：YMD							
			卷绕机	JR-01	规模	4	锭	型号：HAKEBA	涉及噪声						
					声强	72	dB								
			卷绕机	JR-02	规模	4	锭	型号：HAKEBA	涉及噪声						
					声强	72	dB								
			卷绕机	JR-03	规模	4	锭	型号：HAKEBA	涉及噪声						
					声强	72	dB								

设备设施逐一填写、逐一编号

（二）主要原辅材料及燃料

表 3　主要原辅材料及燃料信息表

序号	生产单元	种类	名称	年设计使用量	年设计使用量计量单位	物质成分	成分占比	其他信息
原料及辅料								
1	印染单元	辅料	分散黑（液）染料	11476	kg	—	—	含17%水、3%分散剂
		辅料	分散黑染料	7711	kg	—	—	—
		辅料	分散红染料	1070	kg	—	—	—
		辅料	分散黄染料	1635	kg	—	—	—
		辅料	分散蓝染料	2818	kg	—	—	—
		辅料	酸性黑染料	759	kg	—	—	—
		辅料	酸性红染料	96	kg	—	—	—
		辅料	酸性黄染料	178	kg	—	—	—
		辅料	酸性蓝染料	163	kg	—	—	—
		辅料	成品油剂	19031	kg	—	—	—
		辅料	碱剂—烧碱	20127	kg	—	—	—
		辅料	硫酸铵	1000	kg	—	—	—
		辅料	酸剂—乙酸	18145	kg	—	—	含62%水
		辅料	整理剂—防日晒剂	689	kg	—	—	—
		辅料	整理剂—交联剂	1985	kg	—	—	含50%水
		辅料	整理剂—抗静电整理剂	1217	kg	—	—	—
		辅料	整理剂—扩散剂	920	kg	—	—	—
		辅料	助剂—还原剂	21491	kg	—	—	—
		辅料	助剂—均染剂	33592	kg	—	—	—
		辅料	助剂—润湿剂	67625	kg	—	—	—
		辅料	助剂—洗涤剂	19633	kg	—	—	—
		辅料	助剂—洗缸剂	5236	kg	—	—	—
		辅料	助剂—消泡剂	1091	kg	—	—	—
		原料	纱	1000	t	锑	0.038	涤纶纱
		原料	水	90000	t	—	—	回用量10%
2	印染单元	辅料	分散蓝染料	2818	kg	—	—	—
		辅料	酸性黑染料	759	kg	—	—	—
		辅料	胶水	50	kg	—	—	—
		辅料	整理剂—防皱整理剂	18	kg	—	—	—
		原料	织带	400	t	锑	0.025	涤纶织带
		原料	水	38000	t	—	—	回用量10%

序号	燃料名称	灰分/%	硫分/%	挥发分/%	热值/（MJ/kg 或 MJ/m³）	年设计使用量/（10⁴t/a 或 10⁴m³/a）	其他信息
燃料							
1	天然气	—	—	—			含硫量：20mg/m³

(三) 产排污节点、污染物及污染治理设施

表 4　废气产排污节点、污染物及污染治理设施信息表

序号	生产设施编号	生产设施名称	对应产污环节名称	污染物种类	排放形式	污染治理设施					有组织排放口编号	有组织排放口名称	排放口设置是否符合要求	排放口类型	其他信息
						污染治理设施编号	污染治理设施名称	污染治理设施工艺	是否为可行技术	污染治理设施其他信息					
1	CY-01	厨房油烟净化设施	厨房	油烟	有组织	TA001	油烟处理设施	静电除油烟	是	—	DA001	厨房排气筒	是	一般排放口	—
2	GL-01	燃气锅炉	锅炉	颗粒物、二氧化硫、氮氧化物、林格曼黑度	有组织	—	—	—	—	—	DA002	锅炉排气筒	是	主要排放口	—
3	DX-01	定型设施	定型工段	非甲烷总烃、颗粒物	有组织	TA002	定型废气处理设施	喷淋+静电	是	—	DA003	定型排气筒	是	一般排放口	—
4	GJ-01	过胶机	定型工段	非甲烷总烃、颗粒物	有组织	TA004	过胶废气处理设施	吸附	是	—	DA004	过胶排气筒	是	一般排放口	—

表 5 废水类别、污染物及污染治理设施信息表

序号	废水类别	产污环节	污染物种类	排放去向	排放规律	污染治理设施						排放口编号	排放口名称	排放口设置是否符合要求	排放口类型	其他信息
						污染治理设施编号	污染治理设施名称	污染治理设施工艺	是否为可行技术	污染治理设施其他信息						
1	印染废水、初期雨水、循环冷却水排污水	染色、整理、精练	化学需氧量、氨氮（NH₃-N）、总磷（以 P 计）、苯胺类、pH 值、色度、五日生化需氧量、悬浮物、总锑、硫化物	进入城市污水处理厂	间断排放、排放期间流量稳定	TW001	印染废水处理设施	一级处理设施—中和调节、一级处理设施—气浮、一级处理设施—混凝、二级处理设施—厌氧生物法、二级处理设施—好氧生物法、一级处理设施—沉淀及其他、深度处理设施—滤池、深度处理设施—高级氧化	是	设计处理量300 m³/d	DW001	总排放口	是	主要排放口	
2	生活污水	食堂、办公室	化学需氧量、氨氮（NH₃-N）、总磷（以 P 计）、五日生化需氧量、pH 值、悬浮物、色度	进入城市污水处理厂	连续排放、流量不稳定，但有周期性规律	—	—	—	—	—	DW002	生活污水排放口	是	一般排放口	—

三、大气污染物排放

(一)排放口

表6　大气排放口基本情况表

序号	排放口编号	污染物种类	排放口地理坐标		排气筒高度/m	排气筒出口内径/m	其他信息
			经度	纬度			
1	DA001	油烟	121°×′××″	31°×′××″	15	1	
2	DA002	颗粒物、二氧化硫、氮氧化物、林格曼黑度	121°×′××″	31°×′××″	8	0.4	
3	DA003	非甲烷总烃、颗粒物	121°×′××″	31°×′××″	15	0.4	
4	DA004	非甲烷总烃、颗粒物	121°×′××″	31°×′××″	15	0.4	

表7　废气污染物排放执行标准表

序号	排放口编号	污染物种类	国家或地方污染物排放标准			环境影响评价批复要求	承诺更加严格排放限值	其他信息
			名称	浓度限值(标态)/(mg/m³)	速率限值/(kg/h)			
1	DA001	油烟	《饮食业油烟排放标准》(GB 18483—2001)	1	0.003	1.0mg/m³	—	—
2	DA002	二氧化硫	《锅炉大气污染物排放标准》(GB 13271—2014)	200	—	—	—	—
3	DA002	氮氧化物	《锅炉大气污染物排放标准》(GB 13271—2014)	200	—	—	—	—
4	DA002	林格曼黑度	《锅炉大气污染物排放标准》(GB 13271—2014)	1	—	—	—	—
5	DA002	颗粒物	《锅炉大气污染物排放标准》(GB 13271—2014)	30	—	—	—	—
6	DA003	非甲烷总烃	《大气污染物综合排放标准》(GB 16297—1996)	120	10	—	—	—
7	DA003	颗粒物	《大气污染物综合排放标准》(GB 16297—1996)	120	3.5	—	—	—
8	DA004	非甲烷总烃	《大气污染物综合排放标准》(GB 16297—1996)	120	10	—	—	—
9	DA004	颗粒物	《大气污染物综合排放标准》(GB 16297—1996)	120	3.5	—	—	—

(二)有组织排放信息

表8　大气污染物有组织排放信息表

序号	排放口编号	污染物种类	申请许可排放浓度限值(标态)(mg/m³)	申请许可排放速率限值/(kg/h)	申请年许可排放量限值/(t/a)					申请特殊排放浓度限值(标态)/(mg/m³)	申请特殊时段许可排放量限值
					第一年	第二年	第三年	第四年	第五年		
主要排放口											
1	DA002	林格曼黑度	1	—	—	—	—	—	—	—	—

续表

序号	排放口编号	污染物种类	申请许可排放浓度限值（标态）/（mg/m³）	申请许可排放速率限值/（kg/h）	申请年许可排放量限值/（t/a）					申请特殊排放浓度限值（标态）/（mg/m³）	申请特殊时段许可排放量限值
					第一年	第二年	第三年	第四年	第五年		
主要排放口											
2	DA002	氮氧化物	150	—	3.419	3.419	3.419	—	—	—	—
3	DA002	二氧化硫	20	—	3.419	3.419	3.419	—	—	—	—
4	DA002	颗粒物	20	—	0.512	0.512	0.512	—	—	—	—
主要排放口合计		颗粒物			0.512	0.512	0.512	—	—		—
		SO₂			3.419	3.419	3.419	—	—		—
		NOₓ			3.419	3.419	3.419	—	—		—
		VOCs			—	—	—	—	—		—
一般排放口											
1	DA001	油烟	1	0.003	—	—	—	—	—	—	—
2	DA003	非甲烷总烃	120	10	—	—	—	—	—	—	—
3	DA003	颗粒物	120	3.5	—	—	—	—	—	—	—
4	DA004	非甲烷总烃	120	10	—	—	—	—	—	—	—
5	DA004	颗粒物	120	3.5	—	—	—	—	—	—	—
一般排放口合计		颗粒物			—	—	—	—	—		—
		SO₂			—	—	—	—	—		—
		NOₓ			—	—	—	—	—		—
		VOCs			—	—	—	—	—		—
全厂有组织排放总计											
全厂有组织排放总计		颗粒物			0.512	0.512	0.512	—	—		
		SO₂			3.419	3.419	3.419	—	—		
		NOₓ			3.419	3.419	3.419	—	—		
		VOCs			—	—	—	—	—		

主要排放口备注信息

—

一般排放口备注信息

—

全厂排放口备注信息

—

申请年排放量限值计算过程：包括方法、公式、参数选取过程，以及计算结果的描述等内容。

废气污染物年排放量计算：

企业建有 1 台 6t/h 燃气锅炉，设计燃气用量 139 万 m^3/a。锅炉废气执行《锅炉大气污染物排放标准》（GB 13271—2014），污染物排放限值分别为：颗粒物 $30mg/m^3$、二氧化硫 $200mg/m^3$、氮氧化物 $200mg/m^3$。

主要排放口污染物年许可排放量计算如下：

$$E_{SO_2} = RQC_{SO_2} \times 10^{-6} = 1390 \times 12.3 \times 200 \times 10^{-6} = 3.419 \text{ t/a}$$

$$E_{颗粒物} = RQC_{颗粒物} \times 10^{-6} = 1390 \times 12.3 \times 30 \times 10^{-6} = 0.512 \text{ t/a}$$

$$E_{NO_x} = RQC_{NO_x} \times 10^{-6} = 1390 \times 12.3 \times 200 \times 10^{-6} = 3.419 \text{ t/a}$$

式中　E_j——排污单位锅炉排放口废气第 j 项大气污染物年许可排放量，单位为 t/a；

　　　R——排污单位锅炉排放口设计燃气用量，单位为 $10^3 m^3/a$；

　　　Q——锅炉排放口基准排气量，单位为 m^3/m^3 天然气，按《规范》中表 5 进行经验取值，具体见表 9；

　　　C_j——锅炉排放口废气第 j 项大气污染物许可排放浓度限值，单位为 mg/m^3。

表 9　锅炉废气基准烟气量取值表

产污环节名称		基准烟气量
燃煤锅炉	热值为 12.5 MJ/kg	$6.2m^3/kg$ 燃煤
	热值为 21 MJ/kg	$9.9m^3/kg$ 燃煤
	热值为 25 MJ/kg	$11.6m^3/kg$ 燃煤
燃油锅炉	热值为 38 MJ/kg	$12.2m^3/kg$ 燃油
	热值为 40 MJ/kg	$12.8m^3/kg$ 燃油
	热值为 43 MJ/kg	$13.8m^3/kg$ 燃油
燃气锅炉	燃用天然气	$12.3m^3/m^3$ 燃气

注：燃用其他热值燃料的，可按照《动力工程师手册》进行计算。

表 10　年许可排放量计算结果

污染物因子	排放浓度/（mg/m^3）	年许可排放量/（t/a）
二氧化硫	20	3.419
颗粒物	20	0.512
氮氧化物	150	3.419

（三）无组织排放信息

表 11 大气污染物无组织排放表

序号	无组织排放编号	产污环节	污染物种类	主要污染防治措施	国家或地方污染物排放标准 名称	国家或地方污染物排放标准 浓度限值/（mg/m³）	其他信息	年许可排放量限值/（t/a） 第一年	第二年	第三年	第四年	第五年	申请特殊时段许可排放量限值
1	RM001	储运系统	颗粒物	减缓措施	《大气污染物综合排放标准》（GB 16297—1996）	1	—	—	—	—	—	—	—
2	WS001	污水处理设施	氨（氨气）	—	《恶臭污染物排放标准》（GB 14554—1993）	1.5	—	—	—	—	—	—	—
3	WS001	污水处理设施	臭气浓度	—	《恶臭污染物排放标准》（GB 14554—1993）	20	—	—	—	—	—	—	—
4	WS001	污水处理设施	硫化氢	—	《恶臭污染物排放标准》（GB 14554—1993）	0.06	—	—	—	—	—	—	—

全厂无组织排放总计									
全厂无组织排放总计	颗粒物	—	—	—	—	—	—		
	SO₂	—	—	—	—	—	—		
	NOₓ	—	—	—	—	—	—		
	VOCs	—	—	—	—	—	—		

（四）企业大气排放总许可量

表 12 企业大气排放总许可量

序号	污染物种类	第一年/（t/a）	第二年/（t/a）	第三年/（t/a）	第四年/（t/a）	第五年/（t/a）
1	颗粒物	0.512	0.512	0.512	—	—
2	SO₂	3.419	3.419	3.419	—	—
3	NOₓ	3.419	3.419	3.419	—	—
4	VOCs	—	—	—	—	—

企业大气排放总许可量备注信息

—

四、水污染物排放

（一）排放口

表 13 废水直接排放口基本情况表

序号	排放口编号	排放口地理坐标 经度	排放口地理坐标 纬度	排放去向	排放规律	间歇排放时段	受纳自然水体信息 名称	受纳自然水体信息 受纳水体功能目标	汇入受纳自然水体处地理坐标 经度	汇入受纳自然水体处地理坐标 纬度	其他信息
						—					

表 14 入河排污口信息表

序号	排放口编号	排放口名称	入河排污口			其他信息
			名称	编号	批复文号	
—	—	—	—	—	—	—

表 15 雨水排放口基本情况表

序号	排放口编号	排放口名称	排放口地理坐标		排放去向	排放规律	间歇排放时段	受纳自然水体信息		汇入受纳自然水体处地理坐标		其他信息
			经度	纬度				名称	受纳水体功能目标	经度	纬度	
1	DW003	雨水排口	121°××′	30°××′	进入城市下水道（再入江河、湖、库）	间断排放，排放期间流量不稳定且无规律，但不属于冲击型排放	雨期排放	××河	V类	121°26′	30°48′	

表 16 废水间接排放口基本情况表

序号	排放口编号	排放口地理坐标		排放去向	排放规律	间歇排放时段	受纳污水处理厂信息		
		经度	纬度				名称	污染物种类	国家或地方污染物排放标准浓度限值/（mg/L）
1	DW001	121°×′×″	31°×′×″	进入城市污水处理厂	间断排放，排放期间流量稳定	24h	××污水处理厂	pH 值	6～9（无量纲）
	DW001	121°×′×″	31°×′×″	进入城市污水处理厂	间断排放，排放期间流量稳定	24h	××污水处理厂	色度	30 倍
	DW001	121°×′×″	31°×′×″	进入城市污水处理厂	间断排放，排放期间流量稳定	24h	××污水处理厂	化学需氧量	60
	DW001	121°×′×″	31°×′×″	进入城市污水处理厂	间断排放，排放期间流量稳定	24h	××污水处理厂	五日生化需氧量	20
	DW001	121°×′×″	31°×′×″	进入城市污水处理厂	间断排放，排放期间流量稳定	24h	××污水处理厂	悬浮物	20
	DW001	121°×′×″	31°×′×″	进入城市污水处理厂	间断排放，排放期间流量稳定	24h	××污水处理厂	氨氮（NH$_3$-N）	8
	DW001	121°×′×″	31°×′×″	进入城市污水处理厂	间断排放，排放期间流量稳定	24h	××污水处理厂	总氮（以N 计）	20
	DW001	121°×′×″	31°×′×″	进入城市污水处理厂	间断排放，排放期间流量稳定	24h	××污水处理厂	总磷（以P 计）	1
2	DW002	121°×′×″	31°×′×″	进入城市污水处理厂	连续排放，流量不稳定，但有周期性规律	24h	××污水处理厂	—	—

表 17　废水污染物排放执行标准表

序号	排放口编号	污染物种类	国家或地方污染物排放标准		其他信息
			名称	浓度限值/（mg/L）	
1	DW001	化学需氧量	《纺织染整工业水污染物排放标准》（GB 4287—2012）	80	—
2	DW001	苯胺类	《纺织染整工业水污染物排放标准》（GB 4287—2012）	1	—
3	DW001	悬浮物	《纺织染整工业水污染物排放标准》（GB 4287—2012）	50	—
4	DW001	硫化物	《纺织染整工业水污染物排放标准》（GB 4287—2012）	—	不得检出
5	DW001	pH 值	《纺织染整工业水污染物排放标准》（GB 4287—2012）	6～9（无量纲）	—
6	DW001	氨氮（NH_3-N）	《纺织染整工业水污染物排放标准》（GB 4287—2012）	10	—
7	DW001	总氮（以 N 计）	《纺织染整工业水污染物排放标准》（GB 4287—2012）	15	—
8	DW001	总磷（以 P 计）	《纺织染整工业水污染物排放标准》（GB 4287—2012）	0.5	—
9	DW001	色度	《纺织染整工业水污染物排放标准》（GB 4287—2012）	50 倍	—
10	DW001	总锑	《纺织染整工业水污染物排放标准》（GB 4287—2012）	0.1	—
11	DW001	五日生化需氧量	《纺织染整工业水污染物排放标准》（GB 4287—2012）	20	—
12	DW002	总磷（以 P 计）	《污水综合排放标准》（GB 8978—1996）	0.5	—
13	DW002	五日生化需氧量	《污水综合排放标准》（GB 8978—1996）	20	—
14	DW002	色度	《污水综合排放标准》（GB 8978—1996）	50 倍	—
15	DW002	氨氮（NH_3-N）	《污水综合排放标准》（GB 8978—1996）	15	—
16	DW002	化学需氧量	《污水综合排放标准》（GB 8978—1996）	100	—
17	DW002	悬浮物	《污水综合排放标准》（GB 8978—1996）	70	—
18	DW002	pH 值	《污水综合排放标准》（GB 8978—1996）	6～9（无量纲）	—

（二）申请排放信息

表 18　废水污染物排放

序号	排放口编号	污染物种类	申请排放浓度限值/（mg/L）	申请年排放量限值/（t/a）					申请特殊时段排放量限值
				第一年	第二年	第三年	第四年	第五年	
主要排放口									
1	DW001	苯胺类	1	—	—	—	—	—	—

序号	排放口编号	污染物种类	申请排放浓度限值/（mg/L）	申请年排放量限值/（t/a）					申请特殊时段排放量限值
				第一年	第二年	第三年	第四年	第五年	
主要排放口									
2	DW001	化学需氧量	80	8.0	8.0	8.0	—	—	—
3	DW001	色度	50 倍	—	—	—	—	—	—
4	DW001	五日生化需氧量	20	—	—	—	—	—	—
5	DW001	总磷（以 P 计）	0.5	0.05	0.05	0.05	—	—	—
6	DW001	pH 值	6～9（无量纲）	—	—	—	—	—	—
7	DW001	总锑	0.1	—	—	—	—	—	—
8	DW001	氨氮（NH₃-N）	10	1.0	1.0	1.0	—	—	—
9	DW001	总氮（以 N 计）	15	1.5	1.5	1.5	—	—	—
10	DW001	硫化物	—	—	—	—	—	—	—
11	DW001	悬浮物	50	—	—	—	—	—	—
主要排放口合计		总氮（以 N 计）		1.5	1.5	1.5	—	—	—
		总磷（以 P 计）		0.05	0.05	0.05	—	—	—
		化学需氧量		8.0	8.0	8.0	—	—	—
		氨氮		1.0	1.0	1.0	—	—	—
一般排放口									
1	DW002	总磷（以 P 计）	0.5	—	—	—	—	—	—
2	DW002	五日生化需氧量	20	—	—	—	—	—	—
3	DW002	化学需氧量	100	—	—	—	—	—	—
4	DW002	悬浮物	70	—	—	—	—	—	—
5	DW002	氨氮（NH₃-N）	15	—	—	—	—	—	—
6	DW002	色度	50 倍	—	—	—	—	—	—
7	DW002	pH 值	6～9（无量纲）	—	—	—	—	—	—
设施或车间废水排放口									
		—							
全厂排放口源									
全厂排放口总计		总氮（以 N 计）		1.5	1.5	1.5	—	—	—
		总磷（以 P 计）		0.05	0.05	0.05	—	—	—
		化学需氧量		8.0	8.0	8.0	—	—	—
		氨氮		1.0	1.0	1.0	—	—	—
主要排放口备注信息									
详细计算过程请见附件									
一般排放口备注信息									
—									
设施或车间废水排放口备注信息									
—									
全厂排放口备注信息									
—									

申请年排放量限值计算过程：（包括方法、公式、参数选取过程，以及计算结果的描述等内容）

以下部分可以附件形式上传：

企业现有色纱设计产能为 1000t/a，色织带 400t/a，纱线高温染色为企业的主要产污环节。

企业产生的废水排入×××污水管网，送××××处理厂集中处理，所在地属于重点控制区域，故企业排放的废水执行 GB 4287—2012"表 3 水污染物特别排放限值"中的间接排放限值，其中苯胺类及六价铬污染物项目执行 GB 4287—2012"表 1 现有企业水污染物排放浓度限值及单位产品基准排水量"中的间接排放限值，具体数值见表 19。对企业废水进行处理的××××处理厂受纳水体××××河为总氮、总磷超标的流域，故企业需进行总氮、总磷许可排放量申请。

根据《排污许可证申请与核发技术规范 纺织印染工业》（HJ 861—2017）中表 3 要求，化学需氧量、氨氮、总氮、总磷需进行许可排放量申请。

表 19 纺织印染行业染整工业水污染物排放标准

单位：mg/L

序号	污染物项目	间接排放限值	污染物排放监控位置
1	pH 值	6～9（无量纲）	企业废水总排放口
2	化学需氧量	80	
3	五日生化需氧量	20	
4	悬浮物	50	
5	色度	50 倍	
6	氨氮	10	
7	总氮	15	
8	总磷	0.5	
9	可吸附有机卤素（AOX）	8	
10	二氧化氯	0.5	
11	硫化物	不得检出	
12	苯胺类	1.0	
13	六价铬	0.5	车间或生产设施废水排放口

① 计算方法 1（绩效法）：

根据 HJ 861—2017 中公式（2）进行计算：

$$D_j=SQC_j\times10^{-6}$$

式中 D_j——排污单位废水第 j 项水污染物年许可排放量，t/a；

　　S——排污单位产品产能，t/a，产能单位按 FZ/T 01002 进行折算；

　　Q——单位产品基准排水量，m^3/t 产品，排污单位执行 GB 28936—2021、GB 28937—2012、GB 28938—2012 及 GB 4287—2012 中的相关取值，地方有更严格排放标准要求的，按照地方排放标准从严确定；

　　C_j——排污单位废水第 j 项水污染物许可排放浓度限值，mg/L。

某种水污染物年许可排放量（t/a）=主要产品产能（t/a）×单位产品基准排水量（m^3/t）×某种水污染物许可排放浓度限值（mg/L）×10^{-6}，计算结果如表 20 所列。

表 20　水污染物年许可排放量计算结果

污染物项目	主要产品产能/（t/a）	基准排水量/（m³/t 标准品）	间接排放限值/（mg/L）	许可排放量/（t/a）
化学需氧量			80	9.52
氨氮	1400	85	10	1.19
总氮			15	1.785
总磷			0.5	0.0595

② 计算方法 2（环评批复核准量法）：

根据环评审批意见的核定排放量进行计算，案例企业《关于××××××××有限公司××××建设项目环境影响报告书中的审批意见》中核定生产废水排放量≤10 万吨/年，计算结果如表 21 所列。

表 21　水污染物年许可排放量计算结果

污染物项目	环评批复核准水量/t	间接排放限值/（mg/L）	许可排放量/（t/a）
化学需氧量		80	8.0
氨氮	100000	10	1.0
总氮		15	1.5
总磷		0.5	0.05

两种方法的计算结果如表 22 所列，结果从严取值，故本案例企业申请的年排放许可量为：化学需氧量 8.0t/a、氨氮（NH$_3$-N）1.0t/a、总氮 1.5t/a、总磷 0.05t/a。

表 22　年许可排放量计算结果比较

污染物项目	许可排放量/（t/a）	
	绩效法	环评批复核准量法
化学需氧量	9.52	8.0
氨氮	1.19	1.0
总氮	1.785	1.5
总磷	0.0595	0.05
		从严取值

五、噪声排放信息

表 23　噪声排放信息

噪声类别	生产时段		执行排放标准名称	厂界噪声排放限值		备注
	昼间	夜间		昼间（A）/dB	夜间（A）/dB	
稳态噪声	6:00～22:00	22:00～6:00	《工业企业厂界环境噪声排放标准》（GB 12348—2008）	65	55	东、南、北厂界
稳态噪声	6:00～22:00	22:00～6:00	《工业企业厂界环境噪声排放标准》（GB 12348—2008）	60	50	西厂界（消防站宿舍楼侧）

续表

噪声类别	生产时段		执行排放标准名称	厂界噪声排放限值		备注
	昼间	夜间		昼间（A）/dB	夜间（A）/dB	
频发噪声	6:00～22:00	22:00～6:00	《工业企业厂界环境噪声排放标准》（GB 12348—2008）	—	10	厂界
偶发噪声	6:00～22:00	22:00～6:00	《工业企业厂界环境噪声排放标准》（GB 12348—2008）	—	15	厂界

六、固体废物排放信息

表 24　固体废物排放信息

固体废物排放信息													
序号	固体废物来源	固体废物名称	固体废物种类	固体废物类别	固体废物描述	固体废物产生量/（t/a）	处理方式	处理去向					其他信息
								自行贮存量	自行利用/（t/a）	自行处置/（t/a）	转移量/（t/a）	排放量/（t/a）	
											委托利用量	委托处理量	
1	公用单元	污泥	其他固体废物（含半液态、液态废物）	一般工业固体废物	半固态	70.4	委托处置	0	0	0	0	70.4	0
2	公用单元	生活垃圾	其他固体废物（含半液态、液态废物）	生活垃圾	固态	70	自行处置	0	0	70	0	0	0
3	印染单元	染料及助剂包装	危险废物	危险废物	固态	0.2	委托处置	0	0	0	0	0.2	0
4	织造单元	废机油	危险废物	危险废物	液态	2.8	自行利用、委托处置	0	0.8	0	0	2.0	0
5	织造单元	一般包装	其他固体废物（含半液态、液态废物）	一般工业固体废物	固态	75	自行利用、自行处置	0	15	60	0	0	0

委托利用、委托处置					
序号	固体废物来源	固体废物名称	固体废物类别	委托单位名称	危险废物利用和处置单位危险废物经营许可证编号
1	公用单元	污泥	一般工业固体废物	××固废处置有限公司	××××××××
2	印染单元	染料及助剂包装	危险废物	××固废处置有限公司	××××××××
3	织造单元	废机油	危险废物	××固废处置有限公司	××××××××
4	织造单元	一般包装	一般工业固体废物	××固废处置有限公司	××××××××

自行处置			
序号	固体废物来源	固体废物名称	固体废物类别	执行处置描述
1	公用单元	生活垃圾	其他固体废物（含半液态、液态废物）	按生活垃圾指定地点堆放

七、环境管理要求

(一) 自行监测

表 25 自行监测及记录信息表

序号	污染源类别	排放口编号	监测内容	污染物名称	监测设施	自动监测是否联网	自动监测仪器名称	自动监测设施安装位置	自动监测设施是否符合安装、运行、维护等管理要求	手工监测采样方法及个数	手工监测频次	手工测定方法	其他信息
1	废水	DW001	流量	苯胺类	手工					瞬时采样，至少3个瞬时样	1次/季	《水质 苯胺类化合物的测定 N-(1-萘基)乙二胺偶氮分光光度法》(GB/T 11889—1989)	
2		DW001	流量	硫化物	手工					瞬时采样，至少3个瞬时样	1次/季	《水质 硫化物的测定 碘量法》(HJ/T 60—2000)	
3		DW001	流量	五日生化需氧量	手工					瞬时采样，至少3个瞬时样	1次/月	《水质 五日生化需氧量(BOD$_5$)的测定 稀释与接种法》(HJ 505—2009)	
4		DW001	流量	pH值	自动	是	—	—	是	瞬时采样，至少3个瞬时样	1次/班	《水质 pH值的测定 玻璃电极法》(GB/T 6920—1986)	自动监测故障期间，监测频次每天不少于4次，间隔不小于6小时
5		DW001	流量	总锑	手工					混合采样，至少3个混合样	1次/半年	《水质 汞、砷、硒、铋和锑的测定 原子荧光法》(HJ 694—2014)	
6		DW001	流量	悬浮物	手工					瞬时采样，至少3个瞬时样	1次/周	《水质 悬浮物的测定 重量法》(GB/T 11901—1989)	

续表

序号	污染源类别	排放口编号	监测内容	污染物名称	监测设施	自动监测是否联网	自动监测仪器名称	自动监测设施安装位置	自动监测设施是否符合安装、运行、维护等管理要求	手工监测采样方法及个数	手工监测频次	手工测定方法	其他信息
7	废水	DW001	流量	化学需氧量	自动	是	—	—	是	瞬时采样，至少3个瞬时样	1次/班	《水质 化学需氧量的测定 重铬酸盐法》（HJ 828—2017）	自动监测故障期间，监测频次每天不少于4次，间隔不小于6小时
8		DW001	流量	总磷（以P计）	手工					混合采样，至少3个混合样	1次/日	《水质 总磷的测定 钼酸铵分光光度法》（GB/T 11893—1989）	
9		DW001	流量	总氮（以N计）	手工					混合采样，至少3个混合样	1次/日	《水质 总氮的测定 碱性过硫酸钾消解紫外分光光度法》（HJ 636—2012）	
10		DW001	流量	色度	手工				是	混合采样，至少3个混合样	1次/周	《水质 色度的测定》（GB/T 11903—1989）	
11		DW001	流量	氨氮（NH_3-N）	自动	是	—	—	是	混合采样，至少3个混合样	1次/班	《水质 氨氮的测定 纳氏试剂分光光度法》（HJ 535—2009）	自动监测故障期间，监测频次每天不少于4次，间隔不小于6小时
12		DW002	流量	pH值	手工					瞬时采样，至少3个瞬时样	1次/日	《水质 pH值的测定 玻璃电极法》（GB/T 6920—1986）	—
13		DW002	流量	化学需氧量	手工					瞬时采样，至少3个瞬时样	1次/日	《水质 化学需氧量的测定 重铬酸盐法》（HJ 828—2017）	—

续表

序号	污染源类别	排放口编号	监测内容	污染物名称	监测设施	自动监测是否联网	自动监测仪器名称	自动监测设施安装位置	自动监测设施是否符合安装、运行、维护等管理要求	手工监测采样方法及个数	手工监测频次	手工测定方法	其他信息
14	废水	DW002	流量	氨氮（NH₃-N）	手工					混合采样，至少3个混合样	1次/日	《水质 氨氮的测定 纳氏试剂分光光度法》（HJ 535—2009）	—
15		DW002	流量	总磷（以P计）	手工					混合采样，至少3个混合样	1次/日	《水质 总磷的测定 钼酸铵分光光度法》（GB/T 11893—1989）	—
16		DW002	流量	悬浮物	手工					瞬时采样，至少3个瞬时样	1次/日	《水质 悬浮物的测定 重量法》（GB/T 11901—1989）	—
17		DW002	流量	总氮（以N计）	手工					混合采样，至少3个混合样	1次/日	《水质 总氮的测定 碱性过硫酸钾消解紫外分光光度法》（HJ 636—2012）	—
18		DW003	流量	化学需氧量	手工					瞬时采样，至少3个瞬时样	排放期间1次/日	《水质 化学需氧量的测定 重铬酸盐法》（HJ 828—2017）	
19	废气	DA001	温度、湿度	油烟	手工					非连续采样，至少3个	1次/年	《餐饮业油烟排放标准》（DB 31/844—2014）	
20		DA002	烟气流速、烟气湿度、烟气含湿量、氧气含量	氮氧化物	手工					非连续采样，至少3个	1次/月	《固定污染源废气 氮氧化物的测定 非分散红外吸收法》（HJ 692—2014）	
21		DA002	烟气流速、烟气湿度、烟气含湿量、氧气含量	林格曼黑度	手工					非连续采样，至少3个	1次/月	《固定污染源排放烟气黑度的测定 林格曼黑度图法》（HJ/T 398—2007）	
22		DA002	烟气流速、烟气湿度、烟气含湿量、氧气含量	二氧化硫	手工					非连续采样，至少3个	1次/月	《固定污染源废气 二氧化硫的测定 非分散红外吸收法》（HJ 629—2011）	

续表

序号	污染源类别	排放口编号	监测内容	污染物名称	监测设施	自动监测是否联网	自动监测仪器名称	自动监测设施安装位置	自动监测设施是否符合安装、运行、维护等管理要求	手工监测采样方法及个数	手工监测频次	手工测定方法	其他信息
23	废气	DA002	烟气流速、烟气湿度、含湿量、烟气量、氧含量	颗粒物	手工					非连续采样，至少3个	1次/月	《固定污染源排气中颗粒物测定和气态污染物采样方法》（GB/T 16157—1996），《环境空气总悬浮颗粒物的测定重量法》（HJ 1263—2022）	
24		DA003	温度、湿度、空气流速	非甲烷总烃	手工					非连续采样，至少3个	1次/季度	《固定污染源废气总烃、甲烷和非甲烷总烃的测定气相色谱法》（HJ 38—2017）	
25		DA003	温度、湿度、空气流速	颗粒物	手工					非连续采样，至少3个	1次/半年	《环境空气 总悬浮颗粒物的测定 重量法》（GB/T 15432—1995）	
26		DA004	温度、湿度、空气流速	非甲烷总烃	手工					非连续采样，至少3个	1次/季度	《固定污染源废气总烃、甲烷和非甲烷总烃的测定气相色谱法》（HJ 38—2017）	
27		DA004	温度、湿度、空气流速	颗粒物	手工					非连续采样，至少3个	1次/半年	《环境空气 总悬浮颗粒物的测定重量法》（HJ 1263—2022）	
28		厂界	气压、风速、风向	颗粒物	手工					非连续采样，多个	1次/半年	《环境空气 总悬浮颗粒物的测定重量法》（HJ 1263—2022）	
29		厂界	气压、风速、风向	非甲烷总烃	手工					非连续采样，多个	1次/半年	《固定污染源废气 总烃、甲烷和非甲烷总烃的测定气相色谱法》（HJ 38—2017）	—
30		厂界	气压、风速、风向	硫化氢	手工					非连续采样，多个	1次/半年	《空气质量 硫化氢、甲硫醇、甲硫醚和二甲二硫的测定气相色谱法》（GB/T 14678—1993）	—
31		厂界	气压、风速、风向	臭气	手工					非连续采样，多个	1次/半年	《空气质量恶臭的测定三点比较式臭袋法》（GB/T 14675—1993）	
32		厂界	气压、风速、风向	氨（氨气）	手工					非连续采样，多个	1次/半年	《环境空气和废气 氨的测定纳氏试剂分光光度法》（HJ 533—2009）	

（二）环境管理台账记录

表 26　环境管理台账信息表

序号	设施类别	操作参数	记录内容	记录频次	记录形式	其他信息
1	生产设施	基本信息	1. 记录染色机的产品名称及产量、浴比、排水温度、原辅材料的使用量，计算生产负荷（即实际产量与产能之比）； 2. 记录倍捻机、络筒机、捻线机等设备是否正常运行，及次品率； 3. 记录废包装、残次品及固体废物的产生量	生产运行状况：每班记录 1 次。 产品产量：每班记录 1 次。 原辅料使用情况：每批记录 1 次	电子台账+纸质台账	台账保存期限不得少于三年
2	污染防治设施	监测记录信息	1. 除自动监测排水口的流量、pH 值、化学需氧量、氨氮外，还需监测进水化学需氧量浓度、总氮、温度等； 2. 记录水泵、风机等开启的台数、正常运行情况	1. 废水排口自动监测； 2. 非正常工况信息按正常工况期记录频次，每工况期记录 1 次	电子台账+纸质台账	台账保存期限不得少于三年。非正常工况记录信息内容应记录非正常（停运）时刻、恢复（启动）时刻、事件原因、是否报告、所采取的措施
3	污染防治设施	污染治理措施运行管理信息	非正常（停运）时刻、恢复（启动）时刻、事件原因、是否报告、所采取的措施等	非正常工况信息按正常工况期记录频次，每工况期记录 1 次	电子台账+纸质台账	台账保存期限不得少于三年
4	污染防治设施	污染治理措施运行管理信息	1. 记录污水治理污染治理设施的构筑物规格参数，主要水泵、风机的参数； 2. 主要药剂添加情况等； 3. 污泥产生量； 4. 是否有污水回用，如有记录污水回用量	1. 污水治理污染治理设施的构筑物，主要水泵、风机发生变更时，应及时记录； 2. 药剂添加情况、污泥产生量每班记录 1 次	电子台账+纸质台账	当污水处理设施发生重大变更、改造时，应及时上报生态环境主管部门
5	污染防治设施	其他环境管理信息	1. 记录食堂油烟治理设施的运行情况； 2. 记录污水处理设施的厌氧、污泥池等环节的遮盖和臭气控制情况； 3. 特殊时段生产设施运行管理信息和污染防治设施运行管理信息	1. 食堂油烟治理情况、污水处理设施臭气控制情况，每天记录一次； 2. 特殊时段的台账记录频次原则上与正常生产记录频次一致，但需记录特殊时段开始和结束的情况	电子台账+纸质台账	台账保存期限不得少于三年

八、有核发权的地方生态环境主管部门增加的管理内容

（一）固体废物环境管理

（1）根据《中华人民共和国固体废物污染环境防治法》：

① 排污单位应对各类固体废物采取措施，防止其对环境的污染。

② 对收集、贮存固体废物的设施、设备和场所，应当加强管理和维护，保证其正常运行和使用。

③ 禁止擅自关闭、闲置或者拆除工业固体废物污染环境防治设施、场所。确有必要关闭、闲置或者拆除的，必须经生态环境行政主管部门核准，并采取措施，防止污染环境。

④ 对危险废物的容器和包装物以及收集、贮存危险废物的设施、场所，必须设置危险废物识别标志。环保图形标志的设置要求参照《环境保护图形标志　固体废物贮存（处置）场》（GB 15562.2）。

⑤ 收集、贮存危险废物，必须按照危险废物特性分类进行。禁止混合收集、贮存性质不相容而未经安全性处置的危险废物。

⑥ 贮存危险废物必须采取符合国家环境保护标准的防护措施，并不得超过一年。

（2）根据《一般工业固体废物贮存和填埋污染控制标准》（GB 18599—2020）：

① 一般固体废物暂存区地面需做好防渗硬化处理。

② 一般工业固体废物贮存场及填埋场，禁止危险废物和生活垃圾混入。

（3）根据《危险废物贮存污染控制标准》（GB 18597—2023）：

① 贮存场所地面需进行耐腐蚀硬化处理，且地基必须防渗，地面表面无裂缝。

② 禁止将不相容（相互反应）的危险废物在同一容器内混装。

③ 应当使用符合标准的容器盛装危险废物。

④ 装载危险废物的容器及材质要满足相应的强度要求。

⑤ 装载危险废物的容器必须完好无损。

⑥ 盛装危险废物的容器材质和衬里要与危险废物相容（不相互反应）。

⑦ 液体危险废物可注入开孔直径不超过 70 mm 并有放气孔的桶中。

（二）噪声环境管理

根据《工业企业厂界环境噪声排放标准》（GB 12348—2008）：

① 昼间 6:00～22:00 时间段，东、南、北 3 厂界稳态噪声值＜65dB（A），西厂界（消防站宿舍楼侧）稳态噪声值＜60dB（A）。

② 夜间 22:00～6:00 时间段东、南、北 3 厂界稳态噪声值＜55 dB（A），西厂界（消防站宿舍楼侧）稳态噪声值＜50 dB（A）。

③ 夜间频发噪声的最大声级超过限值的幅度不得高于 10 dB（A）。

④ 夜间偶发噪声的最大声级超过限值的幅度不得高于 15 dB（A）。

⑤ 在日常运营中，应加强设备的维护，确保各设备均处于正常工况下运行；加强生产管理，确保防治环境噪声污染的设备正常使用，生产车间门窗处于关闭状态。

⑥ 拆除或者闲置环境噪声污染防治设施的，必须事先报生态环境行政主管部门批准。

⑦ 应按照《排污单位自行监测技术指南　总则》（HJ 819）要求，每季度至少开展一次监测，监测时段包括昼间和夜间，监测点位要求按《工业企业厂界环境噪声排放标准》（GB 12348—2008）执行。

（三）排污单位突发环境事件应急预案管理

按照国家《国家环境保护部关于印发〈企业事业单位突发环境事件应急预案备案管理办法（试行）〉的通知》（环发〔2015〕4 号）的要求制定突发环境事件应急预案，并及时向当地生态环境局备案，同时加强应急演练。

（四）重点企业清洁生产审核管理

根据市生态环境局和市经济信息化委发布的年度重点企业清洁生产审核单位名单要求开展重点企业清洁生产审核。已完成审核的，应将清洁生产成果纳入日常生产管理，对照行业清洁生产评价指标体系持续推进清洁生产工作。

九、改正规定（如需）

表 27　改正规定信息表

序号	改正问题	改正措施	时限要求
		—	

表 28　现有治理技术不能满足达标排放整改说明

序号	治理设施编号及名称	整改具体措施	备注
		—	

十、附图

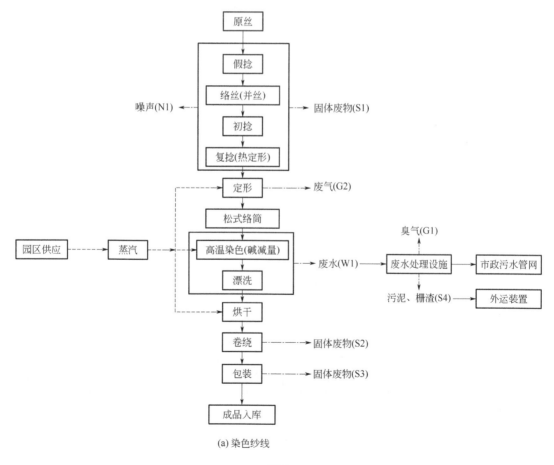

(a) 染色纱线

图 1

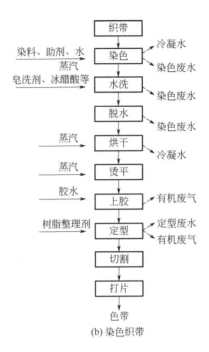

(b) 染色织带

图 1 生产工艺流程图

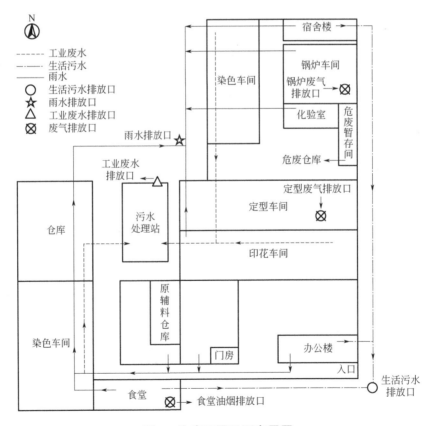

图 2 生产厂区平面布置图

附录2 信息公开情况说明表样本

排污许可证申领信息公开情况说明表（试行）

企业基本信息			
1.单位名称		2.通信地址	
3.生产区所在地	省　市　县	4.联系人	
5.联系电话		6.传真	

信息公开情况说明	
信息公开起止时间	
信息公开方式	（电视、广播、报刊、公共网站、行政服务大厅或服务窗口等）
信息公开内容	是否公开下列信息 □排污单位基本信息 □拟申请的许可事项 □产排污环节 □污染防治设施 □其他信息＿＿＿＿＿＿＿＿ 未公开内容的原因说明：
反馈意见处理情况	

单位名称（加盖公章）：

法定代表人（签字）：

日期：

附录3 承诺书样本

承 诺 书

（样 本）

××生态环境厅（局）：

我单位已了解《排污许可管理办法（试行）》及其他相关文件规定，知晓本单位的责任、权利和义务。我单位不位于法律法规规定禁止建设区域内，不存在依法明令淘汰或者立即淘汰的落后生产工艺装备、落后产品，对所提交排污许可证申请材料的完整性、真实性和合法性承担法律责任。我单位将严格按照排污许可证的规定排放污染物、规范运行管理、运行维护污染防治设施、开展自行监测、进行台账记录并按时提交执行报告、及时公开环境信息。在排污许可证有效期内，国家和地方污染物排放标准、总量控制要求或者地方人民政府依法制定的限期达标规划、重污染天气应急预案发生变化时，我单位将积极采取有效措施满足要求，并及时申请变更排污许可证。一旦发现排放行为与排污许可证规定不符，将立即采取措施改正并报告生态环境主管部门。我单位将自觉接受生态环境主管部门监管和社会公众监督，如有违法违规行为，将积极配合调查，并依法接受处罚。

特此承诺。

单位名称： （盖章）

法定代表人（主要负责人）： （签字）年 月 日

附录 4 排污许可证申请与核发技术规范
纺织印染工业（HJ 861—2017）

1 适用范围

本标准规定了纺织印染工业排污许可证申请与核发的基本情况填报要求、许可排放限值确定、实际排放量核算和合规判定的方法，以及自行监测、环境管理台账与排污许可证执行报告等环境管理要求，提出了纺织印染工业污染防治可行技术要求。

本标准适用于指导纺织印染工业排污许可证的申请、核发与监管工作。

本标准适用于指导纺织印染工业排污单位填报《关于印发〈排污许可证管理暂行规定〉的通知》（环水体〔2016〕186 号）中附 2《排污许可证申请表》及在全国排污许可证管理信息平台申报系统填报相关申请信息，适用于指导核发机关审核确定纺织印染工业排污许可证许可要求。

本标准适用于纺织印染工业排污单位排放的水污染物和大气污染物的排污许可管理，具体包括《国民经济行业分类》（GB/T 4754）中的棉纺织及印染精加工 171，毛纺织及染整精加工 172，麻纺织及染整精加 173，丝绢纺织及印染精加工 174，化纤纺织及印染精加工 175，纺织服装、服饰业 18。

纺织印染工业排污单位中，对于执行《火电厂大气污染物排放标准》（GB 13223）的生产设施或排放口，适用《关于开展火电、造纸行业和京津冀试点城市高架源排污许可证管理工作的通知》（环水体〔2016〕189 号）中附件 1《火电行业排污许可证申请与核发技术规范》；对于执行《锅炉大气污染物排放标准》（GB 13271）的生产设施或排放口，参照本标准执行，待锅炉工业排污许可证申请与核发技术规范发布后从其规定。

本标准未作规定但排放工业废水、废气或者国家规定的有毒有害大气污染物的纺织印染工业排污单位其他产污设施和排放口，参照《排污许可证申请与核发技术规范 总则》执行。

2 规范性引用文件

本标准内容引用了下列文件或者其中的条款。引用文件包含其修改单、公告等相关文件。凡是不注日期的引用文件，其有效版适用于本标准。

GB 4287   纺织染整工业水污染物排放标准

GB 8978   污水综合排放标准

GB 13223   火电厂大气污染物排放标准

GB 13271   锅炉大气污染物排放标准

GB 14554   恶臭污染物排放标准

GB/T 15432   环境空气 总悬浮颗粒物的测定 重量法

GB/T 16157   固定污染源排气中颗粒物测定与气态污染物采样方法

GB 16297　大气污染物综合排放标准

GB 20814　染料产品中重金属元素的限量及测定

GB 28936　缫丝工业水污染物排放标准

GB 28937　毛纺工业水污染物排放标准

GB 28938　麻纺工业水污染物排放标准

GB 50477　纺织工业企业职业安全卫生设计规范

HJ/T 55　大气污染物无组织排放监测技术导则

HJ/T 75　固定污染源烟气排放连续监测技术规范（试行）

HJ/T 76　固定污染源烟气排放连续监测系统技术要求及检测方法（试行）

HJ/T 91　地表水和污水监测技术规范

HJ/T 194　环境空气质量手工监测技术规范

HJ/T 353　水污染源在线监测系统安装技术规范（试行）

HJ/T 354　水污染源在线监测系统验收技术规范（试行）

HJ/T 355　水污染源在线监测系统运行与考核技术规范（试行）

HJ/T 356　水污染源在线监测系统数据有效性判别技术规范（试行）

HJ/T 373　固定污染源监测质量保证与质量控制技术规范（试行）

HJ/T 397　固定源废气监测技术规范

HJ 471　纺织染整工业废水治理工程技术规范

HJ 494　水质　采样技术指导

HJ 495　水质　采样方案设计技术规定

HJ 819　排污单位自行监测技术指南　总则

HJ 820　排污单位自行监测技术指南　火力发电及锅炉

FZ/T 01002　印染企业综合能耗计算办法及基本定额

HJ 942—2018　排污许可证申请与核发技术规范　总则

HJ 819—2017　排污单位自行监测技术指南　纺织印染工业

HJ 944—2018　环境管理台账及排污许可证执行报告技术规范（试行）

《固定污染源排污许可分类管理名录》

《排污口规范化整治技术要求（试行）》（环监〔1996〕470号）

《污染源自动监控设施运行管理办法》（环发〔2008〕6号）

《关于执行大气污染物特别排放限值的公告》（环境保护部公告　2013年第14号）

《"十三五"生态环境保护规划》（国发〔2016〕65号）

《关于印发〈排污许可证管理暂行规定〉的通知》（环水体〔2016〕186号）

《关于开展火电、造纸行业和京津冀试点城市高架源排污许可证管理工作的通知》（环水体〔2016〕189号）

《关于执行大气污染物特别排放限值有关问题的复函》（环办大气函〔2016〕1087号）

《关于加强京津冀高架源污染物自动监控有关问题的通知》（环办环监函〔2016〕1488号）

3　术语和定义

下列术语和定义适用于本标准。

3.1 纺织印染工业排污单位 textile and dyeing industry pollutant emission unit

指从事对麻、丝、毛等纺前纤维进行加工，纺织材料前处理、染色、印花、整理为主的印染加工，以及从事织造，服装与服饰加工，并有水污染物或大气污染物产生的生产单位。

3.2 许可排放限值 permitted emission limits

指排污许可证中规定的允许排污单位排放的污染物最大排放浓度和排放量。

3.3 特殊时段 special periods

指根据国家和地方限期达标规划及其他相关环境管理规定，对排污单位的污染物排放情况有特殊要求的时段，包括重污染天气应对期间和冬防期间等。

3.4 印染 dyeing and printing

指对纺织材料（纤维、纱、线及织物）进行以化学处理为主的工艺过程，包括前处理、染色、印花、整理（包括一般整理与功能整理）等工序。

4 纺织印染工业排污单位基本情况申报要求

4.1 基本原则

纺织印染工业排污单位应当按照实际情况填报，对提交申请材料的真实性、合法性和完整性负法律责任。

纺织印染工业排污单位应按照本标准要求，在全国排污许可证管理信息平台申报系统填报《排污许可证申请表》中的相应信息表。填报系统中未包括的，地方环境保护主管部门有规定需要填报或排污单位认为需要填报的，可自行增加内容。

4.2 排污单位基本信息

纺织印染工业排污单位基本信息应填报单位名称、邮政编码、行业类别（填报时选择纺织印染相关行业）、是否投产、投产日期、生产经营场所中心经度、生产经营场所中心纬度、所在地是否属于重点区域、环境影响评价文件批复及文号（备案编号）或者地方政府对违规项目的认定或备案文件及文号、主要污染物总量分配计划文件及文号、二氧化硫总量指标（t/a）、氮氧化物总量指标（t/a）、颗粒物总量指标（t/a）、化学需氧量总量指标（t/a）、氨氮总量指标（t/a）、涉及的其他污染物总量指标，以及实施低排水染整工艺改造情况等。

4.3 主要产品及产能

4.3.1 一般原则

纺织印染工业排污单位应填报主要生产单元名称、主要工艺名称、生产设施名称、生产设施编号、设施参数、产品名称、生产能力及计量单位、设计年生产时间及其他。

4.3.2 主要生产单元

洗毛单元、麻脱胶单元、缫丝单元、织造单元、印染单元、成衣水洗单元、公用单元为必填内容，纺纱、服装及家纺加工等生产单元为选填内容。

4.3.3 主要工艺

洗毛单元：包括乳化洗毛工艺、溶剂洗毛工艺、冷冻洗毛工艺、超声波洗毛工艺。

麻脱胶单元：包括化学脱胶、生物脱胶、物理脱胶、生化联合脱胶工艺。

缫丝单元：包括桑蚕缫丝、柞蚕缫丝工艺。

织造单元：包括喷水织造、喷气织造工艺。

印染单元：包括前处理、印花、染色、整理工艺。

成衣水洗单元：包括普通水洗、酵素洗、漂洗、石磨洗工艺。

公用单元：包括锅炉、软化水系统、储存系统、废水处理系统、辅助系统。

4.3.4 生产设施

分为必填内容和选填内容。

（1）必填内容

1）洗毛单元：包括洗毛设施（喷射洗毛机、滚筒洗毛机、超声洗毛机、联合洗毛机等）、炭化设施、剥鳞设施。

2）麻脱胶单元：包括浸渍设施、汽爆装置、沤麻设施、碱处理设施、漂白设施、酸洗设施、煮练设施、漂洗设施、发酵罐。

3）缫丝单元：包括煮茧机、缫丝机、打棉机。

4）织造单元：包括喷水织机及其他。

5）印染生产单元：包括前处理工序（烧毛设施、退浆设施、精练设施、煮练设施、漂白设施、丝光设施、定形设施、碱减量设施、前处理一体式设施等）、染色工序（散纤维染色设施、纱线染色设施、连续轧染设施、浸染染色设施、喷射染色设施、冷堆染色设施、卷染染色设施、经轴染色设施、溢流染色设施、气流染色设施、气液染色设施等）、印花工序（滚筒印花设施、圆网印花设施、平网印花设施、静电植绒设施、转移印花设施、数码印花设施、泡沫印花设施、印花感光制网设施、平洗设备、砂洗设备等）、整理工序（磨毛机、起毛机、定形设施、直接涂层设施、转移涂层设施、凝固涂层设施、层压复合设施、配料设施等）。

6）成衣水洗单元：包括水洗机、吊染机、喷色机、马骝机、喷砂机、磨砂机、激光造型机。

7）公用单元：包括储存系统（煤场、化学品库、油罐、气罐等）、锅炉（燃煤锅炉、燃油锅炉、燃气锅炉、生物质锅炉等）。

（2）选填内容

除（1）中要求外，其他生产设施为选填内容，包括：选毛机、开毛机、烘毛机、打麻机、脱水机、烘干机、剥茧机、选茧机、筛茧机、真空给湿机、定幅机、拉幅机、电光机、轧纹机、轧光机、剪毛机、打布机、浆布机、脱水机、猫须设备等。

4.3.5 生产设施编号

纺织印染工业排污单位填报内部生产设施编号，若排污单位无内部生产设施编号，则根据《固定污染源（水、大气）编码规则（试行）》（环水体〔2016〕189号中附件4）进行编号并填报。

4.3.6 设施参数

填写参数名称、设计值、单位等，参数包括型号、浴比、车速、布幅宽度、容积等。

4.3.7 产品名称

填写各生产单元的产品名称，包括生丝、净毛、精干麻、纱、坯布、色纤、色纱、面料、家用纺织制成品、产业用纺织制成品、纺织服装、服饰品等。

4.3.8 生产能力及计量单位

生产能力为主要产品设计产能，并标明计量单位，不包括国家或地方政府予以淘汰或取缔的产能。

4.3.9 设计年生产时间

环境影响评价文件及其批复、地方政府对违规项目的认定或备案文件确定的年生产天数。

4.3.10 其他

纺织印染工业排污单位如有需要说明的内容，可填写。

4.4 主要原辅料及燃料

4.4.1 原料

洗毛单元原料种类包括原毛、水、其他。

麻脱胶单元原料种类包括苎麻、亚麻、黄麻、大麻、红麻、罗布麻、水、其他。

缫丝单元原料种类包括桑蚕茧、柞蚕茧、水、其他。

织造单元原料种类包括天然纤维（棉、麻、丝、毛、石棉及其他）与化学纤维（再生纤维、合成纤维、无机纤维、其他）。

印染单元原料种类包括散纤维、纱、织物、水、其他。

成衣水洗单元原料种类包括成衣、成品布、水、其他。

4.4.2 辅料

通用辅料包括生产过程中添加的化学品以及废水、废气污染治理过程中添加的化学品（包括石灰、硫酸、盐酸、混凝剂、助凝剂等）。

洗毛单元辅料包括烧碱、合成洗涤剂、氯化钠、硫酸钠、硫酸铵、有机溶剂、盐酸、漂白剂、双氧水、其他。

麻脱胶单元辅料包括烧碱、硫酸、盐酸、双氧水、生物酶、给油剂、其他。

缫丝单元辅料包括渗透剂、抑制剂、解舒剂、其他。

织造单元辅料包括浆料、表面活性剂、油剂、防腐剂、石蜡、其他。

印染单元辅料包括染料（直接染料、活性染料、还原染料、硫化染料、酸性染料、分散染料、冰染染料、碱性染料、媒染染料、荧光染料、氧化染料、酞菁染料、缩聚染料、暂溶性染料）、颜料、糊料、酸剂（乙酸、苹果酸、酒石酸、琥珀酸、硫酸、盐酸）、碱剂（烧碱、纯碱、氨水）、氧化剂（二氧化氯、液氯、双氧水、次氯酸钠）、还原剂（二氧化硫、保险粉、元明粉）、生物酶、短纤维绒、离型纸、助剂（分散剂、精练剂、润湿剂、乳化剂、洗涤剂、渗透剂、均染剂、黏合剂、增白剂、消泡剂、增稠剂、皂洗剂、硬挺剂、固色剂及其他）、整理剂（柔软剂、抗菌防皱剂、防污整理剂、拒油整理剂、防紫外线整理剂、阻燃整理剂、防水整理剂、防皱整理剂、抗静电整理剂、稳定剂、增塑剂、发泡剂、促进剂、填充料、着色剂、防光氧化剂、交联剂、防水解剂、增稠剂、引发剂及其他）、涂层剂［聚氯乙烯（PVC）胶、聚氨酯（PU）胶、聚丙烯酸酯（PA）胶、聚有机硅氧烷、橡胶乳液及其他］、溶剂（甲苯、二甲苯、二甲基甲酰胺、丁酮、苯乙烯、丙烯酸、乙酸乙酯、丙烯酸酯及其他）、感光胶（含铬感光胶、常规感光胶）、其他。

成衣水洗单元辅料包括酵素、柔软剂、渗透剂、膨松剂、冰醋酸、烧碱、双氧水、碳酸钠、漂白粉、其他。

4.4.3 燃料

燃料种类包括燃煤、天然气、重油、生物质燃料等。

4.4.4 设计年使用量

设计年使用量为与产能相匹配的原辅材料及燃料年使用量。

设计年使用量的计量单位均为 t/a 或 Nm^3/a。

4.4.5 原辅材料成分及占比

按设计值或上一年生产实际值填写，如染料或助剂中含有铬，应填报铬元素占比，含量须满足 GB 20814 相关要求。

4.4.6 燃料灰分、硫分、挥发分及热值

需按设计值或上一年生产实际值填写燃料灰分、硫分（固体和液体燃料按硫分计；气体燃料按总硫计，总硫包含有机硫和无机硫）、挥发分及热值（低位发热量），燃油和燃气填写硫分及热值。

4.4.7 其他

纺织印染工业排污单位如有需要说明的内容，可填写。

4.5 产排污节点、污染物及污染治理设施

4.5.1 一般原则

废水产排污节点、污染物及污染治理设施包括废水类别、污染物种类、排放去向、排放规律、污染治理设施、排放口编号、排放口设置是否符合要求、排放口类型。以下"4.5.2.1～4.5.2.5"为必填项。

废气产排污节点、污染物及污染治理设施包括对应产污环节名称、污染物种类、排放形式（有组织、无组织）、污染治理设施、有组织排放口编号、排放口设置是否符合要求、排放口类型。以下"4.5.3.1～4.5.3.4"为必填项。

4.5.2 废水

4.5.2.1 废水类别、污染物种类及污染治理设施

纺织印染工业排污单位废水类别、产污环节、污染物项目、污染治理设施及排放口类型填报内容参见表 1。有地方排放标准要求的，按照地方排放标准确定。

4.5.2.2 排放去向及排放规律

纺织印染工业排污单位应明确废水排放去向及排放规律。

废水排放去向分为：不外排；排至厂内综合污水处理站；直接进入海域；直接进入江河、湖、库等水环境；进入城市下水道（再入江河、湖、库）；进入城市下水道（再入沿海海域）；进入城市污水处理厂；进入其他单位；进入工业废水集中处理设施；其他。

废水排放规律分为：连续排放，流量稳定；连续排放，流量不稳定，但有周期性规律；连续排放，流量不稳定，但有规律，且不属于周期性规律；连续排放，流量不稳定，属于冲击型排放；连续排放，流量不稳定且无规律，但不属于冲击型排放；间断排放，排放期间流量稳定；间断排放，排放期间流量不稳定，但有周期性规律；间断

排放，排放期间流量不稳定，但有规律，且不属于非周期性规律；间断排放，排放期间流量不稳定，属于冲击型排放；间断排放，排放期间流量不稳定且无规律，但不属于冲击型排放。

4.5.2.3　污染治理设施、排放口编号

污染治理设施编号可填写纺织印染工业排污单位内部编号，若无内部编号，则根据《固定污染源（水、大气）编码规则（试行）》（环水体〔2016〕189号中附件4）进行编号并填报。

排放口编号应填写地方环境保护主管部门现有编号，若地方环境保护主管部门未对排放口进行编号，则排污单位根据《固定污染源（水、大气）编码规则（试行）》（环水体〔2016〕189号中附件4）进行编号并填写。

4.5.2.4　排放口设置要求

根据《排污口规范化整治技术要求（试行）》等相关文件的规定，结合实际情况填报排放口设置是否符合规范化要求。

4.5.2.5　排放口类型

纺织印染工业排污单位排放口分为废水总排放口（直接排放口、间接排放口）和车间或生产设施废水排放口，其中废水总排放口为主要排放口。具体参见表1。

4.5.3　废气

4.5.3.1　废气产污环节名称、污染物种类、排放形式及污染治理设施

纺织印染工业排污单位废气产污环节名称、污染物种类、排放形式及污染治理设施（措施）填报内容参见表2。有地方排放标准要求的，按照地方排放标准确定。

4.5.3.2　污染治理环节设施、有组织排放口编号

污染治理设施编号可填写纺织印染工业排污单位内部编号，若无内部编号，则根据《固定污染源（水、大气）编码规则（试行）》（环水体〔2016〕189号中附件4）进行编号并填报。

有组织排放口编号应填写地方环境保护主管部门现有编号，若地方环境保护主管部门未对排放口进行编号，则排污单位根据《固定污染源（水、大气）编码规则（试行）》（环水体〔2016〕189号中附件4）进行编号并填写。

4.5.3.3　排放口设置要求

填写排放口设置是否符合《排污口规范化整治技术要求（试行）》等相关文件的规定，结合实际情况填报排放口设置是否符合规范化要求。

4.5.3.4　排放口类型

纺织印染工业排污单位废气排放口分为主要排放口、一般排放口。主要排放口为锅炉烟囱，其余为一般排放口。具体参见表2。

4.6　图件要求

纺织印染工业排污单位基本情况还应包括生产工艺流程图（包括全厂及各工序）、厂区总平面布置图、雨污水管网平面布置图。

生产工艺流程图应至少包括主要生产设施（设备）、主要原辅燃料的流向、生产工艺流程等内容。

厂区总平面布置图应至少包括主体设施、公辅设施、污水处理设施等内容，同时注明厂区运输路线等。

雨污水管网平面布置图应包括厂区雨水和污水集输管线走向、排放口位置及排放去向等内容。

4.7 其他要求

省级环境保护主管部门按环境质量改善需求增加的管理要求，应在"有核发权的地方环境保护主管部门增加的管理内容"中填写。

纺织印染工业排污单位在填报申请信息时，应评估污染排放及环境管理现状，对现状环境问题提出整改措施，并在全国排污许可证管理信息平台申报系统中"改正措施"填写。

表 1　纺织印染工业排污单位废水类别、污染物项目及污染治理设施一览表

废水类别	产污环节	污染物项目	污染治理设施		排放口类型
			污染治理设施名称及工艺	是否为可行技术	
缫丝废水	煮茧、缫丝、打棉	化学需氧量、悬浮物、五日生化需氧量、氨氮、总氮、总磷、pH 值、动植物油	一级处理设施：捞毛机、格栅、中和调节、气浮、混凝、沉淀及其他；二级处理设施：水解酸化、厌氧生物法、好氧生物法；深度处理设施：活性炭吸附、曝气生物滤池、高级氧化、臭氧、芬顿氧化、滤池/滤布、离子交换、树脂过滤、膜分离、人工湿地及其他。	□是 □否 如采用不属于"6 污染防治可行技术要求"中的技术，应提供应用证明、监测数据等相关证明材料。	□总排放口（□直接排放口/□间接排放口）/□生产设施或车间废水排放口
洗毛废水	洗毛、剥鳞、炭化、水洗、漂白				
麻脱胶废水	浸渍、碱处理、酸洗、漂白、煮练、脱水	化学需氧量、悬浮物、五日生化需氧量、氨氮、总氮、总磷、pH 值、可吸附有机卤素、色度			
印染废水	退浆、煮练、精练、漂白、丝光、碱减量、染色、印花、漂洗、定形整理	化学需氧量、悬浮物、五日生化需氧量、氨氮、总氮、总磷、pH 值、六价铬、色度、可吸附有机卤素、苯胺类、硫化物、二氧化氯、总锑			
成衣水洗废水	水洗	化学需氧量、悬浮物、五日生化需氧量、氨氮、总氮、总磷、pH 值、色度			
织造废水	喷水织造	化学需氧量、悬浮物、五日生化需氧量、氨氮、总氮、总磷、pH 值			
初期雨水、生活污水 a、循环冷却水排污水	—				

a 单独排入城镇集中污水处理设施的生活污水仅说明去向。

表 2　纺织印染工业排污单位废气产污环节名称、污染物项目、排放形式及污染治理设施（措施）一览表

生产单元	废气产污环节名称	污染物项目	排放形式	污染治理设施（措施）		排放口类型
				污染治理设施（措施）名称及工艺	是否为可行技术	
缫丝单元	打棉	臭气浓度	无组织	废气产生点配备有效的废气捕集装置（如局部密闭罩、整体密闭罩、大容积密闭罩、车间密闭等）并配备滤尘系统、其他	—	—
麻脱胶单元	扎把、梳麻、沤麻、浸渍、开松	颗粒物、臭气浓度	无组织		—	—

续表

生产单元	废气产污环节名称	污染物项目	排放形式	污染治理设施（措施）		排放口类型
				污染治理设施（措施）名称及工艺	是否为可行技术	
洗毛单元	选毛、梳毛	颗粒物	无组织	废气产生点配备有效的废气捕集装置（如局部密闭罩、整体密闭罩、大容积密闭罩、车间密闭等）并配备滤尘系统、其他	—	—
织造单元	清棉、梳理、开松、废棉处理、喷气织造	颗粒物	无组织		—	—
印染单元	烧毛、磨毛、拉毛	颗粒物	无组织		—	—
	印花 a	甲苯、二甲苯、非甲烷总烃	有组织	喷淋洗涤、吸附、生物净化、吸附-冷凝回收、吸附-催化燃烧	□是 □否 如采用不属于"6 污染防治可行技术要求"中的技术，应提供应用证明、监测数据等相关证明材料	一般排放口
	定形	颗粒物、非甲烷总烃	有组织	喷淋洗涤、吸附、喷淋洗涤-静电	同上	一般排放口
	涂层整理	甲苯、二甲苯、非甲烷总烃	有组织	喷淋洗涤、吸附、吸附-冷凝回收、吸附-催化燃烧、蓄热式燃烧、蓄热式催化燃烧	同上	一般排放口
成衣水洗	磨砂、马骝、激光	颗粒物	无组织	废气产生点配备有效的废气捕集装置（如局部密闭罩、整体密闭罩、大容积密闭罩、车间密闭等）并配备滤尘系统	—	—
公用单元	锅炉	颗粒物、二氧化硫、氮氧化物、汞及其化合物、烟气黑度（林格曼黑度，级）	有组织	除尘（电除尘、袋式除尘、电袋复合除尘、湿式电除尘）、脱硫（石灰石/石灰-石膏等湿法、喷雾干燥法、循环流化床法）、脱硝（选择性催化还原、非选择性催化还原法、低氮燃烧+选择性催化还原、低氮燃烧+非选择性催化还原、脱硫脱硝一体法）	□是 □否 如采用不属于"6 污染防治可行技术要求"中的技术，应提供应用证明、监测数据等相关证明材料	主要排放口
	储运系统、配料系统	颗粒物、非甲烷总烃	无组织	配料间及仓库密闭、堆放场地进行遮盖、煤堆场洒水	—	—

a. 指蒸化、静电植绒、数码印花、转移印花等产生废气的重点工段。

5 产排污节点对应排放口及许可排放限值确定方法

5.1 产排污节点及排放口具体规定

5.1.1 废水

纺织印染工业排污单位应按照本标准要求，在全国排污许可证管理信息平台申报系统填报《排污许可证申请表》中废水直接排放口和间接排放口信息。废水直接排放口应填报直接排放口地理坐标、间歇排放时段、受纳水体水质目标、汇入受纳水体处地理坐标及执行的污染物排放标准；废水间接排放口应填报间接排放口地理坐标、间歇排放时段、受纳污水处理厂信息及执行的污染物接收标准。其余项为依据本标准第 4.5 部分填报的产排污节点及排放口信息，信息平台系统自动生成。废水间歇式排放的，应当载明排放污染物的时段。排污单位纳入排污许可管理的废水排放口和污染物项目见表 3。有地方要求的，从其规定。

表 3　纳入许可管理的废水排放口及污染物项目

废水排放口	污染物项目
车间或生产设施废水排放口	六价铬 [a]
纺织印染工业排污单位废水总排放口	pH 值
	色度
	悬浮物
	化学需氧量
	五日生化需氧量
	氨氮
	总氮
	总磷
	动植物油 [b]
	可吸附有机卤素 [c]
	苯胺类 [d]
	硫化物 [e]
	二氧化氯 [f]
	总锑 [g]

[a] 仅适用于使用含铬染料或助剂、含有感光制网工艺的排污单位。
[b] 仅适用于含缫丝、毛纺生产单元的排污单位。
[c] 仅适用于麻纺、印染生产单元中含氯漂工艺的排污单位。
[d~f] 仅适用于含印染生产单元的排污单位。
[g] 仅适用于含涤纶化纤碱减量工艺的排污单位。

5.1.2　废气

废气排放口应填报排放口地理坐标、排气筒高度、排气筒出口内径、国家或地方污染物排放标准、环境影响评价文件批复要求及承诺更加严格的排放限值，其余项依据本标准第 4.5 部分填报的产排污节点及排放口信息，信息平台系统自动生成。

纺织印染工业排污单位有组织排放源和污染物项目管控范围见表 4。

表 4　纳入排污许可管理的废气产生环节、排放口及污染物项目

废气有组织排放			
废气产生环节	废气有组织排放口	排放口类型	污染物项目
锅炉	锅炉烟囱	主要排放口	颗粒物、二氧化硫、氮氧化物、烟气黑度（林格曼黑度，级）、汞及其化合物 [a]
印花设施 [b]	排气筒	一般排放口	甲苯、二甲苯、非甲烷总烃
定形设施			颗粒物、非甲烷总烃

续表

废气有组织排放			
废气产生环节	废气有组织排放口	排放口类型	污染物项目
涂层设施	排气筒	一般排放口	甲苯、二甲苯、非甲烷总烃
废气无组织排放			
印染单元	厂界		颗粒物、非甲烷总烃
毛纺单元、麻纺单元、缫丝单元			颗粒物、臭气浓度、硫化氢
织造单元、成衣水洗单元			颗粒物
废水处理设施			臭气浓度、氨、硫化氢

a 适用于燃煤锅炉。
b 指蒸化、静电植绒、数码印花、转移印花等产生废气的重点工段。

5.2 许可排放限值

5.2.1 一般原则

许可排放限值包括污染物许可排放浓度和许可排放量。许可排放量包括年许可排放量和特殊时段许可排放量。年许可排放量是指允许纺织印染工业排污单位连续 12 个月排放的污染物最大排放量。年许可排放量同时适用于考核自然年的实际排放量。有核发权的地方环境保护主管部门可根据环境管理规定细化许可排放量的核算周期。

对于水污染物，按照排放口确定许可排放浓度、许可排放量。对于纺织印染工业排污单位生产废水排入城市污水处理厂、工业废水集中处理设施的情况，除核算排污单位许可排放量外，还需根据城市污水处理厂、工业废水集中处理设施执行的外排标准，核算排入外环境的排放量，并载入排污许可证中。单独排入城镇集中污水处理设施的生活污水排放口不许可排放浓度和排放量。

对于大气污染物，有组织排放源主要排放口应明确各污染物许可排放浓度和年许可排放量，一般排放口应明确各污染物许可排放浓度。无组织废气按照厂界确定许可排放浓度，不设置许可排放量要求。

根据国家或地方污染物排放标准确定许可排放浓度。依据总量控制指标及本标准规定的方法从严确定许可排放量，2015 年 1 月 1 日（含）后取得环境影响评价文件批复的纺织印染工业排污单位，许可排放量还应同时满足环境影响评价文件和批复要求。总量控制指标包括地方政府或环境保护主管部门发文确定的排污单位总量控制指标、环境影响评价文件批复时的总量控制指标、现有排污许可证中载明的总量控制指标、通过排污权有偿使用和交易确定的总量控制指标等地方政府或环境保护主管部门与排污许可证申领排污单位以一定形式确认的总量控制指标。

纺织印染工业排污单位填报申请的排污许可排放限值时，应在《排污许可证申请表》中写明许可排放限值计算过程。

纺织印染工业排污单位承诺的排放浓度严于本标准要求的，应在排污许可证中载明。

5.2.2 许可排放浓度

5.2.2.1 废水

纺织印染工业排污单位水污染物许可排放浓度限值按照 GB 4287、GB 8978、GB

28936、GB 28937、GB 28938 确定，地方有更严格的排放标准要求的，按照地方排放标准从严确定。废水排入城镇污水处理厂或工业集中污水处理设施的排污单位，应按相应排放标准规定执行。

若纺织印染工业排污单位的产品同时适用不同排放控制要求或不同类别国家污染物排放标准，且不同产品产生的废水混合处理排放的情况下，应执行排放标准中规定的最严格的浓度限值。

5.2.2.2 废气

纺织印染工业排污单位有组织废气处理设施大气污染物许可排放浓度限值按照 GB 13271、GB 14554、GB 16297 确定，厂界废气无组织排放中的臭气浓度、硫化氢许可排放浓度按照 GB 14554 确定，颗粒物许可排放浓度按照 GB 13271、GB 16297 确定。地方有更严格排放标准要求的，按照地方排放标准从严确定许可排放浓度限值。污染物项目根据表 4 确定，待纺织印染工业大气污染物排放标准发布后，从其规定。

若执行不同许可排放浓度的多台生产设施或排放口采用混合方式排放废气，且选择的监控位置只能监测混合废气中的大气污染物浓度，则应执行各限值要求中最严格的许可排放浓度。

大气污染防治重点控制区按照《关于执行大气污染物特别排放限值的公告》与《关于执行大气污染物特别排放限值有关问题的复函》等相关文件的要求执行。其他执行大气污染物特别排放限值的地域范围、时间，由国务院环境保护行政主管部门或省级人民政府规定。

5.2.3 许可排放量

5.2.3.1 废水

纺织印染工业排污单位应明确外排化学需氧量、氨氮以及受纳水体环境质量超标且列入 GB 4287、GB 8978、GB 28936、GB 28937、GB 28938 中的其他污染物项目年许可排放量。单独排入城镇集中污水处理设施的生活污水不申请许可排放量。对位于《"十三五"生态环境保护规划》区域性、流域性的总磷、总氮总量控制区域内的排污单位，还应分别申请总磷及总氮年许可排放量。

（1）单一产品

1）喷水织造、成衣水洗单元单位产品的水污染物排放量限值和产品产能核定，计算公式如式（1）所示。

$$D_j = S \times P_j \times 10^{-3} \tag{1}$$

式中　D_j——排污单位废水第 j 项水污染物的年许可排放量，t/a；

　　S——排污单位产品产能，t/a 或百米布/a；

　　P_j——生产单位产品的水污染物排放量限值，kg/t 产品。喷水织造单元单位产品水污染物排放量限值，间接排放的排污单位按 0.30kg 化学需氧量/百米布、0.0060kg 氨氮/百米布计，直接排放的排污单位按 0.060kg 化学需氧量/百米布、0.0036kg 氨氮/百米布计；成衣水洗单元单位产品水污染物排放量限值，间接排放的排污单位按 20.00kg 化学需氧量/t 产品、0.20kg 氨氮/t

产品计，直接排放的排污单位按 2.00kg 化学需氧量/t 产品、0.12 kg 氨氮/t 产品计。地方有更严格要求的，按照地方要求从严确定。

2）其他生产单元排污单位水污染物许可排放量依据该产品产能、单位产品基准排水量和水污染物许可排放浓度限值核定，计算公式如式（2）所示。

$$D_j = S \times Q \times C_j \times 10^{-6} \tag{2}$$

式中　D_j——排污单位废水第 j 项水污染物年许可排放量，t/a；

　　S——排污单位产品产能，t/a，产能单位按 FZ/T 01002 进行折算；

　　Q——单位产品基准排水量，m³/t 产品，排污单位执行 GB 28936、GB 28937、GB 28938 及 GB 4287 中的相关取值；地方有更严格排放标准要求的，按照地方排放标准从严确定；

　　C_j——排污单位废水第 j 项水污染物许可排放浓度限值，mg/L。

（2）多种产品

纺织印染工业排污单位含有执行不同排放浓度或单位产品基准排水量的产品，年许可排放量的计算公式如式（3）所示。

$$D_j = C_j \times \sum_{i=1}^{n} (Q_i \times S_i \times 10^{-6}) \tag{3}$$

式中　D_j——排污单位废水第 j 项水污染物年许可排放量，t/a；

　　C_j——排污单位废水第 j 项水污染物许可排放浓度，mg/L；

　　n——排污单位产品种类数量；

　　Q_i——第 i 类产品基准排水量，m³/t 产品；

　　S_i——第 i 类产品产能，t/a。

5.2.3.2 废气

纺织印染工业排污单位应明确主要排放口排放的废气中颗粒物、二氧化硫、氮氧化物的许可排放量。

（1）年许可排放量

纺织印染工业排污单位主要排放口污染物年许可排放量根据基准排气量、许可排放浓度、锅炉设计燃料用量核定。主要排放口污染物年许可排放量计算公式如下：

$$E_{jk} = R_k \times Q_k \times C_{jk} \times 10^{-6} \tag{4}$$

$$E_{j,\text{主要排放口年许可}} = \sum_{k=1}^{m} E_{jk} \tag{5}$$

式中　E_{jk}——排污单位第 k 个锅炉排放口废气第 j 项大气污染物年许可排放量，t/a；

　　R_k——排污单位第 k 个锅炉排放口设计燃料用量，燃煤或燃油时单位为 t/a，燃气时单位为 10³Nm³/a；

　　Q_k——第 k 个锅炉排放口基准排气量，燃煤时单位为 m³/kg 燃煤，燃油时单位为 m³/kg 燃油，燃气时单位为 m³/m³ 燃气，按表 5 进行经验取值；地方有更严格排放标准要求的，按照地方排放标准从严确定；

C_{jk}——第 k 个锅炉排放口废气第 j 项大气污染物许可排放浓度限值，mg/m³。

$E_{j,\text{主要排放口年许可}}$——主要排放口的大气污染物年许可排放量，t/a；

m ——主要排放口数量。

表 5　锅炉废气基准烟气量取值表

产污环节名称		基准烟气量
燃煤锅炉/（m³/kg 燃煤）	热值为 12.5 MJ/kg	6.2
	热值为 21 MJ/kg	9.9
	热值为 25 MJ/kg	11.6
燃油锅炉/（m³/kg 燃油）	热值为 38 MJ/kg	12.2
	热值为 40 MJ/kg	12.8
	热值为 43 MJ/kg	13.8
燃气锅炉/（m³/m³ 燃气）	燃用天然气	12.3

注：燃用其他热值燃料的，可按照《动力工程师手册》进行计算。

（2）特殊时段许可排放量

特殊时段纺织印染工业排污单位日许可排放量按公式（6）计算。地方制定的相关法规中对特殊时段许可排放量有明确规定的从其规定。国家和核发机关依法规定的其他特殊时段短期许可排放量应当在排污许可证当中载明。

$$E_{日许可} = E_{前一年环统日均排放量} \times (1-\alpha) \tag{6}$$

式中　　　$E_{日许可}$——排污单位特殊时段日许可排放量，t；

$E_{前一年环统日均排放量}$——根据纺织印染工业排污单位前一年环境统计实际排放量折算的日均值，t；

α——特殊时段排放量削减比例，%。

6　污染防治可行技术要求

6.1　一般原则

本标准中所列污染防治可行技术及运行管理要求可作为核发机关对排污许可证申请材料审核的参考。对于纺织印染工业排污单位采用本标准所列可行技术的，原则上认为具备符合规定的防治污染设施或污染物处理能力。对于未采用本标准所列可行技术的，排污单位应当在申请时提供相关证明材料（如提供应用案例的监测数据；对于国内外首次采用的污染治理技术，还应当提供中试数据等说明材料），证明可达到与污染防治可行技术相当的处理能力。

对不属于污染防治可行技术的污染治理技术，纺织印染工业排污单位应当加强自行监测、台账记录，评估达标可行性。待纺织印染工业污染防治可行技术指南发布后，从其规定。

6.2　废水

6.2.1　可行技术

纺织印染工业排污单位废水处理方式分为分质综合处理和直接综合处理。分质综合处理是对要求车间或生产设施排放口达标排放的生产废水（如含铬废水），或者对具有资源回用价值的工艺废水（缫丝废水、洗毛废水、碱减量废水等）进行单独处理后，排入厂区综合废水处理设施进行混合处理的方式。直接综合处理是排污单位生产废水直接排入厂区综合废水处理设施进行混合处理的方式。纺织印染排污单位综合污水处理设施分为一级、二级及深度处理。纺织印染废水处理可行技术具体详见附录 A。

6.2.2 运行管理要求

纺织印染工业排污单位根据产污环节合理确定废水处理工艺及设施参数，应符合 HJ 471 相关要求。废水中含有棉毛短绒、纤维较多时应采用具有清洗功能的滤网设备，含细砂和短纤维的成衣水洗废水应设置除砂及过滤设备。采用化学脱色处理废水时，宜首选不含氯脱色剂。废水处理中产生的栅渣、污泥等做好收集处理处置，防止二次污染。根据工艺要求，定期对构筑物、设备、电气及自控仪表进行检查维护，确保处理设施稳定运行。

纺织印染工业排污单位应进行雨污分流，重视生产节水管理，加强各类废水的处理与回用，实施低排水印染工艺改造。根据用水水质要求实现废水梯级利用，尽量减少污水排放量。厂区内废水管线和处理设施做好防渗，防止有毒有害污染物渗入地下水体。

根据废水处理设施生产及周围环境实际情况，考虑各种可能的突发性事故，做好应急预案，配备人力、设备、通信等资源，预留应急处置的条件。未经当地环境保护行政主管部门批准，废水处理设施不得停止运行。由于紧急事故造成设施停止运行时，应立即报告当地环境保护主管部门。

6.3 废气

6.3.1 可行技术

纺织印染工业排污单位废气处理可行技术具体详见附录 B。

6.3.2 运行管理要求

6.3.2.1 有组织排放控制要求

纺织印染工业排污单位应当按照相关法律法规、标准和技术规范等的要求运行大气污染防治设施并进行维护和管理，保证设施运行正常，处理、排放大气污染物符合相关国家或地方污染物排放标准的规定。

纺织印染工业排污单位产生废气的生产工艺和装置必须设立局部或整体气体收集系统和净化处理装置，达标排放。

布袋除尘器应定期更换滤袋，确保完整无破损。

静电除尘装置应定期检修维护极板、极丝、振打清灰装置；处理定形机废气时还应定期清洗电极，清理废油。

喷淋吸收装置应定期排放更换吸收液，确保吸收效果。

吸附装置应定期更换吸附材料，确保吸附材料的吸附效能，如脱附后采用催化燃烧装置，则应定期更换催化剂。

RTO 装置应定期检查燃烧器、蓄热体、切换阀等组件，确保系统安全、稳定运行。

RCO 装置应定期检查燃烧器、蓄热体、切换阀等组件，定期更换催化剂，确保系统安全、稳定运行。

6.3.2.2 无组织排放控制要求

纺织印染工业排污单位的无组织废气收集与处理应符合 GB 50477 的要求。

对于颗粒物无组织废气产生点，纺织印染工业排污单位应配备有效的废气捕集装置，如局部密闭罩、整体密闭罩、大容积密闭罩、车间密闭等，并配备滤尘设施。

对于挥发性有机溶剂、恶臭等无组织废气产生点，如打棉、沤麻、原麻浸渍、浆料池、调浆、醋酸调节等设施，纺织印染工业排污单位应采取密闭措施以减少废气散发。有机溶剂储存和装卸单元应配置气相平衡管或将产生的废气接入废气处理设施。异味明显的废水处理单元，应加盖密闭，并配备废气收集处理设施。

对于露天储煤场、粉状物料储运系统，纺织印染工业排污单位应配备防风抑尘网、喷淋、洒水、苫盖等抑尘措施，且防风抑尘网不得有明显破损。煤粉、石灰石粉等粉状物料须采用筒仓等封闭式料库存储。其他易起尘物料应遮盖。

环境影响评价文件或地方相关规定中有针对原辅料、生产过程、燃料等其他污染防治强制要求的，还应根据环境影响评价文件或地方相关规定，明确其他需要落实的污染防治要求。

7 自行监测管理要求

7.1 一般原则

纺织印染工业排污单位在申请排污许可证时，应当按照本标准确定产排污节点、排放口、污染因子及许可排放限值的要求，制定自行监测方案并在《排污许可证申请表》中明确。纺织印染工业排污单位自行监测技术指南发布后，自行监测方案的制定从其要求。排污单位自备火力发电厂机组（厂）、配套锅炉的自行监测要求按照 HJ 820 制定自行监测方案。

2015 年 1 月 1 日（含）后取得环境影响评价文件批复的纺织印染工业排污单位，应根据环境影响评价文件和批复要求同步完善自行监测方案。有核发权的地方环境保护主管部门可根据环境质量改善需求，增加纺织印染工业排污单位自行监测管理要求。

7.2 自行监测方案

自行监测方案中应明确纺织印染工业排污单位的基本情况、监测点位及示意图、监测污染物项目、执行标准及其限值、监测频次、采样和样品保存方法、监测分析方法和仪器、质量保证与质量控制、自行监测信息公开等。其中监测频次为监测周期内至少获取 1 次有效监测数据。对于采用自动监测的排污单位应当如实填报采用自动监测的污染物项目、自动监测系统联网情况、自动监测系统的运行维护情况等；对于未采用自动监测的污染物项目，排污单位应当填报开展手工监测的污染物排放口、监测点位、监测方法、监测频次等。

7.3 自行监测要求

7.3.1 一般原则

纺织印染工业排污单位可自行或委托第三方监测机构开展监测工作，并安排专人专职对监测数据进行记录、整理、统计和分析。排污单位对监测结果的真实性、准确性、完整性负责。手工监测时生产负荷应不低于本次监测与上一次监测周期内的平均生产负荷。

7.3.2 监测内容

自行监测污染源和污染物应包括排放标准中涉及的各项废气、废水污染源和污染物。纺织印染工业排污单位应当开展自行监测的污染源包括产生有组织废气、无组织废气、生产废水、生活污水、雨水等全部污染源。

7.3.3 监测点位

纺织印染工业排污单位开展自行监测的点位包括废气外排口、废水外排口、无组织排放监测点位、内部监测点位、周边环境影响监测点位等。

7.3.3.1 废气外排口

通过排气筒等方式排放至外环境的废气，在排气筒或者原烟气与净烟气混合后的混合烟道上设置废气外排口监测点位；通过净烟气烟道直接排放的废气，应在净烟气烟道上设置监测点位，有旁路的烟道也应设置监测点位。废气监测平台、监测点位和监测孔的设置应符合 HJ/T 76、HJ/T 397 等的要求，同时监测平台应便于开展监测活动，保证监测人员的安全。

7.3.3.2 废水外排口

纺织印染工业排污单位应按照排放标准规定的监控位置设置废水外排口监测点位，废水排放口应符合《排污口规范化整治技术要求（试行）》和 HJ/T 91 的要求。设区的市级及以上环境保护主管部门明确要求安装自动监测设备的污染物项目，须采取自动监测。

排放标准中规定的监控位置为车间或生产设施废水排放口的污染物，在相应的废水排放口采样。排放标准中规定的监控位置为排污单位总排放口的污染物，废水直接排放的，在排污单位的总排放口采样；废水间接排放的，在排污单位的污水处理设施排放口后、进入公共污水处理系统前的排污单位用地红线边界的位置采样。单独排入城镇集中污水处理设施的生活污水无需开展自行监测。

选取全厂雨水排放口开展监测。对于有多个雨水排放口的排污单位，对全部排放口开展监测。雨水监测点位设在厂内雨水排放口后、排污单位用地红线边界位置。在确保雨水排放口有流量的前提下进行采样。

纺织印染工业排污单位废水排放监测的监测点位为排污单位总排放口。

7.3.3.3 周边环境影响监测点位

对于 2015 年 1 月 1 日（含）后取得环境影响评价文件批复的纺织印染工业排污单位，周边环境影响监测点位按照环境影响评价文件要求设置。

7.4 监测技术手段

自行监测技术手段包括自动监测、手工监测两种类型，纺织印染工业排污单位可根据监测成本、监测指标以及监测频次等内容，合理选择适当的监测技术手段。

根据《关于加强京津冀高架源污染物自动监控有关问题的通知》中的相关内容，京津冀地区及传输通道城市纺织印染工业排污单位各排放烟囱超过 45 米的高架源应安装污染源自动监控设备。鼓励其他排放口及污染物采用自动监测设备监测，无法开展自动监测的，应采用手工监测。

7.5 监测频次

纺织印染工业排污单位应按照 HJ/T 75 开展自动监测数据的校验比对。中控自动设备或自动监控设施出现故障期间，按照《污染源自动监控设施运行管理办法》的要求，将手工监测数据向环境保护主管部门报送，每天不少于 4 次，间隔不得超过 6 小时。印染、纺织、水洗行业排污单位废水排放口监测指标及最低监测频次分别按照表 6、表 7 执行，废气排放口监测指标及最低监测频次按照表8、表9执行。

表 6　纺织印染工业印染行业排污单位废水外排口监测指标及最低监测频次

监测点位	监测指标	监测频次	
		直接排放	间接排放
废水总排放口	流量、pH 值、化学需氧量、氨氮	自动监测	自动监测
	悬浮物、色度	日	周
	五日生化需氧量、总氮 [a]、总磷 [a]	周	月
	苯胺类、硫化物	月	季度
废水总排放口	二氧化氯 [b]、可吸附有机卤素（AOX）[b]	年	年
	总锑 [c]	季度	半年
车间或生产设施排放口	六价铬 [d]	月	

注：雨水排口污染物（化学需氧量）在排放期间按日监测。

[a] 水环境质量中总氮（无机氮）/总磷（活性磷酸盐）超标的流域或沿海地区，或总氮/总磷实施总量控制区域，总氮/总磷最低监测频次按日执行。
[b] 适用于含氯漂工艺的排污单位。监测结果超标的，应增加监测频次。
[c] 适用于以含涤纶为原料的排污单位。水环境质量中总锑超标的流域或沿海地区，总锑最低监测频次按月执行。
[d] 适用于使用含铬染料及助剂、有感光制网工艺进行印染加工的排污单位。

表 7　纺织行业（毛纺、麻纺、缫丝、织造）、水洗行业排污单位废水外排口监测指标及最低监测频次

监测点位	监测指标	监测频次	
		直接排放	间接排放
废水总排放口	流量、pH 值、化学需氧量、氨氮	自动监测	自动监测
	悬浮物、色度 [a]	日	周
	五日生化需氧量	周	月
	总氮 [b]、总磷 [b]	月	季度
	动植物油 [c]	月	季度
	可吸附有机卤素（AOX）[d]	年	

注：雨水排口污染物（化学需氧量）在排放期间按日监测。

[a] 适用于麻纺、成衣水洗排污单位。
[b] 水环境质量中总氮（无机氮）/总磷（活性磷酸盐）超标的流域或沿海地区，或总氮/总磷实施总量控制区域，总氮/总磷最低监测频次按日执行。
[c] 适用于毛纺、缫丝排污单位。
[d] 适用于麻纺排污单位。监测结果超标的排污单位，应增加监测频次。

表 8　纺织印染工业排污单位废气排放口监测指标及最低监测频次

污染源	监测点位	监测指标	监测频次
印花设施	印花机排气筒或车间废气处理设施排放口	非甲烷总烃	季度
		甲苯、二甲苯	半年

污染源	监测点位	监测指标	监测频次
定形设施	定形机排气筒或车间废气处理设施排放口	颗粒物	半年
		非甲烷总烃	季度
涂层设施	涂层机排气筒或车间废气处理设施排放口	非甲烷总烃	季度
		甲苯、二甲苯	半年

注1：监测的印花设施指蒸化、静电植绒、数码印花、转移印花等产生废气的重点工段。
注2：排气筒废气监测要同步监测烟气参数。
注3：监测结果超标的，应增加相应指标的监测频次。

表9 纺织印染工业排污单位无组织废气排放监测点位、监测指标及最低监测频次

排污单位	监测点位	监测指标	监测频次
印染工业排污单位	厂界	颗粒物、非甲烷总烃、臭气浓度[a]、氨[a]、硫化氢[a]	半年
毛纺、麻纺、缫丝排污单位	厂界	颗粒物、臭气浓度、氨[a]、硫化氢[a]	半年
织造、成衣水洗排污单位	厂界	颗粒物、臭气浓度[a]、氨[a]、硫化氢[a]	半年

[a] 含有污水处理设施的排污单位监测该污染物项目。

注：若周边有敏感点，应适当增加监测频次。

7.6 采样和测定方法

7.6.1 自动监测

废气自动监测参照 HJ/T 75、HJ/T 76 执行。

废水自动监测参照 HJ/T 353、HJ/T 354、HJ/T 355 执行。

7.6.2 手工监测

废气手工采样方法的选择参照 GB/T 16157、HJ/T 397 执行。

无组织排放采样方法参照 GB/T 15432、HJ/T 55 执行。

周边大气环境质量监测点采样方法参照 HJ/T 194 执行。

废水手工采样方法的选择参照 HJ 494、HJ 495 和 HJ/T 91 执行。

7.6.3 测定方法

废气、废水污染物的测定按照相应排放标准中规定的污染物浓度测定方法标准执行，国家或地方法律法规等另有规定的，从其规定。

7.7 数据记录要求

监测期间手工监测的记录和自动监测运维记录按照 HJ 819 执行，同步记录监测期间的生产工况。

7.8 监测质量保证与质量控制

按照 HJ 819、HJ/T 373，纺织印染工业排污单位应当根据自行监测方案及开展状况，梳理全过程监测质控要求，建立自行监测质量保证与质量控制体系。

7.9 自行监测信息公开

纺织印染工业排污单位应按照 HJ 819 要求进行自行监测信息公开。

8 环境管理台账记录与执行报告编制要求

8.1 环境管理台账记录要求

8.1.1 一般原则

纺织印染工业排污单位在申请排污许可证时，应按本标准规定，在《排污许可证申请表》中明确环境管理台账记录要求。有核发权的地方环境保护主管部门补充制订相关技术规范中要求增加的，在本标准基础上进行补充；排污单位还可根据自行监测管理的要求补充填报其他必要内容。

纺织印染工业排污单位应建立环境管理台账制度，设置专人专职进行台账的记录、整理、维护和管理，并对台账记录结果的真实性、准确性、完整性负责。

8.1.2 台账记录内容

纺织印染工业排污单位排污许可证台账应真实记录生产设施和污染防治设施信息，其中，生产设施信息包括基本信息和生产设施运行管理信息，污染防治设施信息包括基本信息、污染防治设施运行管理信息、监测记录信息、其他环境管理信息等内容。

8.1.2.1 生产设施信息

记录生产设施运行参数，包括设备名称、主要生产设施参数、设计生产能力、产品产量、生产负荷、原辅料及燃料使用情况等。

a）产品产量：记录最终产品产量；

b）生产负荷：记录实际产品产量与实际核定产能之比；

c）原辅料：记录名称、种类、用量等；

d）燃料：记录总硫含量、硫化氢含量等。

记录内容参见附录 C 中表 C.1、表 C.2。

8.1.2.2 污染防治设施运行管理信息

记录所有污染治理设施的规格参数、污染物排放情况、停运时段、主要药剂添加情况等。

a）污染物排放情况：

废水防治设施台账应包括所有防治设施的运行参数及排放情况等，废水治理设施包括废水处理能力（m^3/d）、运行参数、废水排放量、废水回用量、污泥产生量及去向、出水水质、排水去向等。记录内容参见附录 C 中表 C.3。

废气治理设施应记录入口风量、污染物项目、排放浓度、排放量、治理效率、数据来源，还应明确排放口烟气温度、压力、排气筒高度、排放时间等。记录内容参见附录 C 中表 C.4。

b）停运时段：开始时间、结束时间，记录内容反映纺织印染工业排污单位污染防治设施运行状况。

c）主要药剂添加情况：记录添加药剂名称、添加时间、添加量。

8.1.2.3 非正常工况记录信息

非正常工况记录信息内容应记录非正常（停运）时刻、恢复（启动）时刻、事件原因、是否报告、所采取的措施等。记录内容参见附录 C 中表 C.5。

8.1.2.4 监测记录信息

对手工监测记录、自动监测运行维护记录、信息报告、应急报告内容的要求进行台账记录。

监测质量控制根据 HJ/T 373、HJ 819 要求执行。

8.1.2.5 其他环境管理信息

纺织印染工业排污单位应记录无组织废气污染治理措施运行、维护、管理相关的信息。无组织废气治理措施应按天次至少记录厂区降尘洒水次数、原料或产品场地封闭、遮盖情况、是否出现破损等。

纺织印染工业排污单位在特殊时段应记录管理要求、执行情况（包括特殊时段生产设施运行管理信息和污染防治设施运行管理信息）等。

纺织印染工业排污单位还应根据环境管理要求和排污单位自行监测内容需求，自行增补记录。

8.1.3 台账记录频次

8.1.3.1 生产设施运行管理信息

生产运行状况：按照纺织印染工业排污单位生产班制记录，每班记录 1 次。

产品产量：连续性生产的设施按照班制记录，每班记录 1 次；间歇性生产的设施按照一个完整的生产过程进行记录。

原辅料及燃料使用情况：每批记录 1 次。

8.1.3.2 污染治理设施运行管理信息

污染防治设施运行状况：按照污染治理设施管理单位班制记录，每班记录 1 次。

污染物排放情况：连续排放污染物的按班制记录，每班记录 1 次；非连续排放污染物的按照产排污阶段记录，每阶段记录 1 次。

药剂添加情况：每班记录 1 次。

8.1.3.3 非正常工况记录信息

非正常工况信息按工况期记录，每工况期记录 1 次。

8.1.3.4 监测记录信息

监测数据的记录频次与本标准规定的废气、废水监测频次一致。

8.1.3.5 其他环境管理信息

无组织废气污染治理措施运行、维护、管理相关的信息记录频次原则上不小于 1 天 1 次。

重污染天气应对期间等特殊时段的台账记录频次原则上与正常生产记录频次一致，涉及停产的纺织印染工业排污单位或生产工序原则上仅对起始和结束当天进行 1 次记录，地方环境保护主管部门有特殊要求的，从其规定。

8.1.4 台账记录形式及保存

台账应当按照纸质储存和电子化储存两种形式同步管理，台账保存期限不得少于三年。

纸质台账应存放于保护袋、卷夹或保护盒中，专人保存于专门的档案保存地点，并由相关人员签字。档案保存应采取防光、防热、防潮、防细菌及防污染等措施。纸质类档案如有破损应随时修补。

电子台账保存于专门存储设备中，并保留备份数据。存储设备由专人负责管理，定期进行维护。电子台账根据地方环境保护主管部门管理要求定期上传，纸质台账由纺织印染工业排污单位留存备查。

8.2 排污许可证执行报告编制规范

8.2.1 一般原则

排污许可证执行报告按报告周期分为年度执行报告、季度执行报告和月度执行报告。

持有排污许可证的纺织印染工业排污单位，均应按照本标准规定提交年度执行报告与季度执行报告。为满足其他环境管理要求，地方环境保护主管部门有更高要求的，排污单位还应根据其规定，提交月度执行报告。排污单位应在全国排污许可证管理信息平台上填报并提交执行报告，同时向核发机关提交通过平台印制的书面执行报告。

8.2.2 执行报告频次

8.2.2.1 年度执行报告

纺织印染工业排污单位应至少每年上报一次排污许可证年度执行报告，于次年一月底前提交至排污许可证核发机关。对于持证时间不足三个月的，当年可不上报年度执行报告，排污许可证执行情况纳入下一年年度执行报告。

8.2.2.2 季度执行报告

纺织印染工业排污单位每季度上报一次排污许可证季度执行报告。自当年一月起，每三个月上报一次季度执行报告，季度执行报告于下季度首月十五日前提交至排污许可证核发机关，提交年度执行报告的可免报当季季度执行报告。但对于无法按时上报年度执行报告的，应先提交季度报告，并于十日内提交年度执行报告。对于持证时间不足一个月的，该报告周期内可不上报季度执行报告，排污许可证执行情况纳入下一季度执行报告。

8.2.3 执行报告内容

8.2.3.1 年度执行报告

纺织印染工业排污单位应根据环境管理台账记录等信息归纳总结报告期内排污许可证执行情况，按照执行报告提纲编写年度执行报告，保证执行报告的规范性和真实性，按时提交至发证机关。年度执行报告编制内容包括以下 13 部分，各部分详细内容应按附录 D 进行编制：

a）基本生产信息；

b）遵守法律法规情况；

c）污染防治设施运行情况；

d）自行监测情况；

e）台账管理情况；

f）实际排放情况及合规判定分析；

g）排污费（环境保护税）缴纳情况；

h）信息公开情况；

i）纺织印染工业排污单位内部环境管理体系建设与运行情况；

j）其他排污许可证规定的内容执行情况；

k）其他需要说明的问题；

l）结论；

m）附图附件要求。

8.2.3.2 季度执行报告

纺织印染工业排污单位季度执行报告编写内容应至少包括污染物实际排放情况及合规判定分析，以及污染防治设施运行情况中异常情况的说明及所采取的措施。

9 实际排放量核算方法

9.1 一般原则

纺织印染工业排污单位实际排放量为正常情况与非正常情况实际排放量之和。

纺织印染工业排污单位应核算废气污染物主要排放口实际排放量和废水污染物实际排放量，不核算废气污染物一般排放口实际排放量和无组织实际排放量。核算方法包括实测法、物料衡算法、产污系数法。

对于排污许可证中载明应当采用自动监测的排放口和污染物，纺织印染工业排污单位根据符合监测规范的有效自动监测数据采用实测法核算实际排放量。

对于排污许可证中载明应当采用自动监测的排放口或污染物而未采用的，纺织印染工业排污单位应采用物料衡算法核算二氧化硫实际排放量，核算时根据原辅燃料消耗量、含硫率，按直排进行核算；采用产污系数法核算颗粒物、氮氧化物、化学需氧量、氨氮等污染物的实际排放量，根据产品产量和单位产品污染物产生量，按直排进行核算。

对于排污许可证未要求采用自动监测的排放口或污染物，纺织印染工业排污单位按照优先顺序依次选取自动监测数据、执法和手工监测数据、产污系数法或物料衡算法进行核算。在采用手工和执法监测数据进行核算时，排污单位还应以产污系数或物料衡算法进行校核。监测数据应符合国家环境监测相关标准技术规范要求。

9.2 实测法

9.2.1 废水核算方法

9.2.1.1 正常情况

根据自行监测要求，必须采用自动监测的纺织印染工业排污单位废水总排放口的化学需氧量、氨氮，应采取自动监测实测法核算。废水自动监测实测法是指根据符合监测规范的有效自动监测数据，通过污染物的日平均排放浓度、累计排水量、运行时间核算污染物年排放量，核算方法见式（7）。

$$E_{j废水} = \sum_{i=1}^{n}(C_{ij} \times q_i \times 10^{-6}) \tag{7}$$

式中 $E_{j废水}$ ——核算时段内主要排放口第 j 项污染物的实际排放量，t；

       n ——核算时段内的污染物排放时间，d；

       C_{ij} ——第 j 项污染物在第 i 日的实测平均排放浓度，mg/L；

       q_i ——第 i 日的累计流量，m³/d。

在自动监测数据由于某种原因出现中断或其他情况，纺织印染工业排污单位应按照 HJ/T 356 补遗。

要求采用自动监测的排放口或污染物项目而未采用的，纺织印染工业排污单位应采用产排污系数法核算化学需氧量、氨氮排放量，按直排进行核算。

对未要求采用自动监测的排放口或污染物项目，纺织印染工业排污单位应采用手工监测数据进行核算。手工监测数据包括核算时间内的所有执法监测数据和排污单位自行或委托第三方的有效手工监测数据。排污单位自行或委托的手工监测频次、监测期间生产工况、数据有效性等须符合相关规范文件要求。

废水总排放口具有手工监测数据的污染物实际排放量，核算方法见式（8）。

$$E_{j废水} = (C_{ij} \times q_i \times 10^{-6}) \times T \tag{8}$$

式中　$E_{j废水}$——核算时段内主要排放口第 j 项污染物的实际排放量，t；

　　　C_{ij}——第 j 项污染物在第 i 日的实测平均排放浓度，mg/L；

　　　q_i——第 i 日的累计流量，m³/d；

　　　T——核算时间段内主要排放口的累计运行时间，d。

纺织印染工业排污单位应将手工监测时段内生产负荷与核算时段内平均生产负荷进行对比，并给出对比结果。

9.2.1.2　非正常情况

废水处理设施非正常情况下的排水，如无法满足排放标准要求时，不应直接排入外环境，待废水处理设施恢复正常运行后方可排放。如因特殊原因造成污染治理设施未正常运行超标排放污染物的或偷排偷放污染物的，按产污系数、手工监测数据和未正常运行时段（或偷排偷放时段）的累计排水量核算非正常排放期间实际排放量。

9.2.2　废气核算方法

9.2.2.1　正常情况

纺织印染工业排污单位对锅炉主要排放口的污染物进行实际排放量核算。以自动监测的实测法为主，根据符合监测规范的污染物有效自动监测数据的小时平均排放浓度、平均烟气量或流量、运行时间核算污染物实际排放量，核算方法见式（9）及式（10）：

$$E_{jk} = \sum_{i=1}^{n}(C_{ij} \times q_i \times 10^{-6}) \tag{9}$$

$$E_{j全厂排放量} = \sum_{k=1}^{m} E_{jk} \tag{10}$$

式中　E_{jk}——核算时段内第 k 个主要排放口第 j 项污染物的实际排放量，t；

　　　n——核算时段内的污染物排放时间，h；

　　　C_{ij}——第 j 项污染物在第 i 小时的实测平均排放浓度，mg/m³；

　　　q_i——第 i 小时的标准状态下干排气量，m³/h；

$E_{j全厂排放量}$——核算时间段内全厂主要排放口的第 j 项污染物实际排放量，t；

　　　m——全厂主要排放口数量。

对于因自动监控设施发生故障以及其他情况导致数据缺失的按照 HJ/T 75 进行补遗。缺失时段超过 25% 的，自动监测数据不能作为核算实际排放量的依据，按 9.1 "要求采用自动监测的排放口或污染物而未采用"的相关规定进行核算。

纺织印染工业排污单位提供充分证据证明在线数据缺失、数据异常等不是排污单位责任的，可按照排污单位提供的手工监测数据等核算实际排放量，或者按照上一个半年申报期间的稳定运行期间自动监测数据的小时浓度均值和半年平均烟气量或流量，核算数据缺失时段的实际排放量。

9.2.2.2 非正常情况

锅炉在点火开炉、设备检修等非正常情况期间应保持自动监测设备同步运行，自动监测设备应记录非正常情况下实时监测数据，纺织印染工业排污单位根据自动监测数据按式（8）核算该时段的各类污染物的实际排放量并计入年实际排放量中。

9.3 物料衡算法

纺织印染工业排污单位采用物料衡算法核算二氧化硫等排放量的，根据原辅料及燃料消耗量、含硫率、脱硫率进行核算。污染治理设施的脱硫率应采用实测法确定。

9.4 产污系数法

纺织印染工业排污单位采用产污系数法核算污染物排放量的，根据单位产品污染物的产生量、产品产量以及污染治理设施的处理效率进行核算。污染治理设施的处理效率应采用实测法确定。

10 合规判定方法

10.1 一般原则

合规是指纺织印染工业排污单位许可事项和环境管理要求符合排污许可证规定。许可事项合规是指排污单位排污口位置和数量、排放方式、排放去向、排放污染物种类、排放限值符合许可证规定，其中，排放限值合规是指排污单位污染物实际排放浓度和排放量满足许可排放限值要求；环境管理要求合规是指排污单位按许可证规定落实自行监测、台账记录、执行报告、信息公开等环境管理要求。

纺织印染工业排污单位可通过环境管理台账记录、按时上报执行报告和开展自行监测、信息公开，自证其依证排污，满足排污许可证要求。环境保护主管部门可依据排污单位环境管理台账、执行报告、自行监测记录中的内容，判断其污染物排放浓度和排放量是否满足许可排放限值要求，也可通过执法监测判断其污染物排放浓度是否满足许可排放限值要求。

10.2 排放限值合规判定

10.2.1 废水排放浓度合规判定

纺织印染工业排污单位各废水排放口污染物的排放浓度达标是指任一有效日均值（除 pH 值、色度外）均满足许可排放浓度要求。废水污染物有效日均值采用执法监测、排污单位自行开展的自动监测和手工监测三种方法确定。

a）执法监测

按照监测规范要求获取的执法监测数据超过许可排放浓度限值的，即视为超标。根据 HJ/T 91 确定监测要求。

b）纺织印染工业排污单位自行监测

1）自动监测

按照监测规范要求获取的自动监测数据计算得到有效日均浓度值（除 pH 值与色度

外）与许可排放浓度限值进行对比，超过许可排放浓度限值的，即视为超标。对于应当采用自动监测而未采用的排放口或污染物，即视为不合规。

对于自动监测，有效日均浓度是对应于以每日为一个监测周期内获得的某个污染物的多个有效监测数据的平均值。在同时监测污水排放流量的情况下，有效日均值是以流量为权的某个污染物的有效监测数据的加权平均值；在未监测污水排放流量的情况下，有效日均值是某个污染物的有效监测数据的算术平均值。

自动监测的排放浓度应根据 HJ/T 355、HJ/T 356 等相关文件确定。

2）手工监测

按照自行监测方案、监测规范要求开展的手工监测，当日各次监测数据平均值（或当日混合样监测数据）超过许可排放浓度限值的，即视为超标。

若同一时段的管理部门执法监测与纺织印染工业排污单位自行监测数据不一致的，以该执法监测数据作为优先证据使用。

10.2.2 废气排放浓度合规判定

10.2.2.1 正常情况

纺织印染工业排污单位厂界无组织排放的臭气浓度最大值达标是指"任一次测定均值满足许可限值要求"。除此之外，其余废气有组织排放口污染物或厂界无组织污染物排放浓度达标均是指"任一小时浓度均值均满足许可排放浓度要求"。废气污染物小时浓度均值根据执法监测、排污单位自行监测（包括自动监测和手工监测）进行确定。

a）执法监测

按照监测规范要求获取的执法监测数据超过许可排放浓度限值的，即视为超标。根据 GB/T 16157、HJ/T 55、HJ/T 397 确定监测要求。

b）纺织印染工业排污单位自行监测

1）自动监测

按照监测规范要求获取的有效自动监测数据小时浓度均值与许可排放浓度限值进行对比，超过许可排放浓度限值的，即视为超标。对于应当采用自动监测而未采用的排放口或污染物，即视为不合规。自动监测小时均值是指"整点 1 小时内不少于 45 分钟的有效数据的算术平均值"。

2）手工监测

对于未要求采用自动监测的排放口或污染物，应进行手工监测，按照自行监测方案、监测规范要求获取的监测数据计算得到的有效小时浓度均值超过许可排放浓度限值的，即视为超标。

根据 GB/T 16157 与 HJ/T 397，小时浓度均值指"1 小时内等时间间隔采样 3～4 个样品监测结果的算术平均值"。

若同一时段的管理部门执法监测与纺织印染工业排污单位自行监测数据不一致的，以管理部门执法监测数据为准。

c）无组织排放合规判定

纺织印染工业排污单位无组织排放合规是指同时满足以下两个条件：

1）无组织控制措施符合"6.3.2.2"中的要求；

2）厂界监测浓度均满足许可排放浓度要求。

10.2.2.2 非正常情况

纺织印染工业排污单位非正常排放指主要产污环节生产设施启停机、工艺设备运转异常情况下的排放，非正常排放不作为废气达标判定依据。其中，印花设施、定形设施、涂层设施的风机启动和停机时间不超过 1 小时；燃煤锅炉如采用干（半干）法脱硫、脱硝措施，冷启动不超过 1 小时、热启动不超过 0.5 小时。

10.2.3 排放量合规判定

纺织印染工业排污单位污染物排放量合规是指同时满足以下两个条件：

a）纳入排污许可量管理范围的主要排放口污染物实际排放量之和满足纺织印染工业排污单位年许可排放量；

b）对于特殊时段有许可排放量要求的，实际排放量不得超过特殊时段许可排放量。

纺织印染工业排污单位启停机等非正常情况造成短时污染物排放量较大时，应通过加强正常运营时污染物排放管理、减少污染物排放量的方式，确保全厂污染物年排放量（正常排放+非正常排放）满足许可排放量要求。

10.3 管理要求合规判定

环境保护主管部门依据排污许可证中的管理要求，以及纺织印染行业相关技术规范，审核环境管理台账记录和排污许可证执行报告；检查纺织印染工业排污单位是否按照自行监测方案开展自行监测；是否按照排污许可证中环境管理台账记录要求记录相关内容，记录频次、形式等是否满足排污许可证要求；是否按照排污许可证中执行报告要求定期上报，上报内容是否符合要求等；是否按照排污许可证要求定期开展信息公开；是否满足特殊时段污染防治要求。

附录 A
（资料性附录）
纺织印染工业废水污染防治可行技术

表 A.1　纺织印染工业废水污染防治可行技术参照表

类别	废水类型		可行技术	备注
含铬废水	感光制网废水		化学还原+絮凝沉淀法、电解还原法、离子交换法	含铬废水必须经过预处理满足限值要求后可排出车间或生产设施排放口。
	含铬印染废水			
可资源回收生产废水	洗毛废水		离心分离、膜分离、混凝气浮	可资源回收生产废水可直接排入全厂综合废水处理设施。
	缫丝废水		酸析法、冷冻法、膜分离	
	退浆废水		膜分离、絮凝沉淀	
	碱减量废水		酸析法，盐析法	
全厂综合废水	工艺废水	喷水织机废水	一级处理：格栅、捞毛机、中和、混凝、气浮、沉淀； 二级处理：水解酸化、厌氧生物法、好氧生物法； 深度处理：曝气生物滤池、臭氧、芬顿氧化、滤池、离子交换、树脂过滤、膜分离、人工湿地、活性炭吸附、蒸发结晶。	喷水织机废水经一级+二级处理可达到直接排放标准，其余类型的废水执行间接排放标准的需经一级+二级处理；执行直接排放标准的需经一级+二级+深度处理。每级处理工艺中技术至少选择一种。
		成衣水洗废水		
		麻脱胶废水		
		印染废水		
	初期雨水			
	生活污水			
	循环冷却水排污水			

附录 B
（资料性附录）
纺织印染工业废气污染防治可行技术

表 B.1　纺织印染工业排污单位废气可行技术

废气产污环节名称	污染物种类	执行标准	标准名称及限值（mg/m³）			可行技术	
			现有排污单位大气污染物排放浓度限值	新建排污单位大气污染物排放浓度限值	大气污染物特别排放限值	一般地区排污单位	重点地区排污单位
印花设施	甲苯	GB 16297	60	40	—	喷淋洗涤、吸附、生物净化、吸附-冷凝回收、吸附-催化燃烧	
	二甲苯	GB 16297	90	70	—		
	非甲烷总烃	GB 16297	150	120	—		
定形设施	颗粒物	GB 16297	150	120	—	喷淋洗涤、吸附、喷淋洗涤-静电	
	非甲烷总烃	GB 16297	150	120	—		

废气产污环节名称	污染物种类	标准名称及限值（mg/m³）				可行技术	
		执行标准	现有排污单位大气污染物排放浓度限值	新建排污单位大气污染物排放浓度限值	大气污染物特别排放限值	一般地区排污单位	重点地区排污单位
涂层设施	甲苯	GB 16297	60	40	—	喷淋洗涤、吸附、吸附-冷凝回收、吸附-催化燃烧、蓄热式燃烧、蓄热式催化燃烧	
	二甲苯	GB 16297	90	70	—		
	非甲烷总烃	GB 16297	150	120	—		
锅炉	颗粒物	GB 13271	80/60/30	50/30/20	30/30/20	电除尘、袋式除尘、电袋复合除尘	四电场以上电除尘、袋式除尘、电袋复合除尘、湿式电除尘
	二氧化硫		400（550）/300/100	300/200/50	200/100/50	石灰石/石灰-石膏等湿法脱硫、喷雾干燥法脱硫、循环流化床法脱硫	
	氮氧化物		400	300/250/200	200/200/150	非选择性催化还原脱硝（SNCR）、选择性催化还原脱硝（SCR）、低氮燃烧+SNCR、低氮燃烧+SCR、脱硫脱硝一体化	非选择性催化还原脱硝（SNCR）、选择性催化还原脱硝（SCR）、低氮燃烧+SNCR、低氮燃烧+SCR、脱硫脱硝一体化
	汞及其化合物		0.05	0.05	0.05	高效除尘脱硫脱硝综合脱除汞的效率为70%	

注：锅炉烟气的排放浓度限值为燃煤/燃油/燃气，括号内为广西、四川、重庆、贵州燃煤锅炉执行限值。

附录 C

（资料性附录）

环境管理台账记录参考表

表 C.1　生产设施运行管理信息表

生产单元	设施（设备）名称ᵃ	编码	生产设施型号	主要生产设施（设备）规格参数ᵇ			设计生产能力		实际产能	产品		原辅料			
				参数名称	设计值	单位	生产能力	单位		产品产量	单位	名称	种类	用量	单位
洗毛单元	洗毛设施														
	炭化设施														
	剥鳞设施														
	其他														
麻脱胶单元	浸渍设施														
	汽爆装置														
	沤麻设施														

续表

生产单元	设施（设备）名称[a]	编码	生产设施型号	主要生产设施（设备）规格参数[b]			设计生产能力		实际产能	产品		原辅料			
				参数名称	设计值	单位	生产能力	单位		产品产量	单位	名称	种类	用量	单位
麻脱胶单元	碱处理设施														
	漂白设施														
	酸洗设施														
	煮练设施														
	漂洗设施														
	发酵罐														
	其他														
缫丝单元	煮茧机														
	缫丝机														
	打棉机														
	其他														
织造单元	喷水织机														
	其他														
印染单元	烧毛设施														
	退浆设施														
	精练设施														
	煮练设施														
	漂白设施														
	丝光设施														
	定形设施														
	碱减量设施														
	前处理一体式设施														
	××染色机														
	××印花机														
	磨毛机														
	起毛机														
	××涂层机														
	××复合机														
	其他														

生产单元	设施（设备）名称[a]	编码	生产设施型号	主要生产设施（设备）规格参数[b]			设计生产能力		实际产能	产品		原辅料			
				参数名称	设计值	单位	生产能力	单位		产品产量	单位	名称	种类	用量	单位
成衣水洗单元	水洗机														
	吊染机														
	喷色机														
	脱水机														
	马骝机														
	喷砂机														
	磨砂机														
	激光造型机														
	其他														
公用单元	××锅炉														
	煤场														
	化学品库														
	配料车间														
	其他														

[a] 指主要生产设施（设备）名称，主要包括染色机等。
[b] 指设施（设备）的设计规格参数，包括参数名称、设计值、计量单位，以染色机为例，参数名称为浴比，计量单位为1:X。

表 C.2 燃料信息表

日期	燃料名称	总硫含量/%	硫化氢含量/%	氨含量/%	一氧化碳含量/%	甲烷含量/%	其他[a]	热值/（kJ/m³）	备注

[a] 指燃料燃烧后与污染物产生有关的成分。

表 C.3 废水污染治理设施运行管理信息表

污染治理设施[a]	编号	型号	废水类别	污染治理设施设计参数		污染物排放情况[b]								药剂情况		
				参数名称	设计值	记录班次	累计运行时间	出口流量	污泥产生量	污染物项目	实际进水水质/（mg/L）	实际出水水质/（mg/L）	排放去向	名称	添加时间	添加量
										pH 值						
										化学需氧量						
										氨氮						

[a] 应按污染治理设施分别记录，如碱减量废水处理设施、含铬废水处理设施、全厂综合废水处理设施等。每个污染治理设施填写一张运行管理情况表。
[b] 仅全厂综合废水治理设施填写。

表 C.4　废气污染治理设施运行管理信息表

设施名称[a]	编码	治理设施型号	主要治理设施规格参数[b]			污染物排放情况						排气筒高度/m	排放口烟气温度/℃	压力	排放时间	停运时段[c]		药剂情况		
			参数名称	设计值	单位	入口风量/（m³/h）	污染物项目	排放浓度/（mg/m³）	排放量/t	治理效率/%	数据来源					开始时间	结束时间	名称	添加时间	添加量/t

注：停运情况说明

[a] 指主要治理设施名称，以除尘设施为例，主要包括袋式除尘器、湿式除尘器等。
[b] 指设施的设计规格参数，包括参数名称、设计值、计量单位，以除尘器为例，除尘效率，设计值为90，计量单位为%。
[c] 停运时段是指污染防治设施与生产设施未同步运行的时间段。

表 C.5　非正常工况信息表

设施名称	编号	非正常（停运）时刻	恢复（启动）时刻	污染物排放情况[a]			事件原因	是否报告	应对措施
				污染物名称	排放浓度	排放量			

[a] 指设备检修、工艺设备运转异常等非正常工况下各类污染物排放情况。

附录 D

（资料性附录）

执行报告编制参考表

D1　基本生产信息

基本生产信息包括许可证执行情况汇总表（见表 D.1）、纺织印染工业排污单位基本信息与各生产单元运行状况。排污单位基本信息应至少包括主要原辅料与燃料使用情况、最终产品产量、设备运行时间、生产负荷等基本信息，对于报告周期内有污染治理投资的，还应包括治理类型、开工年月、建成投产年月、总投资、报告周期内累计完成投资等信息，参见表 D.2；各生产单元运行状况应至少记录各自运行参数，参见表 D.3。

表 D.1　排污许可证执行情况汇总表

项目		内容	报告周期内执行情况	备注
1 纺织印染工业排污单位基本情况	（一）排污单位基本信息	单位名称	□变化　□未变化	
		注册地址	□变化　□未变化	
		邮政编码	□变化　□未变化	
		生产经营场所地址	□变化　□未变化	
		行业类别	□变化　□未变化	
		生产经营场所中心经度	□变化　□未变化	

项目	内容			报告周期内执行情况	备注
1 纺织印染工业排污单位基本情况	（一）排污单位基本信息		生产经营场所中心纬度	□变化 □未变化	
			统一社会信用代码	□变化 □未变化	
			技术负责人	□变化 □未变化	
			联系电话	□变化 □未变化	
			所在地是否属于重点区域	□变化 □未变化	
			主要污染物类别及种类	□变化 □未变化	
			大气污染物排放方式	□变化 □未变化	
			废水污染物排放规律	□变化 □未变化	
			大气污染物排放执行标准名称	□变化 □未变化	
			水污染物排放执行标准名称	□变化 □未变化	
			设计生产能力	□变化 □未变化	
	（二）产排污环节、污染物及污染治理设施	废气	①a污染治理设施（自动生成） a 污染物种类	□变化 □未变化	
			a 污染治理设施工艺	□变化 □未变化	
			a 排放形式	□变化 □未变化	
			a 排放口位置	□变化 □未变化	
			①b污染治理设施（自动生成） b 污染物种类	□变化 □未变化	
			b 污染治理设施工艺	□变化 □未变化	
			b 排放形式	□变化 □未变化	
			b 排放口位置	□变化 □未变化	
			…… ……	□变化 □未变化	
			②a污染治理设施（自动生成） a 污染物种类	□变化 □未变化	
			a 污染治理设施工艺	□变化 □未变化	
			a 排放形式	□变化 □未变化	
			a 排放口位置	□变化 □未变化	
			②b污染治理设施（自动生成） b 污染物种类	□变化 □未变化	
			b 污染治理设施工艺	□变化 □未变化	
			b 排放形式	□变化 □未变化	
			b 排放口位置	□变化 □未变化	
			…… ……	□变化 □未变化	
		废水	①污染物治理设施（自动生成） 污染物种类	□变化 □未变化	
			污染治理设施工艺	□变化 □未变化	
			排放形式	□变化 □未变化	
			排放口位置	□变化 □未变化	

项目	内容			报告周期内执行情况	备注
1 纺织印染工业排污单位基本情况	（二）产排污环节、污染物及污染治理设施	废水	②污染物治理设施（自动生成）	污染物种类	□变化　□未变化	
				污染治理设施工艺	□变化　□未变化	
				排放形式	□变化　□未变化	
				排放口位置	□变化　□未变化	
				……	□变化　□未变化	
2 环境管理要求	自行监测要求		①排放口（自动生成）	监测设施	□变化　□未变化	
				自动监测设施安装位置	□变化　□未变化	
			①排放口（……）	监测设施	□变化　□未变化	
				自动监测设施安装位置	□变化　□未变化	
			②排放口（自动生成）	监测设施	□变化　□未变化	
				自动监测设施安装位置	□变化　□未变化	
			②排放口（……）	监测设施	□变化　□未变化	
				自动监测设施安装位置	□变化　□未变化	
			……	……	□变化　□未变化	

注：对于选择"变化"的，应在"备注"中说明原因。

表 D.2　纺织印染工业排污单位基本信息表

序号	记录内容	名称		使用情况	备注
1	主要原料	原料1（自动生成）			
		……			
2	主要辅料	辅料1（自动生成）			
		……			
3	能源消耗	能源类型（自动生成）	用量		
			硫分		
			灰分		
			挥发分		
		……	……		
		蒸汽消耗量（MJ）			
		用电量（kW·h）			
		……			
4	生产规模				
5	主要产品	产品1（自动生成）			
		……			
6	取排水	工业新鲜水			
		生活用水			

序号	记录内容	名称	使用情况	备注
6	取排水	回用水		
		回用水去向		
		废水排放量		
		废水排放去向		
		受纳水体名称或排入污水处理厂名称		
7	运行时间	正常运行时间/h		
		停产时间/h		
8		全年生产负荷/%		
9	污染治理设施计划投资情况（执行报告周期如涉及）	治理投资类型		
		开工时间		
		建成投产时间		
		计划总投资		
		报告周期内累计完成投资		

注1：排污单位应根据特征补充细化列表相关内容。
注2：如与排污许可证载明事项不符的，在"备注"中说明变化情况及原因。
注3：如报告周期有污染治理投资的，填写9有关内容。
注4：列表中未能涵盖的信息，排污单位可以文字形式另行说明。

表 D.3　各生产设施运行状况记录表

序号	生产单元	生产设施	运行参数 名称	数量	单位	其他设施信息	备注
1	印染单元	涂层机	布幅宽		m		
2		气液染色机	浴比				
3		……					
4							
5							
1	……						
2							
3							
4							
5							

注1：排污单位应根据特征补充细化列表相关内容。
注2：如与排污许可证载明事项不符的，在"备注"中说明变化情况及原因。
注3：列表中未能涵盖的信息，排污单位可以文字形式另行说明。

D2　遵守法律法规情况

说明纺织印染工业排污单位在许可证执行过程中遵守法律法规情况；配合环境保护行政主管部门和其他有环境监督管理权的工作人员职务行为情况；自觉遵守环境行政命令和环境行政决定情况；公众举报、投诉情况及具体环境行政处罚等行政决定执行情况。

　　a）遵守法律法规情况说明

　　说明纺织印染工业排污单位在排污许可证执行过程中遵守法律法规情况、配合环境保护行政主管部门和其他有环境监督管理权的工作人员工作情况以及遵守环境行政命令和环境行政决定的情况。

　　b）未遵守的情况及处理说明

　　如发生公众举报、投诉及受到环境行政处罚等情况，进行相应的说明，说明内容参照表 D.4 填写。

表 D.4　公众举报、投诉及处理情况表

序号	时间	事项	说明

D3　污染治理设施运行情况

　　a）污染治理设施正常运转信息

　　根据自行监测数据记录及环境管理台账的相关信息确定，通过关键运行参数说明污染治理设施运行情况，报告内容参见表 D.5。

表 D.5　污染治理设施正常情况汇总表

污染治理设施类别	污染治理设施编号（自动生成）	运行参数	数量	单位	备注
除尘设施	……	运行时间		h	
		除尘效率		%	
		……			
脱硫、脱硝设施	……	脱硫系统运行时间		h	
		脱硫剂用量		t	
		脱硫副产品产量		t	
		平均脱硫效率		%	
		脱硝系统运行时间		h	
		脱硝还原剂用量		t	
		平均脱硝效率		%	
		……			
其他治理设施	……	运行时间		h	
		……			
废水处理设施	……	运行时间		h	
		污水处理量		t	
		污水回用量		t	
		污水排放量		t	
		XX 药剂使用量		t	
		运行费用		万元	
		……			

注 1：纺织印染工业排污单位应根据特征补充细化列表相关内容。
注 2：列表中未能涵盖的信息，纺织印染工业排污单位可以文字形式另行说明。
注 3：其他治理设施中包括无组织等治理设施。

b）污染治理设施异常运转信息

因故障等紧急情况停运污染治理设施，或污染治理设施运行异常的，纺织印染工业排污单位应说明故障原因、废水废气等污染物排放情况、采取的应急措施及报告递交情况，报告内容参见表 D.6。

如有发生污染事故，纺织印染工业排污单位需要说明在污染事故发生时采取的措施、污染物排放情况及对周边环境造成的影响。

表 D.6　污染治理设施异常情况汇总表

日期	故障设施	故障原因	排放浓度/（mg/m³）			应对措施	报告递交情况说明
			污染物 1	污染物 2	……		

注1：如废气治理设施异常，污染物填写二氧化硫、氮氧化物、烟尘等项目。
注2：如废水治理设施异常，污染物填写化学需氧量、氨氮等项目。

D4　自行监测情况

自动监测情况应当说明监测点位、监测指标、监测频次、监测方法和仪器、采样方法、监测质量控制、自动监测系统联网、自动监测系统的运行维护及监测结果公开情况等，并建立台账记录报告。对于无自动监测的大气污染物和水污染物项目，纺织印染工业排污单位应当按照自行监测数据记录总结说明排污单位开展手工监测的情况，应分正常时段排放信息、特殊时段排放信息进行说明。

a）正常时段排放信息

正常时段排放信息内容按照有组织废气、无组织废气以及废水分别填报，参见表 D.7～表 D.9。

表 D.7　有组织废气污染物监测数据统计表

排放口编码	监测指标	监测设备	有效监测数据（小时值）数量	许可排放浓度限值/（mg/m³）	监测结果（小时浓度，mg/m³）			超标数据数量	超标率/%	实际排放量	计量单位	手工监测采样方法及个数	手工测定方法	备注
					最小值	最大值	平均值							
自动生成	自动生成	自动生成		自动生成								自动生成		
……	……	……		……										
……	……	……		……										

注1：若采用自动监测，有效监测数据数量为报告周期内剔除异常值后的数量。
注2：若采用手工监测，有效监测数据数量为报告周期内的监测次数。
注3：若采用自动和手动联合监测，有效监测数据数量为两者有效数据数量的总和。
注4：监测要求与排污许可证不一致的原因以及污染物浓度超标原因等可在"备注"中说明。

表 D.8　无组织废气污染物监测数据统计表

监测点位或设施	生产设施/无组织排放编号	监测时间	监测指标	监测次数	许可排放浓度限值/（mg/m³）	浓度监测结果（小时浓度，mg/m³）	是否超标	备注
自动生成	自动生成		自动生成		自动生成			
	......		......		......			
......			......		......			

注：超标原因等情况可在"备注"中进行说明。

表 D.9　废水污染物监测数据统计表

排放口编码	监测指标	监测设施	有效监测数据（日均值）数量	许可排放浓度限值/（mg/L）	浓度监测结果（日均浓度，mg/L）			超标数据数量	超标率/%	实际排放量	计量单位	手工监测采样方法及个数	手工测定方法	备注
					最小值	最大值	平均值							
自动生成	自动生成	自动生成		自动生成									自动生成	
	......	......		......										
......	......	......												

注 1：若采用自动监测，有效监测数据数量为报告周期内剔除异常值后的数量。
注 2：若采用手工监测，有效监测数据数量为报告周期内的监测次数。
注 3：若采用自动和手动联合监测，有效监测数据数量为两者有效数据数量的总和。
注 4：监测要求与排污许可证不一致的原因以及污染物浓度超标原因等可在"备注"中说明。

b）特殊时段排放信息

特殊时段排放信息仅填写有组织排放信息，内容参见表 D.10。

表 D.10　特殊时段有组织废气污染物监测数据统计表

记录日期	排放口编码	监测指标	监测设施	有效监测数据（小时值）数量	许可排放浓度限值/（mg/m³）	浓度监测结果（小时浓度，mg/m³）			超标数据数量	超标率/%	实际排放量	计量单位	手工监测采样方法及个数	手工测定方法	备注
						最小值	最大值	平均值							
	自动生成	自动生成	自动生成		自动生成								自动生成		
	......	......			......										
	......	......			......										

D5　台账管理情况

a）说明纺织印染工业排污单位在报告周期内环境管理台账的记录情况，主要包括生产设施运行管理信息、污染治理设施运行管理信息、非正常工况记录信息、监测记录信息、其他环境管理信息等方面，并明确环境管理台账归档、保存情况。

b）对比分析纺织印染工业排污单位环境管理台账的执行情况，重点说明与排污许可证中要求不一致的情况，并说明原因。

c）说明生产运行台账是否满足接受各级环境保护主管部门检查要求。

若有未按要求进行台账管理的情况，需进行记录，记录表格参见表 D.11。

表 D.11　台账管理情况表

序号	记录内容	是否完整	说明
	自动生成	□是　　□否	
	……	□是　　□否	
	……	□是　　□否	

D6　实际排放量情况及达标判定分析

根据纺织印染工业排污单位自行监测数据记录及环境管理台账的相关数据信息，概述排污单位各项有组织与无组织污染源、各项污染物的排放情况，分析全年、特殊时段许可浓度限值及许可排放量的达标情况。

a）实际排放量信息

按照废气、废水分别填写排放量报表，内容参见表 D.12～表 D.14。

表 D.12　废气污染物实际排放量报表

废气产污环节名称	排放口编号/设施编号	污染物	许可排放量/t	实际排放量/t	备注
自动生成	自动生成	自动生成	自动生成		
	……	……	……		
	……	……	……		
全厂合计		自动生成	—		
		……	—		

注 1：若排污许可证中有许可排放速率要求的填写实际排放速率，无要求可不填。
注 2：实际排放速率或实际排放量超标，在"备注"中说明原因。

表 D.13　废水污染物实际排放量报表

排放口名称	污染物	许可排放量/t	实际排放量/t	备注
自动生成	自动生成	自动生成		
	……	……		
	……	……		
全厂合计	自动生成	自动生成		
	……	……		

注：实际排放量超标，在"备注"中说明原因。

表 D.14 特殊时段废气污染物实际排放量报表

记录日期	排放口名称	排放口编号/设施编号	污染物	许可日排放量限值/（kg/d）	实际日排放量/（kg/d）	许可月排放量/（t/m）	实际月排放量/（t/m）	备注
	自动生成	自动生成	自动生成					
	……		……					
	全厂合计	—	自动生成 ……					

注 1：如排污许可证中有特殊时段控制要求的填写实际排放量，无要求可不填。
注 2：实际排放量超标，在"备注"中说明原因。

b）超标排放信息（有超标情况应逐条填写）

按照废气、废水分别填写超标排放信息报表，内容参见表 D.15、表 D.16。

表 D.15 废气污染物超标时段小时均值报表

日期	时间		设施编号	超标污染物种类	实际排放浓度/（mg/m³）	实际排放量/t	备注
	开始时间	结束时间					

注：实际排放浓度和实际排放量超标，在"备注"中说明原因。

表 D.16 废水污染物超标时段日均值报表

日期	时间		排放口编号	超标污染物种类	实际排放浓度/（mg/L）	实际排放量/m³	备注
	开始时间	结束时间					

注 1：车间或生产设施废水排放口只填写实际排放浓度。
注 2：实际排放浓度和实际排放量超标，在"备注"中说明原因。

c）其他超标信息及说明

有其他超标情况的，说明具体超标内容及原因。

D7 排污费（环境保护税）缴纳情况

排污单位说明根据相关环境法律法规，按照排放污染物的种类、浓度、数量等缴纳排污费（环境保护税）的情况。污染物排污费（环境保护税）缴纳信息填报内容参见表D.17。

表 D.17 排污费（环境保护税）缴纳情况

序号	时间	污染类型	污染物种类	污染物实际排放量/t	污染当量值/g	污染当量数	征收标准/元	排污费（环境保护税）/万元
		废气	自动生成 ……					

续表

序号	时间	污染类型	污染物种类	污染物实际排放量/t	污染当量值/g	污染当量数	征收标准/元	排污费（环境保护税）/万元
		废水	自动生成					
			……					
合计	—	—	—					

D8　信息公开

纺织印染工业排污单位说明依据排污许可证规定的环境信息公开要求，开展信息公开的情况。信息公开填报内容参见表 D.18。

表 D.18　信息公开情况报表

序号	分类	执行情况	是否符合排污许可证要求	备注
1	公开方式		□是　□否	
2	时间节点		□是　　□否	
3	公开内容		□是　□否	
……	……	……	……	

注：信息公开情况不符合排污许可证要求的，在"备注"中说明原因。

D9　纺织印染工业排污单位内部环境管理体系建设与运行情况

说明纺织印染工业排污单位内部环境管理机构设置情况、专职人员配置情况、环境管理制度情况、排污单位环境保护规划、相关规章制度、整改计划以及其他环境管理等情况。

D10　其他排污许可证规定的内容执行情况

说明排污许可证中规定的其他内容执行情况。

D11　其他需要说明的问题

针对报告周期内未执行排污许可证中要求的内容，提出相应的整改计划。

D12　结论

总结纺织印染工业排污单位在报告周期内排污许可证执行情况，说明在排污许可证执行过程中存在的问题，以及下一步需要进行整改的内容。

D13　附图、附件要求

年度排污许可证执行报告附图包括自行监测布点图、平面布置图（含污染治理设施分布情况）等。执行报告附图应图像清晰、显示要点明确，包括图例、比例尺、风玫瑰等内容，各种附图中应为中文标注，必要时可用简称的附注释说明。

执行报告的附件包括实际排放量计算过程、相关特殊情况的说明及证明材料，以及支持排污许可证执行报告的相关材料。

参考文献

[1] 陈红梅，王胜鹏，俞建芳. 纺织品及纺织化学品中的高关注度物质（SVHC）[J]. 现代纺织技术，2012，20（5）：48-55.

[2] 丁思佳，林琳. 2016 年中国印染行业发展报告 [J]. 染整技术，2017，39（4）：1-5.

[3] 董战峰，连超，葛察忠. "十四五"固定污染源排污许可证管理制度改革研究 [J]. 中国环境管理，2020，12（2）：28-33.

[4] 国家统计局，生态环境部. 2018 中国环境统计年鉴 [M]. 北京：中国统计出版社，2019：143-150.

[5] 华珊. 2020/2021 中国纺织工业发展报告 [M]. 北京：中国纺织出版社，2022.

[6] 贺庆玉. 针织概论 [M]. 北京：中国纺织出版社. 2012：167-181.

[7] 李方. 纺织工业排污许可证管理与污染防治技术 [M]. 北京：中国环境出版集团，2020.

[8] 李方，沈忱思，马春燕.《排污许可证申请与核发技术规范　纺织印染工业》（HJ 861—2017）[J]. 中国科技成果，2019，20：4-5.

[9] 李方，杨波，田晴，等. 大型纺织染整企业综合废水处理工程设计 [J]. 环境工程，2008，26（5）：77-79.

[10] 李静云. 排污许可制度的历史沿革以及排污许可管理条例的重点内容 [J]. 中国环境监察，2021，Z1：70-71.

[11] 国家统计局工业统计司. 中国工业统计年鉴（2020）[M]. 北京：中国统计出版社，2021.

[12] 刘添涛. 印染行业"十四五"减排方向及建议 [J]. 染整技术，2021，43（2）：44-45，54.

[13] 梁忠. 制定排污许可管理条例正当其时 [J]. 中国环境报，2017，3：1-2.

[14] 马雪. 排污许可制改革后企业在其实施过程中存在的问题及解决对策探讨 [J]. 环境与可持续发展，2020，45（5）：184-186.

[15] 平建明. 毛纺工程 [M]. 北京：中国纺织出版社. 2007：5-6.

[16] 生态环境部环境与经济政策研究中心. 排污许可制度国际经验及启示 [M]. 北京：中国环境出版集团，2020.

[17] 唐政坤，刘艳缤，徐晨烨，等. 面向减污降碳目标的纺织工业环境治理发展趋势 [J]. 纺织学报，2022，43（1）：131-140.

[18] 吴爱琴，吕璠璠. 国内排污许可管理制度的不足与改进 [J]. 中国资源综合利用，2020，38（10）：180-183.

[19] 王金南，吴悦颖，雷宇，叶维丽，宋晓晖. 中国排污许可制度改革框架研究 [J]. 环境保护，2016（3）：10-16.

[20] 王军霞，陈敏敏，穆合塔尔·古丽娜孜，唐桂刚，景立新. 美国废水污染源自行监测制度及对我国的借鉴 [J]. 环境监测管理与技术，2016，（02）：1-5.

[21] 王军霞，刘通浩，张守斌，张迪，唐桂刚. 排污单位自行监测监督检查技术研究 [J]. 中国环境监测，2019，35（2）：23-28.

[22] 王军霞，张震，赵银慧，等. 我国排污许可制度证后监督管理体系研究 [C]，2020：702-705.

[23] 王澜琪，于鲁冀，王燕鹏，等. 基于"一证链式"排污许可内涵的固定污染源环境管理制度初探 [J]. 生态经济，2020，36（12）：187-192.

[24] 王妍妍，时光慧. 中华人民共和国年鉴 轻工业 [M]. 北京：新华出版社，2021.

[25] 王妍妍，时光慧. 中华人民共和国年鉴 纺织行业经济运行综述 [M]. 北京：新华出版社，2021.

［26］谢飞，鲍伟.中国排污许可证制度与总量控制技术的突破研究［J］.生态环境与保护，2020，3（5）：37-38.

［27］夏青.中国的排污许可证制度与总量控制技术突破［J］.环境科学研究，1991（1）：37-43.

［28］杨啸，王军霞.排污许可制度实施情况监督评估体系研究［J］.环境保护科学，2021，47（1）：10-14.

［29］杨玉乐，张玉锟.新编丝织工艺学［M］.北京：中国纺织出版社.2001：2-14.

［30］姚志友，丁洁萍，许玲玲.我国排污许可证制度：运行现状、存在问题与改进——以浙江省S市K区为例［J］.福建行政学院学报，2019（2）：20-30.

［31］赵春丽，杜蕴慧，邹世英.钢铁工业排污许可管理 申请、审核、监督管理［M］.北京：中国环境出版集团，2019.

［32］中国纺织工业联合会.2018/2019中国纺织工业发展报告［M］.北京：中国纺织出版社，2020.

［33］中国纺织工业联合会.2020/2021中国纺织工业发展报告［M］.北京：中国纺织出版社，2022.

［34］中国国家标准化管理委员会，国家市场监督管理总局.温室气体排放核算与报告要求 第12部分：纺织服装企业：GB 32151.12—2018［S］.北京：中国环境科学出版社，2018.

［35］中华人民共和国生态环境部.印染行业绿色发展技术指南（2019年版）［G］.北京：中国环境科学出版社，2020.

［36］中华人民共和国生态环境部.2020中国环境公报［R］.北京：中华人民共和国生态环境部，2021.

［37］中华人民共和国生态环境部.2020中国生态环境状况公报［R］.北京：中华人民共和国生态环境部，2021.

［38］中华人民共和国生态环境部.国家危险废物名录（2021年版）［G］.北京：中国环境科学出版社，2021.

［39］中华人民共和国环境保护部.2015中国环境状况公报［R］.北京：中华人民共和国环境保护部，2016.

［40］中华人民共和国环境保护部，国家质量监督检验检疫总局.《纺织染整工业水污染物排放标准》（GB 4287—2012）修改单［EB/OL］.（2015-03-27）［2015-03-27］.http://www.mee.gov.cn/gkml/hbb/bgg/201504/t20150407_298669.htm.

［41］中华人民共和国环境保护部.关于调整《纺织染整工业水污染物排放标准》（GB4287—2012）部分指标执行要求的公告：环境保护部公告［2015］41号［A/OL］.http://www.mee.gov.cn/gkml/hbb/bgg/201506/t20150619_304110.htm.

［42］中华人民共和国环境保护部，国家质量监督检验检疫总局.缫丝工业水污染物排放标准：GB 28936—2012［S］.北京：中国环境科学出版社，2012.

［43］中华人民共和国环境保护部，国家质量监督检验检疫总局.毛纺工业水污染物排放标准：GB 28937—2012［S］.北京：中国环境科学出版社，2012.

［44］中华人民共和国环境保护部，国家质量监督检验检疫总局.麻纺工业水污染物排放标准：GB 28938—2012［S］.北京：中国环境科学出版社，2012.

［45］中华人民共和国生态环境部.纺织工业污染防治可行技术指南：HJ 1177—2021［S］.北京：中国环境科学出版社，2021.

［46］中华人民共和国生态环境部.排污许可证申请与核发技术规范 纺织印染工业：HJ 861—2017［S］.北京：中国环境科学出版社，2017.

［47］中华人民共和国生态环境部.排污许可证申请与核发技术规范 总则：HJ 942—2018［S］.北京：中国环境科学出版社，2018.

［48］中华人民共和国生态环境部. 排污许可证申请与核发技术规范 锅炉：HJ 953—2018［S］. 北京：中国环境科学出版社，2018.

［49］中华人民共和国生态环境部. 排污单位自行监测技术指南 纺织印染工业：HJ 879—2017［S］. 北京：中国环境科学出版社，2017.

［50］中华人民共和国环境保护部. 排污单位自行监测技术指南 总则：HJ 819—2017［S］. 北京：中国环境科学出版社，2017.

［51］中华人民共和国环境保护部，国家质量监督检验检疫总局. 纺织染整工业水污染物排放标准：GB 4287—2017［S］. 北京：中国环境科学出版社，2012.

［52］张怀东，丁思佳. 关于推进纺织印染行业清洁生产的几点思考［J］. 染整技术，2019，41（2）：1-2.

［53］张怀东，张怡立，沈忱思，等. 印染行业废水处理技术的现状及发展趋势［J］. 染整技术，2022，44（4）：1-5.

［54］张静，蒋洪强，周佳. 基于排污许可的环境标准制度改革完善研究［J］. 中国环境管理，2017（6）：30-33.

［55］曾维华，邢捷，化国宇，等. 我国排污许可制度改革问题与建议［J］. 环境保护，2019，（22）：9.

［56］竺效. 排污许可法律适用 200 问［M］. 北京：中国环境出版集团，2018.

［57］章耀鹏，沈忱思，徐晨烨，等. 纺织工业典型污染物治理技术回顾［J］. 纺织学报，2021，42（8）：24-33，40.

［58］Bang G，Victor D，Andresen S. California's cap-and-trade system：diffusion and lessons［J］. Global Environmental Politics，2017，17（3）：12-30.

［59］Centner T. Challenging NPDES permits granted without public participation［J］. Boston College Environmental Affairs Law Review，2011，38（1）：1-40.

［60］EPA. NPDES permit writers' manual［EB/OL］.（2010-09-01）［2018-09-16］. https://www.epa.gov/sites/production/files/2015-09/documents/pwm_2010. pdf.

［61］EPA. NPDES compliance inspection manual［EB/OL］.（2004-07-01）［2018-10-18］. https://www.epa.gov/npdes/about-npdes#types.

［62］EPA. NPDES permit basics［EB/OL］.（2018-07-25）［2018-11-18］. https://www.epa.gov/npdes/npdes-permit-basics.

［63］Li F，Ma H，Shen C. From the accelerated production of center dot ·OH radicals to the crosslinking of polyvinyl alcohol：The role of free radicals initiated by persulfates［J］. Applied Catalysis B-Environmental，2021，285：119763.

［64］Li F，Zhong Z，Gu C. Metals pollution from textile production wastewater in Chinese southeastern coastal area：occurrence，source identification，and associated risk assessment［J］. Environmental Science and Pollution Research，2021，28（29）：38689-38697.

［65］Liu Y，Guo J，Fan Y. A big data study on emitting companies' performance in the first two phases of the European Union Emission Trading Scheme［J］. Journal of Cleaner Production，2017，142：1028-1043.

［66］Pan Y，Liu Y，Wu D. Application of Fenton pre-oxidation，Ca-induced coagulation，and sludge reclamation for enhanced treatment of ultra-high concentration poly（vinyl alcohol）wastewater［J］. Journal of Hazardous Materials，2020，389：121866.

［67］Roy M，Sen P，Pal P．An integrated green management model to improve environmental performance of textile industry towards sustainability［J］．Journal of Cleaner Production，2020：122656.

［68］Sullivan M，Busiek B，Bourne H．Green Infrastructure and NPDES Permits：One Step at a Time［J］．Proceedings of the Water Environment Federation，2010（8）：7801-7813.

［69］Xu C，Zhang B，Gu C．Are we underestimating the sources of microplastic pollution in terrestrial environment?［J］．Journal of Hazardous Materials，2020，400：123228.

［70］Xu C，Zhou G，Lu J．Spatio-vertical distribution of riverine microplastics：Impact of the textile industry［J］．Environmental Research，2022，211：112789.